JN419007

재료 · 금속공학을 위한

물리화학

최병학 저

도서출판 명진

/머리말/

물리화학(Physical Chemistry)이란 물질의 상태와 구조를 거시적인 자연현상과 미시적인 입자의 세계로써 파악하고자 하는 다분히 복합적인 학문영역을 갖는다. 물리화학의 대표적인 저서인 Atkin의 "물리화학" 구성에 있어서도 I부 "평형"과 II부 "구조"로 나뉘어 자연과 물질의 기본 이치를 다룬다.

"평형"은 물질의 상태로부터 열역학 1, 2법칙 및 전기화학에 이르는 주로 열역학적 개념과 화학반응 및 평형의 틀을 갖는다. 이를 바탕으로 자연의 현상을 "거시적 입장"에서 해석하고자 하는 것이 물리화학 전반부에서 다루는 영역이다. 이에 비하여 "구조"는 물질을 빛과 양자라는 최소의 에너지 단위로부터 원자를 구성하는 핵과 전자 그리고 원자결합에 이르기까지 가장 작은 구성요소를 가지고 물질과 현상을 이해하려는 "미시적 개념"의 영역이다.

우주라는 세상에서 자연과 인위적인 모든 것을 포함하여 존재하는 모든 물질과 현상을 하나의 의구심도 없이 파악하고자 한다면 세상에 존재하는 무수한 현상의 조각들을 가지고 거대한 퍼즐을 맞추는 작업을 해야 한다. 이러한 퍼즐 게임은 어차피 사람이 생각할 수 있는 사고의 철학체계에 의해 수행될 수밖에 없다. 여기에는 예측된 큰 덩어리의 결과로부터 세부적인 각각을 입증하는 귀납법과, 개개의 입증된 결과를 가지고 전체를 증명하는 연역적 사고가 이용된다.

과학이라는 것이 태동한 수 천년 이래로 이러한 자연과의 퍼즐 게임이 아직도 진행되고 있는 만큼 모든 조각들을 완벽하게 끼워 맞추는 것은 쉽지 않다. 게임은 항상 인간의 사고범위 한계 내에서 위의 귀납과 연역의 두 가지 방법으로 접근되었는데, 두 방법 모두 엄청난 수수께끼 아래 어쩔 수 없는 게임의 규칙과 가정을 설정하였다.

본 책은 원래 "평형"과 "구조"를 모두 다루고자 꾸며졌으며, 제 Ⅰ부의 "평형" 부분인 열역학의 기초와 제 Ⅱ부의 "구조" 부분으로 나누어 서술하였다. 아래의 내용은 이러한 전, 후반 두 부분이 종합될 때의 개념과 가치에 대해 언급한 것이다.

먼저 전반부의 "평형"에서 다루는 열역학적 입장은 자연과 현상을 거시적 개념으로 파악하고자 하는 노력이다. 현상 속에서 언제나 옳다고 보여지는 몇 가지 규칙들이 자연의 법칙으로 정해지고 이것을 이용하여 역으로 세세한 현상들을 해석해내는 귀납적 틀이 여기에 구성되어 있다.

이러한 방법은 아직까지 오류를 남기지 않고 있다. 여기에 오류가 있을 수 없는 것은 이것은 사람이 생각할 수 있는 한계 내에서 너무도 당연한 법칙의 자를 가지고 자연이라는 판을 자르고 다시 그 조각을 끼워 자연의 퍼즐을 완성한 것이기 때문이다. 그럼에도 불구하고 물질의 평형과 열역학적 해석은 물질의 상태와 반응 그리고 안정성을 파악하는 중요한 근거로 이용되어 현실에 필요한 물건을 만들고 분해하는데 큰 이득을 준다.

사람이 자연과 물질을 이해하고자 하는 욕구는 끝이 없어서 다른 편에서는 자연이 가지고 있는 가장 작은 단위의 퍼즐 조각을 가지고 우주를 이해하려는 노력이 꾸준히 진행되었다. 여기에도 어쩔 수 없는 가정이 가해져야 했으며 분자, 원자, 핵 등 더 쪼갤 없는 단위가 이것이다. 후반부의 "구조"에서 다루는 것은 물질의 구조를 이와 같이 미시적인 조각으로 이해하려는 노력이다. 즉 정할 수 있는 가장 근본적인 단위들을 점점 연결하여 덩어리와 그리고 덩어리들 간의 관계를 파악하고자 하는 체계를 갖는다.

20세기에 들어 과학자들은 기본 단위에 대한 획기적인 개념을 설정하는데 이것이 양자, Quantum이다. 빛과 전자기를 이해하고자 노력했던 결과로 얻어진 양자론은 질량 혹은 에너지를 기본 단위로 설정한 것으로부터 시작한다. 양자론 이전의 뉴턴 물리로 설명하지 못하였던 전자기적 현상이 양자이론으로 잘 설명된다. 보다 정교한 퍼즐이 완성된 것이다. 이것의 확률분포를 근간으로 하는 이 이론은 Schrödinger에 의해 체계를 갖추며 아직 미완이지만 원자의 전자진동, 원자간 결합 등 물질의 구조에 이르는 해석 토대를 마련하였다. 최근에는 장 이론 (field theory)이 대두되어 아직 작은 부분으로만 끼워 맞추어졌던 퍼즐 조각 군들을 서로 연결하고자 하는 노력이 현대물리학 한쪽에서 행하여지고 있다.

뉴턴이 제시하였던 몇몇 법칙들은 퍼즐의 전체적인 윤곽은 잘 꾸몄지만 각 퍼즐 조각의 미세한 이빨 부분이 서로 정확히 맞지 않는다는 오류를 남겼다. 그렇다고 해서 현대물리가 제시하는 양자론 등의 이론들이 뉴턴을 넘어 모든 퍼즐을 완벽하게 완성한 것은 아니다. 작은 퍼즐들의 몇 개 조각들은 기가 막히게 잘 맞추었으나 전체적인 모습에서는 오히려 혼란스러움을 남기고 있다.

그러나 완전하지 못한 두 이론 모두 현실에는 잘 응용된다. 뉴턴은 눈으로 볼 수 있는 실생활에서 파악되고 만들어지는 거의 모든 것을 떠맡는다. 이에 비해 양자론은 눈으로 보이지 않지만 현대생활에 너무도 유용한 전자기파와 원자로, 반도체 등의 원리와 같이 미시적인 세계를 책임진다.

철학자 헤겔이 정과 반의 사고로부터 전혀 새로운 합의 과정이 도출되는 변증법을 제시한 바와 같이, 과학계에서도 이러한 거시적 세계와 미시적 세계를 연결할 수 있는 새로운 진리 혹은 법칙을 이끌어내야 하는 시점에 있다. 거시적 세계에 있는 열역학적 자연의 법칙에 미시적인 양자론의 확률적 입장을 적용하여 그 연계성을 이룬 "통계 열역학"은 두 가지 큰 퍼즐 조각 군을 훌륭히 끼워 맞춘 정반합의 성공적인 사례이다.

지금까지도 필자가 우려하는 것은 본 졸서를 펴낼 만한 가치가 있을 것인가에 대한 것이다. Aikin은 방대하고 종합적으로 거의 모든 이공대학생이 참고하기에 적절한 물리화학서를 만들었다. 또한 Gaskell 등은 재료공학의 측면에서 거의 완벽한 열역학서들을 출간하였다. 그리고 양자물리와 현대물리에 대해서는 Bayer 등 수많은 물리학자들이 필자가 이해하기에도 벅찬 내용을 엮어냈다. 이러한 실정에서 새로운 물리화학서를 엮는 다는 것은 이 책이 혼자만의 취미적이고 소모적인 정리 자체로 끝날 가능성이 크기에 출간에 대한 걱정이 앞선다.

그러나 본인이 처음 이 책을 꾸미고자 했던 동기를 떠올리며 출간에 대한 작은 변명을 하자면 다음과 같다. 먼저 "물리화학"이란 나 역시 학부 2학년 때 배웠고 지금 이것을 강의하고 있는 것인데, 그 서적과 범위가 너무 방대하여 기초를 익혀야 하는 저학년의 재료공학도에게는 적합하지 않은 측면을 가지고 있다.

열역학 분야에서는 잘 정리된 Atkin으로 발췌하여 재료공학부분을 활용할 수 있지만 흐름상 중간 중간의 넘어야할 징검다리가 많아 학습과 강의에 문제를 야기할 수 있다. 또한 물질의 구조에 있어서도 재료공학을 전공하는 입장에서 그 초점이 재료와 금속결정에 맞추어져 있기를 원하지만, 내용이 너무 종합적이어서 재료공학에는 적합하지 않은 산만함과 이해하기에 쉽지 않은 부분들이 흐름을 흐리게 하는 경향이 있다.

여기에 본 책을 출간하고자 하는 동기와 목적이 있다. 본 책에서 구성한 I부의 "열역학의 기초"는 Atkin에서 뿐만 아니라 Gaskell 등 거의 모든 열역학서에서 다루는 형식을 따랐다. 이중에서도 Atkin

이 따르는 흐름으로 내용을 엮었는데 주로 재료와 금속에 관련된 부분만을 강조하였다.

일부 수식적인 전개와 예제 및 도식은 각 열역학서에서 인용하였지만 본 책에서는 특히 현상에 대한 개념적 설명에 훨씬 많은 분량을 할애하였다. 열역학 1, 2법칙을 이해하고 나면 상의 안정과 상태도 등 재료공학에서 응용되는 분야만을 중점적으로 다루었다. 이를 바탕으로 하여 상급학년에서 배울 "열역학"을 보다 체계적으로 학습할 수 있도록, 열역학의 기초와 기본 개념에 충실한 설명을 기하고자 노력하였다.

제 II부 "물질의 구조"에서는 양자론을 바탕으로 원자의 결합과 재료의 결정을 다루었다. 또한 양자론적인 이론과 재료의 결정이 어울릴 수 있는 분야로 "회절 및 결정의 분석"을 정리하였다. 그리고 I부의 열역학적인 거시적 세계를 II부의 양자론적 미시적 세계와 연결할 수 있는 관계로써 "통계 열역학"의 기초를 제시하였다.

양자론은 양자이론과 현대물리에 등장하는 이론과 현상들을 가능하면 알기 쉬운 이야기 식으로 꾸며 접근하는데 부담을 줄이고자 하였다. 이것과 Schrödinger 식의 어려움 역시 생각할 수 있는 방법 중에서 가장 쉬운 방식으로 풀고자 하였다.

모든 구성에서 적어도 내가 이해하기 어려운 부분은 참고문헌으로 돌려 전체 흐름을 가능한 이해할 수 있도록 꾸미고 제시하였다. 이를 통하여 양자론의 원리와 원자의 결합 그리고 궁극적으로는 결정의 결합원리를 거리낌없이 이끌어 낼 수 있는 학습효과를 노렸다.

본 책의 후반부에 실은 "결정구조분석"과 "통계열역학"은 각각 한 과목의 분량으로 대부분의 재료공학과 고학년이나 대학원에 설정되어 있다. 본 책에서는 이러한 분야들에 대해서 구체적인 언급을 하고자 한 것이 아니다.

단지 I부와 II부에서 다룬 물리화학적 개념이 실제 결정의 분석상황에 어떻게 적용될 수 있는지, 또는 거시적과 미시적 관측에 대한 합일의 과정을 한 예로써 보여주고자 한 것이다.

책의 구성과 문맥을 다시 돌아보면 이 책은 전문서적도 아니고 교양서적도 아닌 어설픈 모습을 갖는 듯하기도 하다. 그러나 중요한 것은 이 책의 모든 부분은 쉽게 이해할 수 있도록 노력한 것이다.

즉 "쉽다는 것"은 이 책을 구성한 기본적인 철학이 된다. 물론 더 많은 수식적 전개와 그래프 혹은 테이블들이 이해의 폭을 더해 덧붙여질 수도 있겠지만, 정작 알고자 하는 재료, 금속의 틀 속에서 이것은 사족이 되는 경우가 많다. 단지 열역학적인 기초와 물질구성의 기초만을 재료, 금속공학적인 입장에서 확실히 이해한다면, 새로운 학문을 배우고 그 폭을 넓히는데 혼란 없이 분명한 길을 제시받을 수 있기 때문이다.

"물리화학이라는 과목은 쉽다는 것", 이것이 바로 필자가 이 책을 접하는 모든 이들이 간파할 수 있기를 바라는 바이다. 이러한 목적으로 쉽게 쓰고자 한 책의 구성 속에는 일부 잘못된 점도 있으리라 보여진다. 그러나 이후에 보다 많은 가감과 이해를 더 하여 완성된 책을 다시 정리해 볼 것을 기약하며 일단 출간을 마친다.

지난 1997~8년 두 학기의 겨울, 여름방학에 한남동의 작은 방에서 강의록과 동료 이성철 교수와의 토의를 정리한 것이 본 책의 분량이다. 성실한 리포트로 책의 한 부분을 채워준 강릉대 재료, 금속공학과 학생들에게 먼저 감사드린다. 더운 여름 그림으로 며칠을 밤샘한 김일호, 신진영과 항상 조언과 도움을 아끼지 않는 최재호 교수 그리고 강릉대 금속과 대학원생들에게 감사함을 전한다. 또한 이전의 책 타이핑을 도맡았던 임현주에게 자리를 빌어 고마움을 전하며, 양가 부모님께 감사의 마음을 올린다. 무엇보다도 아내와 아이들은 지루한 정리작업에 항상 즐거움의 원천이었음을 감사하며, 이 책을 쓰도록 무한한 자연의 신비를 제공하시는 하느님께 찬미드린다.

최 병 학 씀

정왕동 연구실에서

/차례/

Ⅰ부. 열역학의 기초

Ⅱ. 물질의 구조

I 열역학의 기초

Ⅰ. 열역학의 기본개념

Ⅱ. 열역학 제1법칙

Ⅲ. 열역학 제2법칙

Ⅳ. 상의 안정

Ⅴ. 통계 열역학

열역학(thermo-dynamics)은 “열과 기계적 일의 관계를 다루는 과학”이라고 사전적으로 정의되어 있다. 자연에서 발생하는 모든 현상들은 이러한 열과 기계적 일을 다루는 열역학적 이론의 근거로부터 해석되므로, 열역학은 자연과학과 공학에 기초학문 영역에 속한다.

열역학으로 해석되는 자연현상들은 주로 전체적인 개념의 거시적인 입장에서 고찰되는 것으로써, 제 II부에서 다루어질 물질의 구조 (structure)의 미시적인 해석과 차이를 갖는다. 제 I부에서는 자연현상들을 논리적이고 체계적으로 설명할 수 있는 열역학의 법칙과 재료 혹은 금속공학에서 접하게 되는 열역학의 응용분야를 다루었다.

여기서 배워야할 중점은 열역학의 1법칙과 2법칙으로, 에너지보존과 엔트로피 증가에 대한 이해가 “제 I부 열역학의 기초”의 모든 것에 해당한다. 에너지보존이란 일상 생활에서도 쉽게 이해할 수 있듯이 운동, 위치, 전기, 열, 소리 등 모든 에너지는 서로 형태를 바꾸기는 하지만 그 양에 있어서 절대적으로 보존된다는 법칙이다. 여기에 발전된 개념으로 에너지를 질량과 동일시하고 에너지 즉 질량이 보존된다는 생각을 갖으면 이 법칙을 보다 쉽게 대할 수 있다.

엔트로피 증가의 2법칙은 일상에서 단순하게 느껴지는 규칙은 아니지만 우리가 자연현상에서 자연스럽게 접하는 부분을 이론화한 것이다. 엔트로피란 무질서도로써 이것이 증가한다는 것은 무질서의 정도가 증가하는 것을 의미하는데, 방안에서 가스가 확산하는 것, 물 컵 안에서 잉크가 번지는 것, 시냇가에 돌들이 둥글둥글한 것, 세상에 남자와 여자의 비율이 비슷한 것 등 자연은 무질서한 방향으로 현상의 무엇인가를 진행시키고 있다. 즉 자연의 현상들은 무질서할수록 자연스럽고 안정된 모습을 유지한다. 엔트로피 즉 무질서는 발생할 수 있는 가능성의 확률에 의한 것이고 결국 자연은 확률이 가장 높은 방향으로 변화를 진행하여 마치 확률이 자연의 현상을 지배하는 것으로 볼 수 있다.

자연스러움, 이것을 학문적인 용어로 표현하면 자발적 변화가 곧 우리가 "제 I부 열역학의 기초"에서 따져야 할 숙제이다. 이것은 에너지 보존 혹은 질량 보존이라는 자연의 대원칙 아래, 무질서도가 증가해야하는 또 하나의 원칙이 합쳐져 만들어지는 작품이다. 자연현상 뿐만 아니라 사람이 만들어낸 열기관, 화학공정, 반응등 자연속에서 일어날 수 있는 모든 형태의 현상과 반응이 이 두 법칙에 지배받는데, 이러한 현상과 적용의 형태를 논리적이고 체계적으로 정량화하여 그 구체적인 변화의 모습을 파악하는 것이 I부의 목적이 된다.

chapter I 열역학의 기본개념

1. 자연에서

열역학은 에너지 보존에 대한 법칙과 엔트로피 증가에 대한 2법칙을 기본으로 한다. 열역학의 법칙을 가지고 설명할 수 있는 자연현상의 다양한 예들을 물리화학의 강의를 받는 학생들에게 제시하도록 하였다.

서른 다섯 명의 학생 중에서 다섯 명은 힘의 전환에서 그 예를 들었다. 공으로 유리창을 깨트리는 것, 당구공 치는 일, 톱으로 나무를 자르는 것 그리고 책상에서 꽃병이나 계란이 떨어지면서 깨지는 현상을 들어 에너지의 보존과 무질서도인 엔트로피 증가의 자연 법칙에 따르는 자연스러운 일들의 발생을 적용하였다. 이러한 현상들은 공, 유리창, 당구공, 톱, 나무, 꽃병 그리고 계란과 같이 반응에 참가하는 모든 물질이 반응의 전과 후에 에너지 혹은 질량이 변화하지 않는 큰 원칙 하에 모든 것들이 반응 후에는 불규칙하고 무질서한 모습을 보이는 것에 공통점을 갖는다.

깨진 유리창, 꽃병과 계란, 흩어진 당구공, 잘려진 나무토막은 동일한 양의 에너지를 가한다고 해도 반응 전의 처음상태로 돌이키는 것은 쉽지 않다. 돌이키기 어려운 정도가 바로 무질서함의 증가 정도와 일치하며 2법칙의 원리가 여기에 있다. 사과나무에서 사과가 떨어지는 것을 보고 만유인력의 영감을 얻은 뉴턴의 법칙에서와 같이, 감나무에서 농익은 감이 떨어져 터져 버리는 현상을 들어 열역학의 1, 2법칙에 적용한 한 학생은 뉴턴에 버금가는 위대성을 보였다.

에너지는 전환되는 것이지 결코 그 절대량은 변하지 않는다는 에너지 보존의 자연법칙이 위의 예들에 그대로 적용되고 있으며, 이에 더해서 감이 떨어져서 뭉개지는데 작용한 에너지를 역으로 적용한다 고해서 터진 감이 뭉쳐져서 거꾸로 감나무 위로 달릴 수 없다는 어떤 당위성에 대한 또 다른 자연의 법칙이 예들에 내재한다.

● 오렌지 주스 만들기

몇몇 학생들이 제시한 오렌지 또는 당근을 갈아서 주스로 만드는 예는 바로 엔트로피 혹은 무질서도 증가의 법칙인 열역학 2법칙을 잘 설명한다. 또한 물이 담긴 그릇에 잉크가 떨어지면 반드시 퍼지게 되고 방안의 모기향이 방구석까지 확산되는 현상은 2법칙의 전형적인 자연현상의 예이다. 화산에 의해 만들어진 바위산이 풍화작용에 의해 모래알로 변신하는 것, 바닷가 철책에 부슬부슬한 녹이 스는 현상들이 1법칙의 에너지 전환과 관련하여 쉽게 생각할 수 있는 무질서도 증가 현상이다.

주서기에 오렌지를 넣고 돌리면 오렌지 주스가 만들어지는데 이것을 거꾸로 돌린다 고해서 다시 오렌지 덩어리가 만들어질 수 없다는 예는, 에너지의 보존을 바탕으로 어떤 작용이 무질서도를 증가시키는 방향으로만 진행한다는 1, 2법칙을 훌륭히 설명해내고 있다. 먹는 얘기는 자취하는 학생들의 주된 관심사인 바, 여러 학생들이 가스 레인지 위에 냄비 속에서 가스 불 에너지에 의해 물과 라면이 부글부글 끓는 현상이나 압력 밥솥 속에 물과 생쌀이 밥으로 변화하는 과정에 자연의 법칙을 적용하였다.

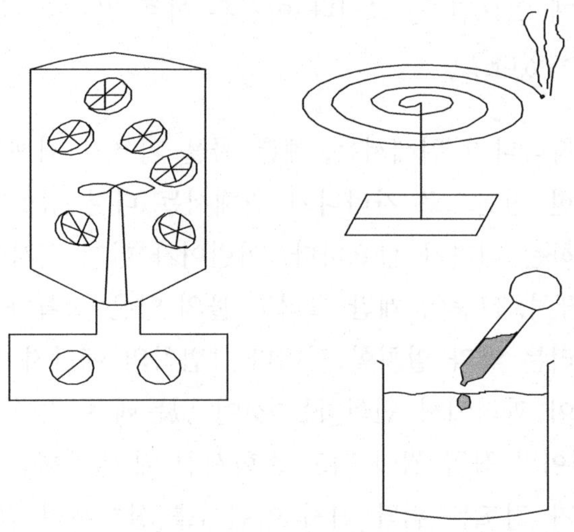

[그림 1-1] (a) 오렌지 쥬스 만들기, (b) 모기향 태우기, (c) 물에 떨어진 잉크

● 인생이란

언뜻 보기에 2법칙에 위배되어 발생하는 자연현상들이 있다. 나무가 자라는 것이나 개나리 줄기에 노란 꽃이 피는 것은 나무가 태양의 빛 에너지와 수분, 땅속의 양분 에너지를 흡수하여 오히려 정형화된 어떤 것을 만들어내는 것이다. 이 작용에서 나무는 오히려 무질서도를 감소시켰다. 이것은 마치 무질서하게 흩어진 레고 블록 조각을 가지고 일정한 모양을 맞추는 것과 같다. 레고 블록 입장에서 어지럽고 무질서한 정도는 어린이 손에 의해 자동차로 만들어질 때 감소하는 것이며, 이것이 무질서도 증가의 2법칙과 일치하지 않는 작용으로 받아들여질 수 있다.

사람이 태어나서 성장하는 것도 사람 입장에서 보면 정형화된 무엇인가를 만들어 내는 것으로 2법칙에 정면으로 위배되는 듯한 착각을 쉽게 일으킨다. 그러나 이것은 아주 간단한 생각의 전환으로 바꿀 수 있다.

나무가 자라나기 위해서는, 예쁜 꽃을 피우기 위해서 또한 어린이가 건장한 청년으로 자라나기 위해서는 다른 정형화된 것이 파괴되어야 하는 대가가 필요하다. 어린이가 한끼 식사에서 먹는 밥과 국, 시금치, 고등어 계란 그리고 물의 양은 정확하게 아이의 몸무게를 늘리는 양과 일치할 것이다. 1법칙의 에너지 보존은 잘 지켜지지만 이 과정에서 변화하는 것이 있는데 이것이 에너지의 질이다. 어린이가 꼭꼭 씹어 먹고 소화시킬 때 발생하는 음식들의 무질서함 증가 정도는 워낙 커서 어린이를 살찌우며 감소하는 무질서의 정도를 능가한다. 즉 음식 입장에서 무질서함이 증가하는 것과 어린이 입장에서 무질서함이 감소하는 것의 합은 0보다 큰 것이 여기에 속한다.

모든 자연현상에서 무질서도, 엔트로피는 이와 같이 증가하기 마련인데 엔트로피의 증가는 에너지 질의 격하를 동반한다. 다시 말해서 동일한 양의 에너지라도 일정량의 유기체를 만들기 위해서는 더 많은 양의 유기체가 무질서하게 허물어지고 결국 양질의 에너지가 낮은 등급의 에너지로 전환되는 것을 일컫는다. 이와 같은 무질서도의 증가량 혹은 에너지 질의 저하 정도는 3장에서 엔트로피의 정의에 의해 정량적으로 얻어지며 반응의 열역학적 계산에 이용된다.

사람이 무에서 태어나서 무로 돌아간다는 것은 적어도 열역학적 개념에서는 옳지 않다. 태어나서 자라고 사라지는 과정 중에는 세상에 있는 많은 고급의 에너지를 저급의 에너지로 돌리고 결국 무질서도를 늘리는 상당한 변화과정이 삶의 과정에 속해 있다. 들판의 풀로부터 먹이사슬로 연결되는 육식의 사자에 이르기까지 햇빛과 지구내의 수분과 양분을 기초로 하는 계의 에너지 양은 보존되지만, 무질서도를 감소시키는 유기체들이 양육되고 소모되는 과정 중에 전체의 무질서도는 증가하게 마련인 것이다.

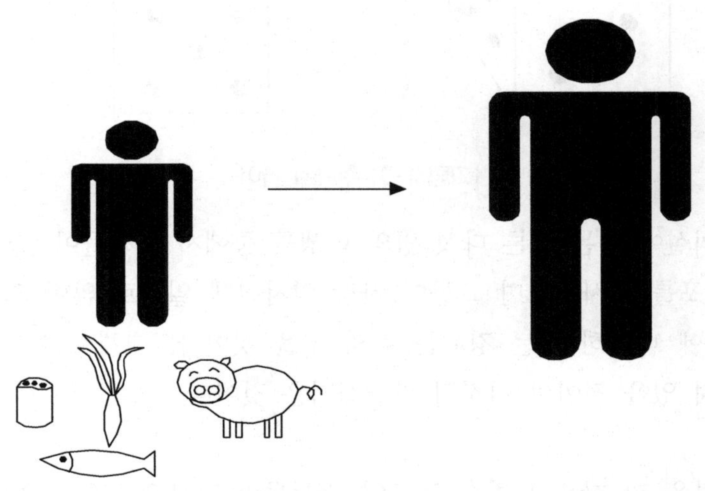

[그림 1-2] 어린이가 밥을 먹고 자라는 일

● 확률 놀이

열역학의 법칙들은 자연 현상의 안정성과 직접 관련한다. 즉 어떠한 일들이 더 자연스럽겠는가 하는 기준이 모든 현상의 변화에 적용되는데, 더 자연스럽다는 것은 그럴 수 있는 확률이 높아지는 것과 정확하게 일치할 수 있다. 이것이 무질서도의 개념이자 정의

가 되며 무질서도가 증가할수록 발생의 빈도인 확률이 높아지며 현상이 자연스럽게 진행되는 것이다.

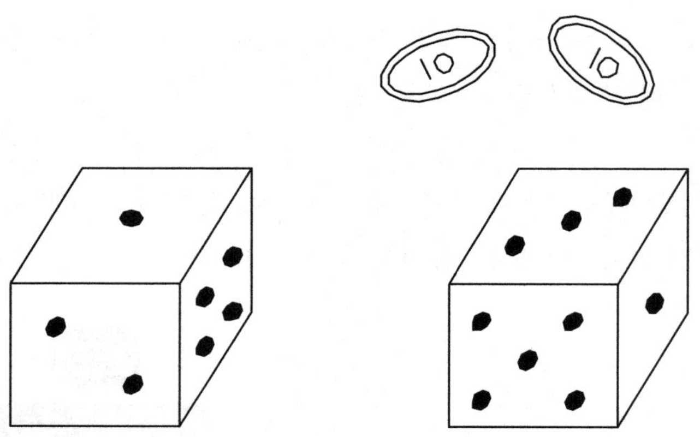

[그림 1-3] 주사위 놀이

강의실에 있는 서른 다섯 명의 학생들 중에서 김씨들이 앉아 있는 분포를 조사해보면 그들이 가장 앞자리에 일렬로 앉아 있거나 벽 쪽에 나란히 있는 경우는 거의 없을 것이다. 대체로 여기저기 흩어져 있을 것이며 이것이 자연스러운 것이다.

안경을 낀 학생이 반수 정도인 학생들이 교문으로 들어오는 순서를 세어보자. 어느 날 갑자기 육 천명에 이르는 학생들 중에서 안경을 낀 삼천 명의 학생이 1등부터 삼천 등까지를 차지한다면 이것은 굉장히 이상한 일일 것이다. 아마 그 수는 골고루 섞였을 것이며 게임에 참가하는 학생의 수가 많으면 많을수록 반수의 등수에 드는 안경과 비안경의 비율은 1:1로 수렴할 것이다.

일상에서 자연스러운 일은 그럴 수 있는 개연성인 발생 확률이 클수록 발생이 용이하다. 즉 자연은 어떠한 일이 어떠한 방식으로 진행되고 존재하겠는가에 대하여 이미 예측하고 정해 놓은 것이다. 물론 자연의 2법칙만으로 반응의 방향성과 안정성이 결정되는 것은 아니다. 이러한 기준은 3장과 4장에서 자세히 다루겠지만 발생의 빈도, 확률 혹은 무질서도의 증가로 대표되는 2법칙은 자연의 반응과 현상의 안정성 곧 자연스러움에 대하여 큰 의미를 갖는다.

일부의 학자들은 우주의 생성과 생명의 만들어짐까지 무질서도 즉 엔트로피와 관련하여 설명한다. 어느 날 갑자기 교문을 들어서는 학생들 중에 안경을 낀 삼천 명의 학생들이 1등부터 차례로 들어섰든지, 천 개의 주사위를 던졌는데 모두 6의 숫자가 나왔다던지 믿을 수는 없지만 있을 수 있는 경우가 발생했을 때, 국부적으로 무엇인가 정형화된 것이 출현할 수 있다는 생각에 근거한 것이다.

● 밀양의 얼음골

동의보감이란 소설에서 유의태 선생이 제자인 허준에게 자신의 시신을 해부할 것을 말하며 얼음골에서 죽는다. 몇 년 전 찾아본 얼음골은 정말로 신기하였다. 계곡 위로 오르면 팔월의 무더위 속에서도 어느 한 계단을 중심으로 더위와 추위의 뚜렷한 경계를 느낄 수 있었다. 한 여름에 라야 물이 언다는 바윗돌 틈에서 굉장한 한기가 뿜어져 나왔다.

기이한 자연 현상이지만 이것이 냉장고와 동일한 원리를 갖는다 하면 크게 이상할 것도 없이 당연한 일이 된다. 다만 냉장고에서는 주어지는 전기 에너지를 가지고 정확하게 온도를 제어할 수 있다는 면에서 자연에서 일어나는 냉각의 효과와 차이를 갖는다. 냉장고뿐만 아니라 자동차 엔진, 각종 화학반응조에 이르기까지 일과 열이 관련하는 사람이 만든 모든 것에는 자연의 1, 2법칙이 응용되고 있으며, 열과 기계적 일의 관계가 이로부터 정확하게 계산될 수 있는 것이다.

● 창 밖의 경치, 미학(美學)

강의 중에 문득 보게되는 맑은 봄날의 모습은 무척 아름답다. 강의실 앞으로 펼쳐진 숲에는 강릉에 흔한 멋진 소나무가 섰고 그 뒤로 파란 하늘에는 구름이 떠 있고 가끔씩 불어오는 바람은 나뭇잎을 흔든다. 한용운의 님의 침묵에서와 같이 누군가가 이 모든 것을 주관하는 것을 느낀다.

굳이 자연의 아름다움마저 자연의 법칙을 들어 설명할 필요는 없을 것으로 본다. 하지만 학생들 중에는 아름답다고 느끼는 것에 대한 것뿐만 아니라 사람의 생각, 교육 심지어는 사랑까지 이 법칙을 적용하고자한 열성파도 있었다. 자연의 아름다움이나 사람의 주관적인 사고를 열역학의 범주로 넣지는 않겠지만 오늘 하늘의 구름이 하필이면 뭉게뭉게 하게 보이는 것이, 경포 바다의 파도가 철썩철썩 치는 것이 그리고 해변의 조개와 자갈이 둥글어지는 것이 흥미롭게 보인다면 자연의 법칙을 다루는 열역학을 쉽게 접근할 수 있다.

한 학생이 빨강, 노랑, 파랑의 기본 원색을 이용하여 화폭에 그림을 그리는 경우를 제시하였다. 물감이 섞여져 새로운 색을 만들고 안정화되지만 이것으로부터 창조되는 아름다움의 배열은 무엇일까 하는 궁금함을 덧붙였다.

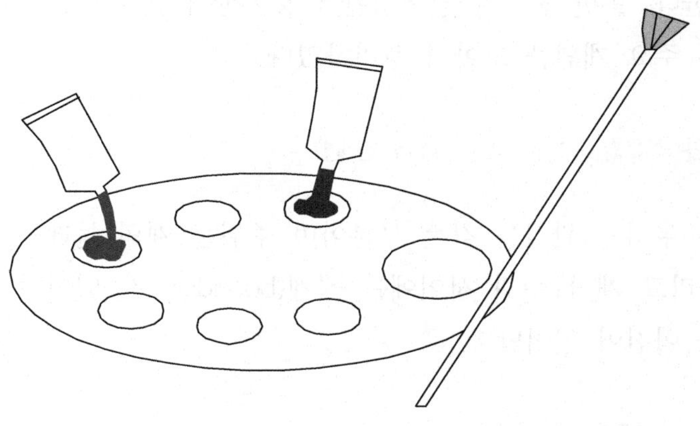

[그림 1-4] 물감으로 그림 그리기

문제 1

빨강, 노랑, 파랑의 물감으로 그림을 그린다. 물감의 입장에서 에너지와 엔트로피는 어떻게 변화하겠는지 설명하시오. 또한 물감을 가지고 그림에서 그려지는 아름다움(정형화된 새로운 질서)은 무엇으로부터 유래할 것인지에 대해 그림을 그리는 전체 계의 입장에서 해석하시오.

문제 2

아인슈타인은 "신은 주사위를 가지고 자연을 만들지 않았다."라고 했다. 이것이 갖는 의미를 설명하고 이에 대한 여러분의 견해를 논하시오.

2. 자주 등장하는 용어

열역학에는 생소한 용어가 자주 등장하며 이 때문에 어렵게 느껴진다. 다음에 서술한 단어들은 물리화학 전반에 걸쳐 빈번하게 나오는 중요한 개념의 용어들인데, 미리 정리함으로써 친숙함을 주고자 한다. 또한 진도가 진행되면서 용어상에 혼란이 오면 참고가 되도록 주요 개념을 모아서 정리하였다.

● 계와 주위(system and surround)

계는 우리가 관심을 갖는 부분이며 주위는 계의 둘레를 일컫는다. 그리고 계와 주위 사이에는 경계(boundary)가 있어서 물질의 분리와 이전이 일어난다.

● 가스 렌지 위에 냄비

부엌에 있는 가스 렌지 불 위의 냄비 속에서 라면과 물이 끓고 있다. 라면을 먹는 것이 주된 관심사인 A 학생은 냄비 안의 것만을 주목한다. 이 학생에게 냄비를 경계로 하여 냄비 안의 물과 라면이 계가 되며 냄비 바깥은 주위가 된다. 냄비를 통하여 열이 이전되고 변화가 일어나는 것이다.

부엌을 맡고 있는 어머니 B는 냄비뿐만 아니라 가스 렌지와 싱크대 등 부엌이라는 공간이 관심사이며 B에게는 부엌이 계이고 부엌 바깥은 주위가 된다. 지구의 환경이 심각하게 고려되는 요즘 부엌에서 발생하는 연료에 의한 대기 오염과 생활 폐수에 의한 하천 오염은 당장은 A와 B에게 주위에 해당하겠지만, 이들은 지구인의 한 사람으로써 이 모든 것을 포함하는 지구 자체를 계로 주목할 수 있다. 이때 계는 지구와 대기권을 포함한 공간이며 그 바깥이 주위가 될 것이다. 우리가 생각할 수 있는 가장 큰 계는 태양계와 은하계를 벗어나 우주로 귀착되며 우주계 이상의 것은 고려할 수가 없다.

다시 말해서 계는 관심을 갖는 영역으로 자기가 정하기 나름이다. A 학생은 먹는 것이 주된 관심이면 단지 냄비 안의 라면만이 계가 되지만, 어머니를 도와 부엌을 청소할 때 혹은 지구인으로써 환경의 오염을 걱정할 때 계는 부엌으로, 지구로 그리고 최종적으로는 우주로 넓혀질 수 있는 것이다. 계와 주위에는 경계를 통해서 에너지 혹은 입자의 물질들과 열 및 엔트로피가 들락거리기 때문에 주목하는 계 자체에서는 에너지의 보존과 엔트로피 증가의 법칙이 일반적으로 성립하지 않는다.

열역학의 법칙은 계와 주위를 통틀어 고려했을 때 만족하는데 계 자체의 경우에서는 에너지 혹은 엔트로피의 증감 량인 변화분만을 고려하면 열역학의 법칙들이 잘 적용된다.

편의상 계의 경계를 주위와 완전히 차단시켜 물질의 이동을 막으면 고립계 또는 닫힌 계가 되며 계 안의 열역학 법칙은 잘 만족된다. 열의 출입만을 통제하는 경우 단열 계라고 하며 단열을 가정한 여러 시스템에서 쉽게 현상을 해석할 수 있는 단순한 가정을 제공한다.

다 끓은 라면을 A 학생이 김치와 함께 먹는다. 계를 A 학생 입장으로 보았을 때 학생은 음식물을 통하여 에너지 혹은 질량을 늘리는 효과를 보며 음식물을 통하여 피와 살이 되는 유기체 형상이 늘어나는 무질서도 감소의 반응이 일어난다.

그러나 학생과 음식물, 공기를 통틀어 계로 주목하고 이것을 닫힌 계라고 가정하면 음식으로 소모되는 질량과 에너지의 양은 학생의 유기체 형성과 활동할 수 있는 에너지로 변화하며 그 양은 보존된다. 그런데 이 닫힌 계에서 음식물이 공기와 함께 산화 소모되며 증가하는 엔트로피의 양은 학생이 살찌고 활동하며 감소하는 엔트로피의 양보다 많게 되어 결국 전체 닫힌 계에서의 엔트로피는 증가하게 마련인 것이다.

● 상태(state)

상태란 사람이나 사물이 처한 상황을 일컫는다. 가장 간단한 상태의 물질인 기체의 경우 그것이 처한 상황을 결정하는 상태를 결정하는 기본 성질은 기체가 차지하는 부피(volume, V)와 물질의 양(mole, n) 외에 압력(pressure, P), 온도(temperature, T)가 있다.

기체에서 이러한 기본 성질인 V, n, P, T를 알면 기체의 상태를 알 수 있으며, 이 네 가지 인자는 아래의 기체상태방정식으로부터 세 개의 독립적 변수로 구성된다. 즉 기체의 상태는 세 가지의 독립적 성질에 의해 명시된다.

$$PV = nRT$$

상태함수란 기본 성질인 V, P, T로 표현할 수 있는 상태에 대한 변화 모습으로써 경로함수에 비교된다. 가장 중요한 상태함수로 내부에너지(U)와 열용량(C)을 들 수 있는데, 이들은 계의 현재 상태에만 관련하고 진행되는 과정과는 무관하다.

상태를 변화시키는 과정과 관련하는 것은 경로함수로 제시되며 일 또는 열로써 이전되는 에너지의 양이 여기에 속한다. 상태함수와 경로함수의 근본적인 차이는 결과에 의해 결정되는 상태함수에 대해 그 결과를 도출하는 과정에 관련하는 경로함수로 나눌 수 있다.
상태함수인 내부에너지의 변화(△U)가 경로함수인 일변화(△w)

와 열변화(△q)의 합으로 얻어지는 것은, 열역학적 상태의 변화량은 경로에 관련 없이 상태함수와 경로함수가 서로 등식으로 연결될 수 있는 재미있는 개념으로 발전한다. 이에 대해서는 3장에 자세히 언급되었으며 가역과 비가역 반응이 이것과 관계한다.

● 완전기체와 이상용액

자연현상을 해석하는데 있어서 실제는 그렇지 않지만 반응의 일부를 단순화하면 매우 편리해진다. 기체와 액체의 반응에서는 특히 분자 상호간의 작용이 없다는 것을 가정하면 여러 가지 예상 식을 도출해내기가 쉽다.

분자 상호간의 작용이 배제된 기체를 완전기체라 하고 액체를 이상용액이라고 한다. 실제의 기체와 액체에서 반응은 이러한 이상상태에서의 가정을 바탕으로 하여 실제 현상에 접근하기 위한 몇몇 인자를 덧붙이는 과정을 통하여 얻어진다.

● 엔트로피와 엔탈피(entropy and enthalpy)

엔트로피는 물질 상태의 불규칙성을 나타내는 무질서도이며, 엔탈피는 계의 열량 발생과 출입에 관련하는 에너지함수이다.

엔트로피는 열역학적인 정의에 의해 온도가 곱해짐으로써 엔탈피로 변환되며, 또한 무질서도로 정의되는 엔트로피는 원자배열 및 반응과 관련하는 엔탈피로써 통계열역학에 의해 연결된다.

● 부호의 약속

열역학을 공부하다 보면 +, −의 부호가 혼란스러움을 종종 느낀다. 이것은 열역학의 수식으로부터 얻어지는 결과를 단순히 산술적 계산에 의존하려는 경향에 의해 일어나므로, 부호에 대한 물리적 의미를 확실히 정립하는 것이 중요하다. 부호가 적용되는 성질들은 주로 에너지와 관련한 열과 일이며 반응의 안정성과 관련하여 엔탈피, 엔트로피 그리고 Gibbs 자유에너지가 여기에 속한다.

이들에 대한 부호의 약속은 우선 계를 "나"로 주목하여 "내"가 에너지, 일, 열의 무엇인가를 내어주면 손해의 "−"이고 "내"가 에너지, 일, 열을 받는다면 이익을 보는 "+"로 한다. 가령 계 입장에서 열을 내주는 발열반응이면 "−"이고 계가 주위로부터 열을 받는 흡열반응이면 "+"인 것이 이 기준에 따르는 것이다. 내가 일을 해주면 "−"이고 내가 남으로부터 일을 받으면 "+"가 된다. 반응계에서 Gibbs 에너지가 "−"로 커질수록 계는 주위에 에너지를 많이 제공한 것이고 이에 따라 계는 안정화하는 것을 예상할 수 있다.

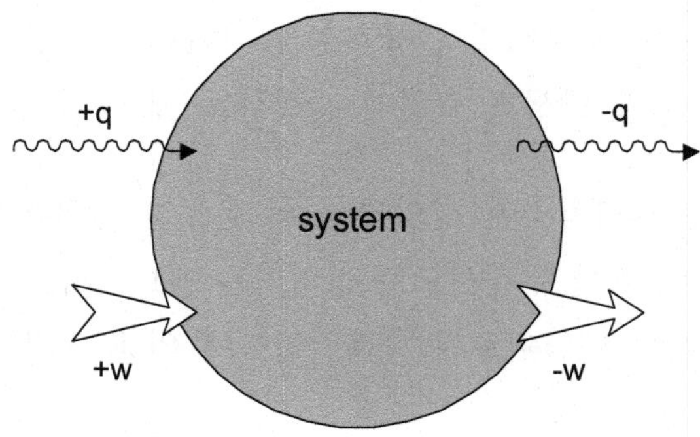

[그림 1-5] 계와 주위의 열과 일량 변화

chapter II 열역학 제1법칙

열역학 제 1법칙은 에너지 보존의 법칙이다.

1. 제1법칙

(1) 라면과 소나무

아래 그림에서와 같이 방안 가스 렌지 불 위에 놓인 냄비 속에서 물과 함께 라면이 끓고 있다.

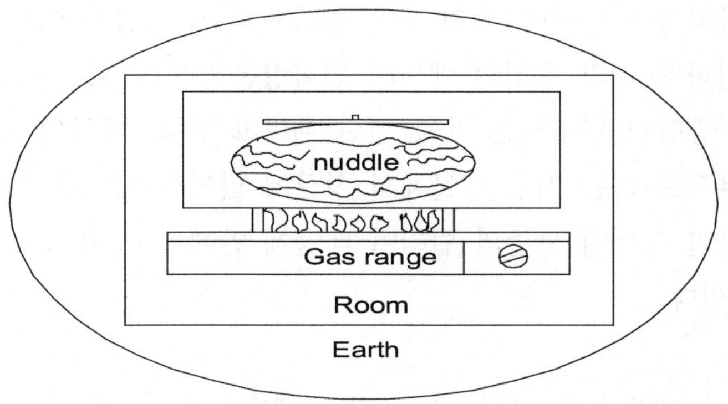

[그림 2-1] 계와 주위

계를 냄비 안의 물과 라면으로 주목하면 에너지는 냄비 바닥을 통해 열에너지로써 냄비 안으로 전달된다. 가스 연소에 의한 열량은 냄비가 받아들여 물과 라면을 끓이는데 쓰인 열량과 기타 일들의 합과 정확하게 일치한다. 여기에서 기타 일이란 냄비 뚜껑이 들썩거리는 일, 물 끓는 소리 방안으로 방출되는 열량을 포함한 모든 종류의 일과 에너지 형태를 일컫는다. 즉 주위가 경계를 통해 계로 공급하는 에너지는 계가 받아들인 양과 일치하는 것이며, 전체 에너지가 보존되는 것을 알 수 있다.

문제의 관점을 단순화하기 위하여 방의 벽을 닫힌 것으로 가정한다면, 벽을 통해서 열이나 입자의 모든 물질이 이동하지 않는다. 이러한 닫힌 계의 방안에서는 에너지가 보존된다.

아래 그림과 같이 소나무가 햇빛과 물을 받고 땅속의 양분을 흡수하여 잘 자란다. 나무를 계로 주목하면 계의 에너지는 증가한다. 이것은 햇빛과 물 그리고 양분에 해당하는 주위에서 에너지가 계로 공급되기 때문인데, 계가 받은 양과 주위가 공급한 에너지의 양은 동일하며 계와 주위의 에너지 변화량은 0이다. 나무와 같이 에너지의 증감이 발생하는 계를 열린 계라고 한다. 태양의 열에너지를 근본으로 하는 지구 생물체의 성장에 있어서 태양계를 닫힌 계로 본다면 에너지 보존의 법칙이 태양계 안에서 잘 적용되는 것을 알 수 있다.

그러나 여기서 보존되는 것은 단지 에너지의 양일뿐이다. 에너지의 질적인 면에서는 그 등급을 낮추는 방향으로 변화한다. 에너지의 모습이 바뀌면서 에너지의 질이 저하되는 것은 다른 하나의 자연법칙이며 이것을 3장의 2법칙에서 다루었다.

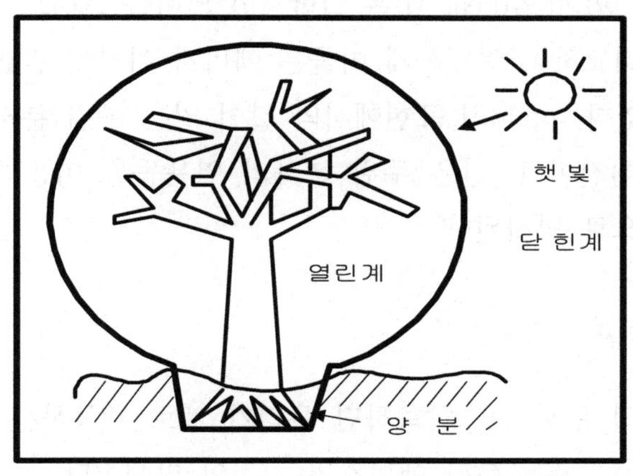

[그림 2-2] 열린계와 닫힌계

(2) 제1법칙

열역학 제1법칙은 에너지 보존의 법칙으로써 물질의 이동이 없는 닫힌 계에서 에너지의 유지를 뜻한다. 또한 열린 계에서는 경계를 통하여 주위와 에너지 이전이 가능한데, 계와 주위의 에너지 변화량이 증감에 의해 0이 되어 이전 에너지량이 보존되는 것이 1법칙의 내용에 포함된다. 여기에서 에너지의 이전은 일과 열의 크게 두 가지 형태로 나타낼 수 있다.

● 일, 열, 에너지

일, 열, 에너지 세 가지의 공통점은 먼저 단위가 Joule, calory 등으로 서로 동일하며 환산이 가능하다는 것이다(1 Joule = 4.2 cal). 이들은 단위 즉 양적인 비교의 공통성 외에 각각 고유의 의미를 가지므로 이를 분별할 필요가 있다.

일(work, w)과 열(heat, q)은 일반적인 의미를 그대로 내포하지만 에너지와 비교하여 엄밀하게 이들은 에너지 이전에 관련하는 것으로 볼 수 있다. Atkin의 표현에서와 같이 일은 주위 분자의 운동을 이용하는 이전이며, 열은 주위 분자의 열운동을 이용하는 에너지 이전인 것으로 명시된다.

● **주사기 놀이**

빈 공간의 주사기를 압축하면 우리가 계로 주목하는 주사기 내부 공간에는 주위로부터 에너지의 이전이 발생한다.

주사기 피스톤의 압축에 따른 에너지 이전은 일과 열의 두 가지 형태로 구별된다. 먼저 피스톤 고무의 하강에 의한 일이 주사기 빈 공간인 계에 전해지는 것을 쉽게 알 수 있다. 그러나 계의 압축에 의해 계속의 기체 입자들이 가속되고 서로 충돌할 때 평균 에너지를 높이는 것, 즉 기체의 열운동이 증가되는 에너지의 이전 형태는 간과하기 쉽다. 주위로부터 계에 전해지는 에너지 이전은 결국 일과 열의 형태가 동시에 고려되어야 한다.

일과 열에 비하여 에너지란 일을 할 수 있는 용량으로 표현된다. 이것이 일과 열에 대해 갖는 근본적인 차이점은, 에너지는 그것이 단지 어떤 상태에 놓여 있는가에 의해 결정되는 상태함수이고 일과 열은 에너지의 이전에 관련하는 경로함수인 것에 있다. 즉 계의 에너지는 주위로부터 일과 열을 받아서 어느 정도의 일을 할 수 있는 용량 상태에 놓여 있는가 하는 것이 기준인데 비하여, 일과 열은 이러한 에너지의 상태를 결정하는 것에 대해 에너지의 양이 이전된 경로를 결정하는 기준이 된다.

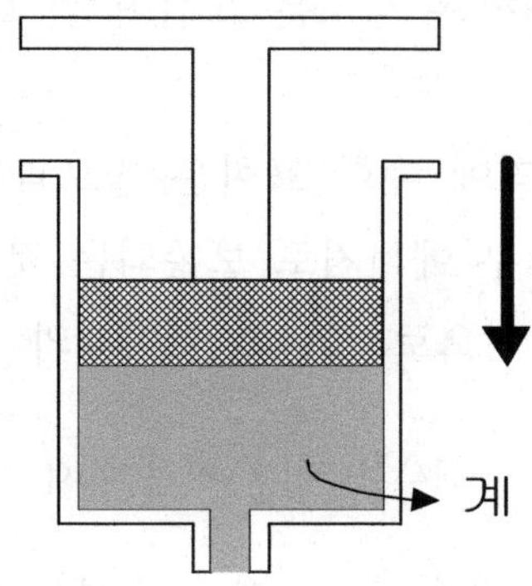

[그림 2-3] 주사기의 계와 주위

2. 1법칙의 새로운 표현

에너지 보존으로써의 제 1법칙은 Atkin에서와 같이 열역학적으로 다음과 같이 표현할 수 있다.

"계의 내부 에너지는 일을 해주거나 가열을 하여 변화시켜 주지 않는 한 일정하게 유지된다."

이와 같이 1법칙을 다르게 표현하는 것은 앞에서 언급한 에너지의 이전과 에너지 상태의 분별을 확실히 하려는 의도가 숨은 의도가 있기 때문이다. 물론 닫힌 계에서 에너지의 형태가 어떤 식으로 변화하든 전체 에너지는 철저하게 보존되는 단순한 의미의 1법칙이 적용된다.

그러나 대부분의 자연현상 혹은 반응의 변화과정에는 에너지 이전에 따르는 에너지 상태의 변화가 발생하기 마련이므로 1법칙에 변화의 과정이 내재하는 새로운 표현이 필요한 것이다.

따라서 위의 1법칙에 대한 표현은 경로과정으로써의 일과 열이 상태를 나타내는 내부 에너지로 보존되는 것을 열역학적으로 표현한 것이다. 이것을 식으로 표현하면 아래와 같다.

$$\triangle U = \triangle w + \triangle q$$

($\triangle U$: 내부 에너지 변화, $\triangle w$: 계에 이전된 일, $\triangle q$: 계에 이전된 열)

일과 열의 두 경로함수에 대한 합이 내부 에너지라는 상태함수가 되는 것은 1법칙만으로 설명할 수 없는 다른 깊이가 있다. 1법칙을 이와 같이 쉽지 않은 방법으로 굳이 표현하는 것은 열역학이라는 규정된 틀 속에서 현상을 해석하려는 의도에 의한 것이다.

(1)식에 대한 열역학적 해석은 2법칙과 결부되어야 완전해질 수 있다. 닫힌 계에서 내부 에너지의 변화, $\triangle U$는 0이다. 위의 식은 상태의 미소변화와 에너지 이전의 미소 량에 관련하여 아래와 같이 표현된다.

$$dU = dw + dq$$

(dU : 내부 에너지의 미소변화, dw : 계에 가해진 일의 미소 량, dq : 계에 이전된 열에너지의 미소량)

이와 같이 열역학적인 계산에 미소량의 미분 꼴을 이용하는 것은 U, w, q의 함수와 V, P, T, n의 기본성질들이 비선형적 관계로 연결되기 때문이다. 따라서 각 함수에 대한 정량적 해석은 미소량의 관계식을 (미분방정식) 경계 구간에서 적분함으로써 얻어진다.

(1) 피스톤이 하는 일

1법칙은 계에 해주는 일과 열이 계의 에너지 상태를 변화하는 것으로 표현된다. 다음에는 계에 해주는 일에 대한 개념을 피스톤의 일을 통해 알아보고자 한다.

그림에서와 같이 주사기 속의 계가 피스톤에 의해 압축된다. 계는 Ps 압력의 완전기체로 되어있음을 가정한다.

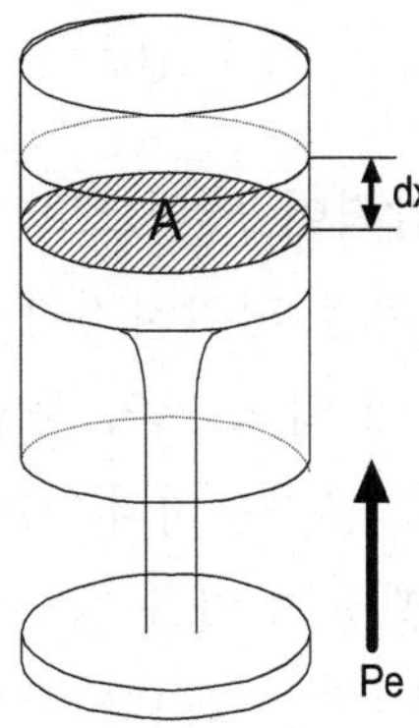

[그림 2-4] 피스톤이 주사기 계에 하는 일

단면적 A의 피스톤이 Pe의 압력으로 눌려질 때 피스톤이 주사기 속 계에 해주는 일은 w와 같다.

$$w = F \cdot x = Pe \cdot A \cdot x$$

여기에서 피스톤 이동거리의 미소량 dx에 대한 미소 일량은 dw 이다.

$$dw = Pe \cdot A \cdot dx$$

계의 입장에서는 피스톤으로부터 일을 받는 것이므로 에너지의 부호는 "+"이며 A · dx는 압축과정의 압축부피 dV와 같다. 따라서 피스톤 압축에 의해 계에 이전되는 일은 아래와 같다.

$$dw = Pe \cdot dV$$

피스톤이 작용하는 부분을 계로 주목하면 계가 주위에 일을 해주는 것이므로, dw의 부호는 "−"이다.

$$dw = -Pe \cdot dV$$

주사기속 계의 완전기체 압력이 Ps이므로 계에 대한 일을 Ps로 나타내면 완전기체의 성질변화를 파악하기가 쉬워진다. 이를 위해서는 피스톤의 압력, Pe이 계의 압력 Ps와 동일함을 가정해야 하는데 이러한 현상은 현실적으로 불가능하다. 즉 Pe가 Ps보다 크거나 작아야 피스톤이 압축 혹은 팽창의 일을 할텐데, Pe와 Ps가 같으면 피스톤이 정지할 것이기 때문이다. 그러나 현상을 단순화하기 위하여 Pe=Ps 임을 가정하면 계의 완전기체 압력을 열역학적 계산에 이용할 수 있는 편리함이 얻어진다. 이것이 가역조건에 해당하며 이때 피스톤이 계에 해준 일은 아래와 같다.

$$dw = Ps \cdot dV$$

계가 팽창을 하게 되면 계가 주위에 일을 해주는 것이고 실제로는 Pe 〈 Ps 이어야 계의 팽창이 일어날 것이다. 하지만 이때에도 가역조건임을 가정하면 Pe = Ps 이며 계의 팽창에 대한 에너지 이

전 일은 아래와 같다.

$$dw = Ps \cdot dV$$

(2) **가역 및 비가역조건**(reversible and irreversible condition)

주사기 속의 피스톤이 눌려진다면 당연히 피스톤 바깥쪽의 압력이 안 쪽보다 높아야 할 것이다. 그러나 가역조건은 바깥의 압력 Pe과 내부압력 Ps이 동일한 것을 가정하여 반대쪽으로의 팽창 반응도 무리 없이 일어날 수 있는 것을 의미한다.

가역조건을 굳이 현실에 반영한다면 압축이나 팽창이 굉장히 천천히 진행하는 것을 상상하면 된다. 이때 동일한 압력에서도 압축과 팽창의 가역적인 반응이 발생할 수 있는 것이다. 자연계에서 이러한 현상은 존재할 수 없지만 자연을 단순화시켜 해석하는데 도움이 된다.

비가역조건은 가역조건에 비해 실제 현상을 반영한다. 특히 경로함수의 과정에 관련하는 경로변화의 폭을 나타내는데, 이것은 2법칙의 엔트로피 증가 혹은 에너지의 질적인 변화와 관계가 있다.

(3) **압축, 팽창의 일량 계산**

가역압축과 가역팽창에 수반되는 전체 일은 일의 미분량, dw를 적분함으로써 얻어진다.

$$w = \int_{Vi}^{Vf} PsdV \text{ (가역압축)}, \quad w = -\int_{Vi}^{Vf} PsdV \text{ (가역팽창)}$$

● 액체, 고체에 해주는 일

액체와 고체에 가해지는 압축 혹은 팽창의 일은 비교적 쉽게 구할 수 있다. 반응이 내내 등온에서 일어난다는 기본적인 가정 외에도 외부에서 가해지는 압력, Pe 이 그 부피변화에 대한 변화가 없음을 가정해도 무방하기 때문이다. 보통 일의 계산에는 등온의 조건을 가정하는데, 등온이라는 것은 계에 주어진 일에서 열적인 변화 효과를 배제하기 위함이다.

액체와 고체의 압축, 팽창 반응에서는 가역과 비가역을 구분하는 것은 필요 없다. 액체와 고체에 가해지는 압력만큼 계에서 반작용적인 압력이 가역적으로 작용하기 때문이다 (Pe = Ps = P). 이들의 계에 전달되는 일은 부피변화 (Vi → Vf)에 대하여, 아래와 같이 주어지는데,

$$w = \int_{Vi}^{Vf} PdV$$

압력 P는 부피 V에 대하여 독립적으로 일정하므로 일은 아래와 같이 구해진다.

$$w = P \cdot (Vf - Vi) = P \cdot \triangle V$$

다시 언급하지만 위와 같은 유형의 식에서 부호에 대해서는 전혀 문제 삼을 것이 없다. 즉 가해지는 압력, P와 부피변화 dV의 방향에 대해 고려할 필요가 없다. 단지 계가 주위에 일을 해주는 팽창의 반응이면 w의 부호가 “+”이고, 계가 일을 받는 압축의 반응

이면 부호가 "−"인 것으로 표현하고 그 의미를 받아들이면 되는 것이다.

예제

1리터의 액체가 그릇에 담겨 1기압 25℃ 상태에 놓여 있다. 이것을 100기압의 일정한 압력으로 압축하면 최종의 부피가 0.99리터로 된다고 한다. 액체의 온도가 압축과정에도 불구하고 25℃를 유지하였음을 가정할 때 액체가 받은 일을 계산하시오.

$$w = \int_{Vi}^{Vf} PdV$$

$$w = P \cdot (Vf - Vi) = P \cdot \triangle V = 100\text{기압} \cdot 0.01\text{리터}$$

그릇에 담긴 액체는 이 정도의 일을 받는다. 이것의 정확한 양을 계산하기 위해서는 단위의 환산과 몇몇 단위의 암기가 필요하다. 다음에는 재료공학에서 자주 등장하는 압력, 응력의 단위에 대하여 정리하였다.

1 기압 (1 atm ≈ 1 bar) = 1 kgf/cm2

이것은 생산공정에 주로 쓰이는 단위이며 0.01 kgf/mm2에 해당한다.

1kgf/cm2 = 1kg · 9.8m/sec2/(0.01m×0.01m)

≈ 105 kg · m/sec2/m2 = 105 N/m2

N/m2의 압력 단위는 파스칼, Pa에 해당하며 재료에서의 응력이

나 강도는 MPa(106 Pa)을 주로 이용하는데, 1 kgf/mm2 ≈ 10 MPa 이다. 또한 1리터는 1000 cm3으로 10-3 m3이므로 이것을 이용하여 액체의 압축일을 구하면 아래와 같다.

w = 100 ⋅ 105 N/m2 ⋅ 0.01 ⋅ 10-3m3 = 100 Nm = 100 Joule

여기에서 부호는 계인 액체가 주위로부터 일을 받았으므로 "+"가 된다.

● 기체에 해주는 일

기체에서는 외부에서 가해지는 압력, Pe 자체가 계인 기체의 부피변화에 직접적으로 영향을 미친다. 기체 압축의 반응을 가역적인 것으로 가정하면 외부 압력, Pe는 기체의 압력, Ps와 동일하다. 또한 기체를 상호작용이 없는 완전기체임을 가정하면 기체의 압력과 부피의 관계는 아래의 완전기체방정식으로 주어진다.

$$\mathrm{Ps} = \frac{nRT}{V}$$

가역조건에서 Pe는 Ps로 대치되므로 등온과 가역조건을 가정하면 완전기체인 계가 받는 일은 다음과 같이 구해진다.

$$\mathrm{w} = \int_{Vi}^{Vf} \mathrm{PsdV} = \int_{Vi}^{Vf} \frac{nRT}{V}\mathrm{dV} = \mathrm{nRT}\int_{Vi}^{Vf} \frac{dV}{V}$$

$$= \mathrm{nRT}[\ln V]_{Vi}^{Vf} = \mathrm{nRT}\ \ln\left(\frac{V_f}{V_i}\right)$$

이식을 엄밀하게 따지자면 계의 압력, Ps와 부피변화 dV 방향이 반대이므로 아래와 같이 표현해야 계가 일을 받는 압축의 조건에서 계산의 결과가 "+"로 나오고 계가 일을 하는 팽창의 조건에서 "−" 값이 얻어진다.

$$w = -\int_{Vi}^{Vf} Ps\, dV$$

그러나 이 책의 1장 부호의 약속에서 언급했듯이 수식적인 전개와 부호의 의미는 물리적 의미에 두기로 한다. 따라서 계산된 일의 값은 절대값의 의미만을 부여하고 그 일이 계에 공급된 것이면 "+"로 정하고, 계가 주위로 일을 해준 것이면 "−"의 의미로 정하면 그만이다.

이것은 위 식의 구성에서 압축 일의 경우 Vf 〈 Vi이며 계는 일을 받아서 "+"의 부호를 취하는 것이고, 팽창일의 경우 Vf 〉 Vi이므로 계는 일을 주위에 해주고 "+"의 부호를 갖는 의미와 일치한다. 앞으로 일의 계산에 위의 식을 주로 쓰는 것도 이러한 이유이며 물리적 의미에 합당하다.

예제 1

1몰의 완전기체가 25 ℃에서 등온으로 압축되어 최종 부피가 처음 부피의 1/30이 되었다. 이때 계가 공급받은 일을 계산하시오.

$$w = -\int_{Vi}^{Vf} PsdV = -\int_{Vi}^{Vf} \frac{nRT}{V} dV = -\ nRT\ \ln\left(\frac{V_f}{V_i}\right)$$

$$= -\ 1\ \text{mole} \cdot 8.3\ \text{J/(K} \cdot \text{mole)} \cdot (273+25)\text{K} \cdot \ln(1/3) = 2717\ \text{Joule}$$

여기에서 처음 식에 "−"를 붙인 것은 마지막 답이 "+"가 되어 계가 압축되며 받은 일을 명시하고자 함이다. 그러나 이러한 부호를 수식의 전개 과정 중에 큰 의미를 둘 것은 없다.

계가 압축되면 계가 주위로부터 일을 공급받는 과정이며, 이때 계의 에너지는 증가할 것이기 때문에 계산 결과에서는 단지 절대값만을 취하고 마지막 답을 "+"로 명기해도 무방하다. 다만 앞으로 일의 계산에서 종종 "-"가 붙는 것은 P와 dV의 방향이 반대이기 때문이므로 별 다른 설명 없이 이것을 이용하겠다.

예제 2

완전기체가 처음 부피의 3배로 팽창한다면 완전기체의 계는 어떤 일을 한 것일까?

먼저 w의 부호에 상관없는 식으로 일량을 정한다.

$$w = \int_{Vi}^{Vf} PsdV = \int_{Vi}^{Vf} \frac{nRT}{V} dV = nRT \ln\left(\frac{V_f}{V_i}\right)$$

$$= 1 \text{ mole} \cdot 8.3 \text{ J/(K} \cdot \text{mole)} \cdot (273+25)\text{K} \cdot \ln(3/1) = 2717 \text{ Joule}$$

그리고 답을 결정할 때 계의 팽창 반응은 계가 일을 주위에 해주는 반응이므로 계 입장에서는 일을 빼앗긴 것이고 마지막 답에 "−"를 붙여주면 된다. 결국 1몰 완전기체가 3배로 팽창하면 그 일은 -2717 Joule이며 이만한 일량이 주위로 공급되는 것을 의미한다. 물론 w의 처음 식에서부터 "−"를 붙여 답을 구해도 마찬가지이다. 여러분은 답의 물리적 의미를 보다 잘 파악할 수 있는 각자의 방식으로 이해할 수 있으면 된다.

이와 같이 1법칙의 에너지 상태변화에 관련하는 에너지 이전 성질로써 일은 주사기 피스톤의 압축과 팽창으로 쉽게 설명할 수 있다. 일의 계산은 물질이 액체, 고체 또는 기체에 따라 전개과정이 다르다. 이것은 압력이 물질 부피변화에 독립적 혹은 의존적인 가에 따른다. 계산된 정량적인 일이 압축과정으로 계에 공급되었다면 "+"이고 팽창으로 계가 주위에 일을 공급하였다면 "−"인 것은 여러 번 언급하였다.

계의 내부 에너지 상태와 에너지 이전형태인 일이 바로 등식으로 연결되는 것은 모든 작용을 가역적으로 가정한 것에 기인한다. 또한 반응 중에 등온 조건을 가정한 것은 계에 이전되는 물질 중에서 열의 효과를 배제하고 순수한 일의 효과만을 고려하고자 함이다.

3. 열(heat) 이야기

열은 일과 더불어 에너지 이전의 형태로써 가장 중요한 부분이다. 이것은 1법칙의 에너지 상태변화를 결정하는 에너지 이전의 한 모습이다.

(1) **열용량**(heat capacity)

열은 뜨겁게 하거나 차갑게 할 때 이전되는 에너지의 형태로써 온도의 변화로 그 정도를 나타낼 수 있다. 온도는 뜨겁고 차가운 것의 등급을 명시하는 것인데 3장의 2법칙에서 열역학적으로 정의되는 구체적인 설명이 될 수 있다. 열은 온도의 변화와 정비례하는 비례상수로써 열용량을 가지고 양을 정할 수 있다.

$$\triangle q = C \times \triangle T \quad (C: \text{열용량}, \triangle T: \text{온도변화})$$

한 물체의 열용량은 크면 클수록 그 물체의 일정한 온도를 높이기 위해서 많은 열량이 필요하다. 즉 열용량이 크면 동일한 열량이 전해져도 물체의 온도가 천천히 높아지는 것을 의미한다.

열용량은 전해지는 열에너지의 종류에 따라 일정 부피에서의 열용량 Cv와 일정 압력에서의 열용량 Cp로 나눌 수 있다. 앞의 에너지 변화의 1법치 식, dU = dw + dq에서 일정한 부피조건이 적용되면 압축이나 팽창의 일이 없으므로 dw = 0이 된다. 따라서 전달되는 열에너지 dq는 내부 에너지 dU와 동일하며, 열용량 Cv는 아래와 같이 구해진다.

$$dq = dU = Cv \cdot dT, \quad Cv = \left(\frac{\partial U}{\partial T}\right)v$$

위 식에서 ∂(round)의 기호는 미분표기 d(differential)와 유사한데, ∂U/∂T는 V, P, T, n의 요소로 구성된 U 함수에서 다른 것은 상수로 간주하고 단지 T에 대해서만 미분하는 것을 의미한다. 괄호 밖의 v는 U를 T에 대해 미분할 때 부피, V가 일정한 것을 의미한다.

일정한 압력에서의 dq는 바로 뒤에서 다룰 엔탈피의 변화 dH와 동일하다. 따라서 Cp는 다음과 같이 구해진다.

$$dq = dH = Cp \cdot dT, \quad Cp = \left(\frac{\partial H}{\partial T}\right)p$$

Cp와 Cv의 차이가 완전기체에서 nR에 해당하는 것은 엔탈피를 고려한 다음에 다시 증명하겠다.

(2) **엔탈피**(enthalpy)

엔탈피는 궁극적으로 반응과 현상의 안정성을 결정하는 Gibbs 자유에너지의 열량 출입을 담당하는 요소가 된다. 3장과 4장에서 다룰 Gibbs 자유에너지와 상의 안정성 기준이 엔탈피와 엔트로피의 두 항목으로 구성되는 정도로 여기서 열량을 담당하는 엔탈피의 역할은 매우 중요하다.

일정한 압력에서 계에 가해진 열을 계의 엔탈피 변화로 한다. 이를 만족하기 위해서 엔탈피는 아래와 같이 정의된다.

$$H = U + PV \quad (U : \text{내부 에너지},\ P : \text{압력},\ V : \text{부피})$$

압력이 일정할 때 계에 가해진 열 dq가 엔탈피의 변화 dH와 같음을 엔탈피 정의에 의해 구하면 다음과 같다.

$$dH = d(U + PV) = dU + d(PV) = dU + PdV + VdP$$

그런데 앞의 에너지 변화의 1법칙 식, $dU = dw + dq$, 압축과 팽창 일에서 압력과 부피변화는 방향이 반대로써, $dw = -PdV$를 여기에 대입하면 다음과 같이 정리된다.

$$dH = (dw+dq)+PdV+VdP = (-PdV+dq)+PdV+VdP$$

$$= dq+VdP$$

여기에서는 압력이 일정함을 가정하므로, $dP = 0$이고, 결국 엔탈피를 $H = U + PV$로 정의하면 엔탈피의 변화는 열량의 변화와 같게 된다.

$$dH = dq$$

일정한 압력에서 열 에너지의 미소 이전 량이나 가해진 열의 변화량은 엔탈피의 변화량으로 대치된다. 엔탈피는 열과는 달리 U, P, V의 상태에만 의존하는 상태함수로써 처음과 최종 상태의 경로와는 무관하다.

여기에서 가해지는 열은 에너지 이전 과정에 관련하는 경로함수인데 이것이 엔탈피로 전환되며 상태함수화하는 것이 요점이며, 이것으로부터 열역학에서 다루는 열의 항목이 상태함수로 정해지는 중요한 개념이 설정된다.

● 표준 엔탈피와 엔탈피의 종류

열역학적 해석에서 계의 반응으로부터 방출되거나 흡수되는 열량은 거의 모두 엔탈피 항으로 주어진다. 따라서 엔탈피의 파악은 모든 현상과 반응에서 유발되는 열의 출입을 정량적으로 알 수 있는 근거이다. 그런데 각 반응들은 온도, 압력, 부피등 천차만별의 조건에서 발생하기 마련이므로, 각각의 조건에서 열 출입을 일일이 기록하고 표기하는 것은 합리적이지 못하다. 이에 따라 처음 물질과 최종 물질이 표준상태에서 일어나게 되는 반응과정에서의 엔탈피 변화를 표준 엔탈피로 결정할 필요가 있다.

표준상태란 필요에 의해 정하기 나름이지만 일반적으로 1기압의 298 K (25 ℃) 조건을 많이 이용한다. 대부분의 반응에 대한 엔탈피 값들이 이러한 표준상태 조건에서 구해졌고 도표화되어 있다. 압력이나 온도의 다른 조건에서 엔탈피 값은 표준상태의 값을 압력 혹은 온도의 엔탈피 함수를 이용하여 환산함으로써 구해질 수 있다.

표준 엔탈피의 표기는 처음과 최종상태의 차이를 나타내는 △와 표준상태를 나타내는 ∅, 그리고 반응의 이름을 아래와 같이 표기한다.

$$\Delta H^{\varnothing}_{반응이름}$$

다음에 대표적인 반응에 대한 표준 엔탈피의 예를 제시하였다[Atkins]. 이때 "+"의 부호는 반응시에 계에 흡수되는 열을, "−" 부호는 계로부터 방출되는 발열량을 나타낸다. 또한 s, l, g는 고체, 액체 및 기체를 대표한다.

● **표준 증발엔탈피(standard vaporization enthalpy)**

$$H_2O\ (l) \rightarrow H_2O\ (g), \quad \Delta H^{\varnothing}_{vap} = +40.66\ kJ/mol$$

● **표준 용융엔탈피(standard fusion enthalpy)**

$$H_2O\ (s) \rightarrow H_2O\ (l), \quad \Delta H^{\varnothing}_{fus} = +6.01\ kJ/mol$$

● **표준 생성엔탈피 (성분 원소로부터 화합물이 생성되는 경우, formation)**

$$6C\ (s) + 3H_2\ (g) \rightarrow C_6H_6\ (l), \quad \Delta H^{\varnothing}_{f} = +49.0\ kJ/mol$$

$$H_2\ (g) + 1/2O_2\ (g) \rightarrow H_2O\ (l), \quad \Delta H^{\varnothing}_{f} = -285.8\ kJ/mol$$

$$1/2N_2 (g) + 3/2H_2 (g) \rightarrow NH_3 (g), \quad \triangle H^{\circ}_{f} = -46.1 \text{ kJ/mol}$$

$$1/2N_2 (g) + O_2 (g) \rightarrow NO_2 (g), \quad \triangle H^{\circ}_{f} = +33.2 \text{ kJ/mol}$$

$$Na (s) + 1/2Cl_2 (g) \rightarrow NaCl (s), \quad \triangle H^{\circ}_{f} = -411.2 \text{ kJ/mol}$$

● **표준 용해엔탈피(standard solution enthalpy)**

$$HCl (g) \rightarrow HCl (l), \quad \triangle H^{\circ}_{sol} = -75.14 \text{ kJ/mol}$$

● **표준 해리엔탈피**

$$CH_3OH (g) \rightarrow CH_3 (g) + OH (g), \quad \triangle H^{\circ}_{??} = +380 \text{ kJ/mol}$$

● **표준 연소엔탈피**

$$C_6H_{12}O_6 (s) + 6O_2 (g) \rightarrow 6CO_2 (g) + 6H_2O (g), \quad \triangle H^{\circ}_{??} = -2808 \text{ kJ/mol}$$

$C_6H_{12}O_6$의 포도당과 같은 유기 화합물은 산소와 결합하여 연소열을 발생한다. 이것이 생명체나 열기관의 에너지원이 된다. 벤젠 C_6H_6 (l), 에탄 C_6H_6 (g), 메탄 CH_4 (g), 메타놀 CH_3OH (l)의 연소열은 −3268, −1560, −890, −726 kJ/mol에 해당한다.

표준 엔탈피는 이외에도 이온화 격자화 엔탈피 등 반응과정 중에 열의 변화가 있는 모든 현상에서 일정한 압력과 온도의 기준(1기압, 298 K)에서 구할 수 있다.

● Cv와 Cp

계의 열량변화, dq는 일정한 부피에서 내부 에너지의 변화량과 같으며 (dq = dU), 일정한 압력에서 엔탈피의 변화량과 동일하다 (dq = dH). 일정한 압력과 일정한 부피조건에서의 열용량 차이를 구하면 아래와 같다.

$$\mathrm{Cp} - \mathrm{Cv} = \frac{\partial H}{\partial T} - \frac{\partial U}{\partial T} = \frac{\partial (U+PV)}{\partial T} - \frac{\partial U}{\partial T}$$

$$= \frac{\partial U}{\partial T} + \frac{\partial (nRT)}{\partial T} - \frac{\partial U}{\partial T}$$

$$= nR \quad (\text{완전기체에서 } PV = nRT \text{ 이므로})$$

즉, Cp, Cv 열용량, 두 조건의 열용량 차이는 nR에 해당한다.

(3) 단열팽창

1법칙에 관련된 열역학적 현상을 해석할 때 대표적인 반응에 대하여 관계식을 정리하면 매우 편리하다. 반응조건에서 "등온"과 "단열"의 조건이 이에 해당하는데 1법칙의 식, dU = dw + dq에서 등온조건이면 온도변화에 의존하는 내부에너지 변화가 없으므로 dU = 0이 되며, 단열조건이면 열에너지 변화량이 없으므로 dq = 0으로 명시된다.

단열팽창은 기체가 열에너지의 이전이 없는 상태에서 팽창되는 것을 말하며, 냉장고의 냉각효과가 대표적으로 여기에 속한다. 즉 기체의 계가 단열을 유지하며 갑자기 팽창하면 계의 온도가 내려가고 이를 이용해서 주위의 온도를 낮추는 것이 냉장고의 원리이다. 아래 그림은 압축기 펌프에 의해 압축된 기체는 기화기에서 갑자기 팽창하며(Vi → Vf) 온도가 감소하는 것을(Ti → Tf) 보여준다.

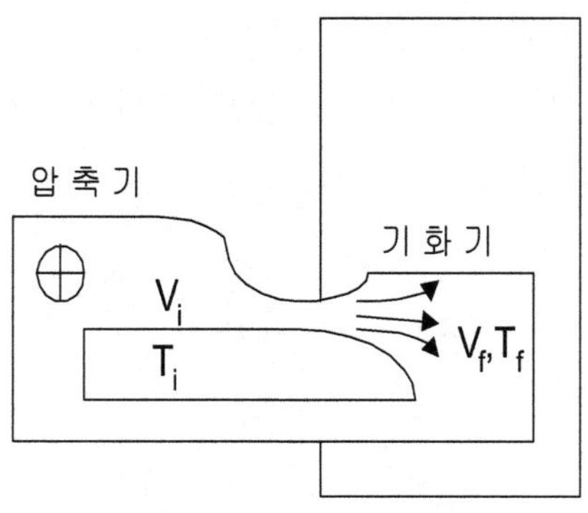

[그림 2-5] 냉장고에서 단열팽창

냉장고에서 계의 팽창과 온도 감소의 정량적 관계는 아래와 같이 계산된다.

dU = dw + dq = dw (1법칙에서 단열을 가정)

dw = − P · dV (압력 P와 부피변화 dV의 방향이 반대이며 가역반응을 가정)

dU = Cv · dT (내부에너지 변화 dU를 열용량과 온도변화로 명시)

dU = dw에서

$$Cv \cdot dT = -P \cdot dV = -\frac{nRT}{V} \cdot dV$$ (계의 기체를 완전기체로 가정)

$$Cv \cdot \frac{dT}{T} = -\frac{nR}{V} \cdot dV$$ (양변을 적분하기 위해 변수분리)

양변을 Ti → Tf, Vi → Vf 구간에서 적분

$$\int_{Ti}^{Tf} Cv \cdot dT/T = \int_{Vi}^{Vf} -\frac{nR}{V} \cdot dV$$

$$Cv \cdot \ln\left(\frac{T_f}{T_i}\right) = -nR \cdot \ln\left(\frac{V_f}{V_i}\right)$$

$$\ln\left(\frac{T_f}{T_i}\right) = \frac{nR}{C_V} \cdot \ln\left(\frac{V_f}{V_i}\right)$$

위의 온도와 부피변화에 대한 관계식은 계의 부피가 Vi → Vf로 팽창하면 계의 온도가 Ti → Tf로 감소하는 것을 보여준다.

예제

완전기체임을 가정한 아르곤 가스 1몰이 1기압, 25 ℃에서 단열된 상태에서 가역적으로 처음 부피의 두 배로 팽창한다고 할 때 아르곤 가스의 최종 온도를 구하시오. (Cv = 1.5 Joule/K)

$$\ln(Tf/298K) = \frac{nR}{C_V} \cdot \ln(1/2)$$

$$Tf = 298 \cdot \exp(1 \cdot 8.3/1.5 \cdot \ln 0.5)$$

$$Tf = K$$

위에서 유도한 단열팽창의 식은 이미 가역조건의 가정이 포함된 것이다. 이것은 완전기체의 팽창일에서 계의 압력 Ps가 주위의 압력 Pe와 동일한 조건에서 팽창이 일어나는 것으로 가정했기 때문이다.

$$dw = -Pe \cdot dV = -Ps \cdot dV = -P \cdot dV$$

이때 완전기체인 계의 팽창은 외부압력 Pe에 의존할 것이지만 가역이라는 가정을 통하여 이것을 계의 압력 Ps로 대치한다. 이것에 의해 압력 P는 단순한 완전기체의 상태방정식으로 유도되는 것이다.

그러나 실제 현상에 있어서 기체인 계의 압력이 외부압력보다 커야 계의 팽창이 일어날 수 있다. 이것을 비가역 반응이라고 한다.

$$Ps > Pe$$

비가역 단열팽창에서 팽창일에 따른 내부 에너지의 절대감소량은 위의 압력 차이로 인해 가역조건보다 작게 된다.

$$|dU| = |P_e \cdot dV| < |P_s \cdot dV|$$

위에서 에너지의 양을 절대값으로 취한 것은 부피팽창의 효과가 가역과 비가역일 때 계의 내부에너지 변화, 곧 온도변화에 얼만큼의 영향을 줄 수 있는 가에 대한 크기를 비교하고자 함이다. 이것은 반응의 방향성과는 관련이 없으므로 단순히 절대량으로 그 크기만을 비교하였다.

비가역 조건에서 단열팽창은 결국 계의 내부에너지 감소 혹은 온도의 감소를 가역조건에서 보다 적게 하는 효과를 나타냈다. 즉 비가역의 단열팽창에서 최종온도는 가역조건보다 높게 측정된다. 이는 비가역 조건에 해당하는 에너지의 질적인 변화에 해당하는 양이 된다.

$$\ln\ (\ln\left(\frac{T_f}{T_i}\right) > \frac{nR}{C_v} > \ln\left(\frac{V_f}{V_i}\right))\ \rangle\ \frac{nR}{C_v}\ \text{、}\ln\ (\frac{V_f}{V_i})$$

예제

완전기체임을 가정한 아르곤 가스 1몰이 1기압, 25℃에서 단열된 상태에서 비가역적으로 처음 부피의 두 배로 팽창한다고 할 때 아르곤 가스의 최종 온도를 구하시오. (Cv = 1.5 Joule/K)

$$\ln\ (\mathrm{Tf}/298\mathrm{K})\ \rangle\ \frac{nR}{C_V}\ \text{、}\ln\ (1/2)$$

Tf 〉 298、exp (1、8.3/1.5、ln 0.5)

Tf 〉 K

● 우주의 팽창

경남 밀양의 천황산에는 얼음골이라는 계곡이 있다. 얼음골에는 한 여름에도 골짜기 어느 지역부터 서늘한 냉기가 흐르고 한 지점에는 얼음이 언다. 이 곳의 지형적인 모습은 산이 주먹 크기 이상의 쇄석으로 이루어져 있고 특히 얼음골 주위에는 계곡 사이로 많은 쇄석 무더기가 형성되어 있다.

여름철이면 이곳에 적당한 습기가 형성되고 산 뒤로부터 골짜기를 따라 바람이 불어온다. 바람의 공기 부피는 돌 틈새에서 압축되었다가 어느 지점에서 갑자기 팽창하게 될 것이다. 이 부분에 계의 단열팽창이 발생하고 온도가 낮아져 물을 얼리는 현상이 벌어지는 것이다.

현실적으로는 팽창하는 계의 압력이 주위의 압력보다 큰 비가역 조건이 여기에 적용될 것이지만, 어떠한 조건에서도 기체가 팽창의 일을 행하면 계로부터 열의 방출이 발생하고 계의 온도는 낮아지게 마련인 것이다.

우주의 생성에서도 우주의 팽창설이 주장되곤 한다. 우주라는 단열의 계가 팽창을 하면 온도가 낮아지는데, 초창기 우주의 고밀도, 고온 상태가 팽창을 하면서 우주의 밀도와 온도를 낮추어 현재와 같은 우주로 형성된 것이 우주의 팽창가설이다. 우주의 생성은 II부 물질의 구조 1장에 자세히 언급하였다.

chapter III 열역학 제2법칙

열역학 제2법칙은 엔트로피 증가의 법칙이다.

1. 에너지의 등급

보존 혹은 이전되는 에너지는 질적인 등급을 가지고 있다. 강의 시간에 관심을 모으려고 손바닥으로 칠판을 쿵하고 두들겼다. 내가 내리친 운동에너지는 아침에 먹은 밥의 탄수화물이 소화되며 낸 열량의 전환인데, 에너지는 손바닥이 갖는 운동에너지 외에도 쿵하는 소리와 칠판으로 전해지는 마찰의 열에너지로 전환된다. 이때 에너지는 양적인 면에서 절대적으로 보존되었지만 그 형태는 아래와 같이 변하였다.

탄수화물의 열에너지 → 손바닥의 운동에너지 + 소리 에너지 + 마찰 에너지

아래 그림에서와 같이 높은 선반에 놓였던 무거운 쇠공이 마룻바닥에 떨어지고는 조금 튀어 올랐다.

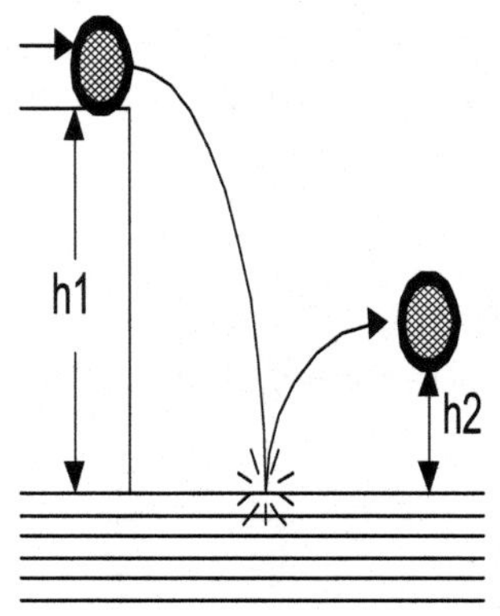

[그림 3-1] 마루 바닥에 떨어지는 쇠공

쇠공의 처음 위치에 해당하는 위치에너지(h1)는 쇠공의 나중 높이에 해당하는 위치에너지(h2)와 쇠공이 마룻바닥에 가한 충격 혹은 열에너지와 소리에너지로 변하였다.

h1의 위치에너지 →

h2의 위치에너지 + 마루의 충격, 열에너지+ 소리 에너지

선반 위 쇠공의 낙하에서도 전체 에너지는 잘 보존되고 있다. 변하는 것은 에너지의 형태인데 에너지 형태의 변화는 일정한 법칙에 따른다. 이것은 에너지의 질적인 변화과정, 즉 에너지의 질적인 등급저하이다. 이러한 에너지의 질적인 변화 폭이 클수록 반응은 안정화되며 역으로의 반응이 어려워진다.

튀어 오른 쇠공의 h2 위치에너지와 마루가 받은 열에너지 그리고 기타의 소리에너지 등 전환된 모든 에너지를 모으면 쇠공이 다

시 h1의 위치에너지를 갖는 높이로 다시 튀어 올라갈 것인지가 의문이다.

또한 손바닥으로 칠판을 내리쳤을 경우, 역으로 쿵하는 소리에너지와 칠판에 가해진 열에너지 그리고 기타의 모든 일을 모으면 다시 내리쳐진 손바닥의 운동에너지 형태로 돌이킬 수 있을까? 게다가 이 운동에너지는 다시 탄수화물의 열량으로, 그리 탄수화물의 열량은 내가 아침에 먹은 밥과 반찬으로 고스란히 돌려질 수 있을 것인지에 의문이 생긴다. 단순히 에너지보존의 법칙만을 자연현상에 적용한다면 이러한 역 방향의 현상도 얼마든지 일어날 수 있으며, 역 방향의 반응이 일어날 수 없는 이유를 설명할 수 없다.

그러나 분명히 역 방향의 일은 발생하지 않는다. 즉 자연상태에서 위의 반응들에 대한 역반응은 발생할 수 없으며 여기에 자연의 2법칙이 적용된다. 변화하는 것은 에너지의 형태인데 그 양은 동일하지만 질적인 면에 있어서 등급이 저하되는 방향으로 반응이 진행하는 것이다.

에너지의 변화 폭이 클수록 등급의 저하 폭이 큰 것이며 역반응 즉 돌이킬 수 있는 정도가 어려워지는 것을 의미한다. 즉 에너지 질의 저하는 자연스러운 현상이다.

● 냄새와 잉크와 열의 확산

돌이킬 수 없는 현상 혹은 반응은 에너지와 전혀 관련이 없어도 잘 일어난다.

꽉 막힌 교실 안에서 A 학생이 담배를 핀다면 담배 연기는 어쩔 수 없이 교실 안으로 퍼질 것이다. 물론 그 연기들이 모여져서 그 학생의 입으로 다시 모아지는 경우도 아예 없지는 않겠지만, 상식적으로 연기 분자가 교실 전체로 골고루 퍼지며 섞여지는 것이 자연스럽고 자발적인 현상으로 받아들여진다.

물이 담긴 컵 속에 잉크 한 방울을 떨어뜨린다. 잉크가 물과 섞이는 것을 쉽게 예상할 수 있다. 교실 안의 기체나 물에서의 잉크 분자는 에너지의 변화 혹은 전환이 관련하지 않아도 전체적으로 잘 섞이는 과정을 자발적으로 나타낸다.

기체나 잉크의 확산에서와 같이 열도 확산된다. 차가운 것과 뜨거운 물체가 서로 접촉되어 있다면 당연히 열은 뜨거운 물체로부터 차가운 것으로 흐르고, 오랜 시간 경과 후에는 두 물체의 온도가 서로 같아질 것이다.

이 반응에서 두 물체의 열에너지 형태는 그대로 유지하고 전체 에너지는 동일한데, 열의 확산은 반드시 온도가 높은 곳으로부터 낮은 곳으로 이동한다. 왜 이것이 자연스럽고 반대의 반응인 온도가 낮은 곳에서 높은 곳으로의 열 이전은 아주 부자연스러운 것인지?

이러한 현상의 설명에는 새로운 자연의 법칙이 적용되어야 함을 알 수 있다. 즉 물질의 확산이나 열의 전도 현상에는 계의 에너지 변화와 관계없이 자연적이고 자발적으로 발생하는 새로운 자연의 법칙이 작용하는 것을 예측할 수 있다. 이것이 에너지의 질적인 등급 변화를 의미하는 것이다.

2. 엔트로피(entropy)

에너지의 양은 보존되지만 질이 저하되는 방향으로 반응이 진행되는 것과, 에너지의 변화와는 무관하게 물질이나 열이 확산되는 현상에는 자연의 2법칙인 엔트로피 증가의 법칙이 적용되고 있다.

엔트로피란 무질서도를 말하며 결국 자연은 무질서도를 늘리는 방향으로 반응을 진행시키는 것을 의미한다.

무질서한 것은 질서정연한 것보다는 자연스러운 것이며 안정적인 것이다. 군부대 연병장에 연대병력을 열병하기 위해 열과 오를 맞추어 기가 막히게 정렬시켜 보자. 여기에는 상당한 지휘관들의 고함과 병사들 스스로의 고행이 존재한다. 질서란 많은 에너지를 필요로 하여 에너지 상태가 높여진 부자연적인 불안정한 상태이다. 병사들에게 해체를 명하면 모두들 자연스럽고 편안한 상태로 안정화할 것이다.

무질서란 자연현상에서 자연스럽고 자발적이며 안정화되는 과정의 새로운 기준이 된다.

이러한 무질서도, 엔트로피를 정량적으로 결정하기 위하여 두 가지의 정의가 이용된다. 엔트로피의 "통계학적 정의"와 "열역학적 정의"가 그것들인데, 엔트로피를 통계학적으로 정의하는 것은 엔트로피의 물리적 의미를 파악하는 것에 적절하며, 이것을 열역학적으로 정의하는 것은 엔트로피를 열역학적 해석에 적용하는 것에 유리한 면이 있다.

(1) 엔트로피의 통계학적 정의

엔트로피를 통계학적으로 정의하는 것은 어떤 현상에 대해서 확률적인 발생의 빈도를 따짐으로써 무질서한 정도를 직접적으로 결정하는 방법이다. II부 8장의 통계열역학에서 언급되는 바와 같이 이것은 결정내의 원자분포나 상의 구조를 밝히는데 유용하다. 통계학적인 엔트로피는 아래와 같이 정의된다.

$$S = k \cdot \ln\omega$$

(k : Boltzmann 상수, 1.381×10-23 J/K, ω : 원자나 분자의 배열 방법의 수)

여기에서 엔트로피 S의 단위는 $\ln\omega$ 가 무단위이므로 Boltzman 상수의 단위에 해당하는 에너지/온도, J/K이다.

다음에 N개의 H−Cl 분자가 배열된 경우를 가지고 통계학적인 질서와 무질서 설명하였다.

● **완전질서**

절대온도가 0이면 원자나 분자는 진동이 전혀 없게 되고 완전질서를 이루게 된다. 현실적으로는 이러한 일이 있을 수 없겠지만 0K에서 HCl의 N개 분자는 완전히 질서적으로 배열한다.

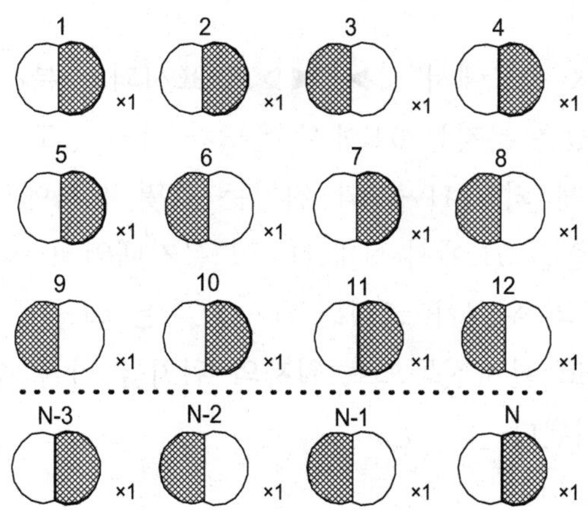

[그림 3-2] 절대온도 0K에서 H-Cl 원자배열

위의 그림에서 H−Cl의 순서가 ◁▶, ◀▷ 두 배열에서 각 위치의 원자는 완전히 고정되어 있어서 두 원자의 순서는 완전히 고정되어 있다. N개의 분자는 반드시 자기가 갖고 있는 H−Cl 혹은 Cl−H 배열만이 허용되며 각 분자가 취하는 배열에 대한 경우의 수는 오로지 1개의 경우, ×1에 해당한다. 따라서 N개 분자의 전체 배열 방법의 수, ω 는 오직 1개의 경우뿐이다.

$$1\times1\times1\times\cdot\cdot\cdot\cdot\cdot\cdot\cdot\times1 = 1$$

결국 완전질서의 엔트로피는 0이다.

$$S = k\cdot\ln\omega = k\cdot\ln 1 = 0$$

이것은 절대온도 0 K에서만 가능한데 0 K란 분자의 배열이 뒤바뀔 확률이 전혀 없는 분자진동이 정지된 양상으로써 실제의 경우 존재하지 않는다.

어느 온도 TK 정도에서 ◁▶, ◀▷로 표시되고 분자진동으로 위치를 바꿀 수 있는 분자는 0 K에서 온도가 어느 정도 높아지면 HCl 분자는 진동하게 되고 H−Cl의 위치는 몇몇 분자에서 뒤바뀔 수 있다. 아래 그림은 TK에서 N개 H−Cl 분자배열의 예를 보여주는 것으로써, 원자의 위치가 고정된 H−Cl 혹은 Cl−H 분자는 ◁▶, ◀▷로 표시되고 분자진동으로 원자의 위치를 바꿀 수 있는 분자는 ◁▷로 표시된다.

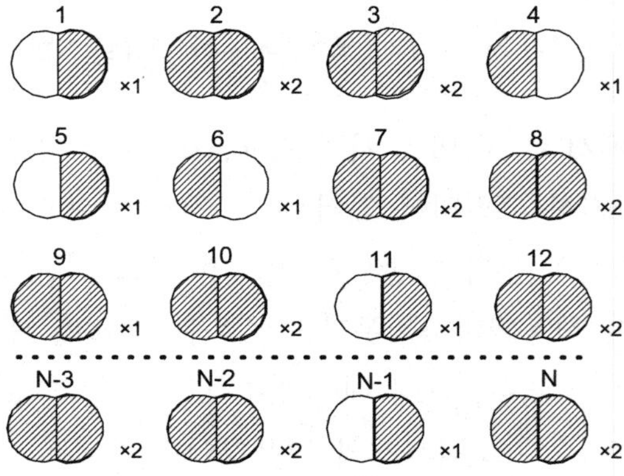

[그림 3-3] 절대온도 TK에서 H−Cl 원자배열

이때 고정된 ◁▶ 혹은 ◀▷ HCl 분자수가 n개이고 진동하여 자리를 바꿀 수 있는 ◁▷ HCl 분자의 수가 (N−n)개라면, 전체 N개의 HCl 분자에 대한 배열방법의 수와 이것으로부터 구해지는 엔트로피는 아래와 같다.

$$\omega = 1^{N} \times 2^{(N-n)},\ S = k \cdot \ln\omega = k \cdot \ln 2^{(N-n)} = k \cdot (N-n) \cdot \ln 2$$

온도가 0 K에서 TK로 상승함에 따라 HCl 분자진동이 활발해지면 HCl 분 자중에서 원자위치를 고정한 n수가 감소하고 진동 분자의 수 (N－n)가 증가하여, 결국 엔트로피는 증가한다.

● 완전 무질서

이제 온도가 굉장히 높이 올라가서 모든 HCl 분자의 H와 Cl 원자가 위치를 바꿀 수 있다고 가정하자. 아래 그림에서 N개의 모든 분자는 열진동에 의해 원자의 위치를 바꿀 수 있는 ◁▷로 표시된다.

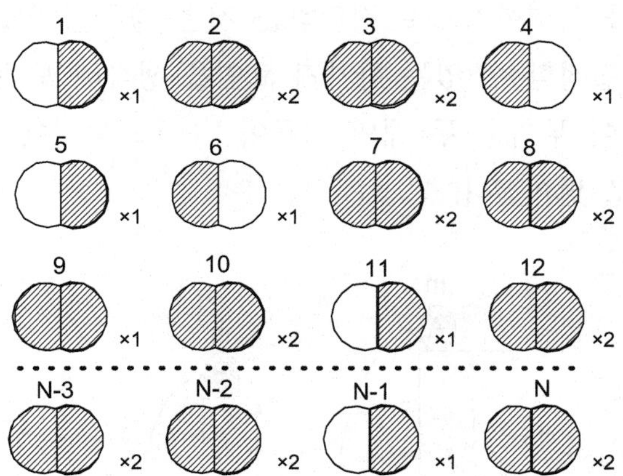

[그림 3-4] 절대온도 ∞K에서 H-Cl 원자배열

N개의 모든 분자는 2개의 배열이 가능하며 이에 따라 전체 배열 방법의 수와 엔트로피는 아래와 같이 구해진다.

$$\omega = 2^{N},\ S = k \cdot \ln\omega = k \cdot \ln 2^{N} = k \cdot N \cdot \ln 2$$

2원자 분자에서 이것보다 더 큰 엔트로피는 얻을 수 없으며, 0K와 ∞K의 온도변화에 대해 엔트로피는 0에서부터 k · N · ln 2 범위 안의 값을 갖는다.

여기에서 엔트로피의 통계학적 정의는 엔트로피에 대한 직접적인 의미만을 보여주는데 그치고 자세한 것은 II부 8장의 통계열역학에서 다루고자 한다. 다만 발생할 수 있는 경우의 수가 많을수록 무질서도가 증가한다는 엔트로피의 개념은 2법칙에서 빼놓을 수 없는 중요한 것이므로 이를 강조한다.

(2) 엔트로피의 열역학적 정의

엔트로피를 열역학적으로 정의하는 것은 경험에 의존한다. 먼저 엔트로피를 결정할 수 있는 한가지 요인을 생각해 보겠다. 아래 그림에서와 같이 무거운 두 개의 쇠공이 h1, h2 높이에 놓여 있다가 마루바닥으로 떨어진다.

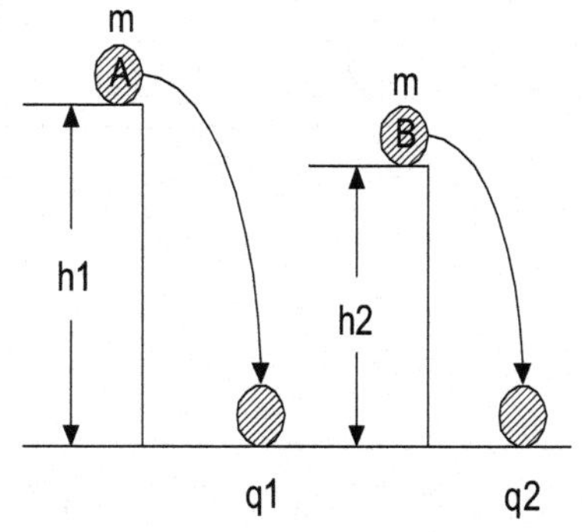

[그림 3-5] 쇠공이 마루바닥에 전하는 열량

쇠공의 위치에너지 mgh1과 mgh2는 마루바닥 바로 위에서 운동에너지로 바뀌었다가 쿵 소리를 내며 그 에너지를 모두 마루바닥에 열에너지로 전달해준다고 가정해보자. 물론 더 큰 에너지를 갖은 mgh1의 쇠공이 mgh2보다 더 많은 양의 열을 마루로 이전할 것이다(q1 〉 q2).

이것은 mgh1 쇠공으로부터 이전되는 에너지가 크며 곧 에너지의 질 저하 정도가 큰 것을 의미한다. 또한 마루가 받은 열량 q1으로부터 유발되는 마루의 열진동이 q2에서보다 큰 것을 의미한다.

결국 앞에서 계속 언급되었던 에너지가 질적인 면에서 저하되는 것이 엔트로피라고 하는 새로운 개념과 연결된다. 즉 쇠공의 위치에너지 감소량이 클수록 마루로 이전되는 열량이 커지고 이것이 클수록 마루의 열운동이 활발해지며, 에너지의 분산 곧 에너지의 질적인 저하가 더 큰 폭으로 발생하는 것으로 정리된다. 이것으로부터 다음의 경험식을 유추할 수 있다.

$$dS \propto dq$$

전해지는 열량의 폭은 에너지 질 저하의 폭을 크게 하고 열운동을 활발하게 하여 엔트로피의 증가와 직접적으로 비례하는 것으로 볼 수 있다.

엔트로피를 가정할 수 있는 다른 요인으로 열량(dq)외에 또 하나의 중요한 요인이 있다. 아래 그림에서 똑같은 높이 h에서 두 개의 쇠공을 떨어뜨린다. 그런데 이번에는 마루바닥의 온도가 다른 것을 가정한다. 한쪽 바닥은 뜨겁고(Th) 다른 쪽 바닥은 차갑다(Tc).

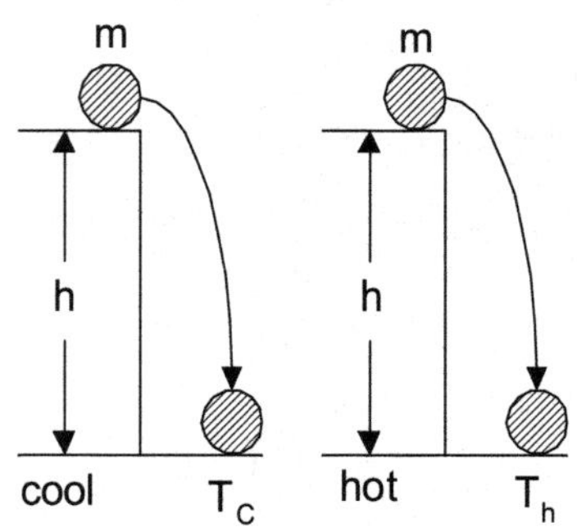

[그림 3-6] 온도가 다른 마루바닥에 떨어지는 쇠공

바닥의 온도가 높건 낮건 간에 쇠공이 떨어지며 마루에 전하는 열 에너지의 이전량은 다른 손실 량이 없을 때 mgh로 동일하다. 그러나 여기에서 mgh에 해당하는 에너지의 질 격하 정도는 같지 않다.

마루바닥이 Tc로 차가우면 mgh의 위치에너지가 열량 q로 전환될 때 이 열량은 충분히 안정화되며, 에너지의 질적인 등급 저하가 심하게 발생하는 것으로 정할 수 있다.

이에 비하여 마루바닥이 Th로 뜨거운 경우 쇠공의 mgh 위치에너지에 의해 전달되는 열량 q는 Tc의 경우와 다른 의미를 갖는다. 즉 차가운 마루바닥에 전해지는 q 열량의 안정화 정도에 비하여, 뜨거운 마루바닥에 전해지는 q의 안정화 정도는 적을 것으로 예상된다.

이것은 낮은 온도의 영역에서 열 또는 온도의 증가가 에너지 질적인 변화에 더 큰 영향을 미친다는 것과 일치한다. 따라서 에너지의 질 저하의 정도를 명시하는 엔트로피는 전환되는 열량(dq)외에 온도의 항목이 포함되어야 하며 그 관계는 아래와 같다.

$$dS \propto 1/T$$

엔트로피 변화에 관련된 열과 온도의 요인을 종합하여 열역학적으로 정의하면 다음과 같이 표현된다.

$$dS = dq/T, \ \triangle S = \triangle q/T$$

즉 엔트로피의 변화는 전달되는 열량에 비례하고 그때의 온도에 반비례한다.

3. 2법칙의 적용

2법칙은 엔트로피 증가의 법칙이다. 즉 어떤 반응에서 계와 주위의 엔트로피의 합은 항상 0보다 크다는 것이다. 이것을 열역학적으로 표현하면 아래와 같다.

$$dS + dS' \geq 0, \ \triangle S + \triangle S' \geq 0$$

(dS, $\triangle S$: 계의 엔트로피 변화량, dS', $\triangle S'$: 주위의 엔트로피 변화량)

엔트로피가 증가하는 것은 에너지의 양은 보존되지만 질의 등급이 저하되는 것 혹은 입자 운동에 의해 무질서도와 배열 방법의 수가 증가하는 것과 동일한 개념이다. 다음에 열의 전도와 열기관, 냉동기 원리에 2법칙이 적용되는 것을 보이겠다.

(1) **열의 전도**

열은 높은 온도의 열원에서 낮은 온도의 열원으로 흐른다는 당연한 자연의 현상을 열역학적으로 증명할 수 있다. 아래 그림과 같이 칸막이로 나뉘어져서 뜨거운 물체와 차가운 물체가 서로 맞닿아 있다고 하고 이것이 닫힌 계임을 가정할 때 열의 흐름을 따져보자.

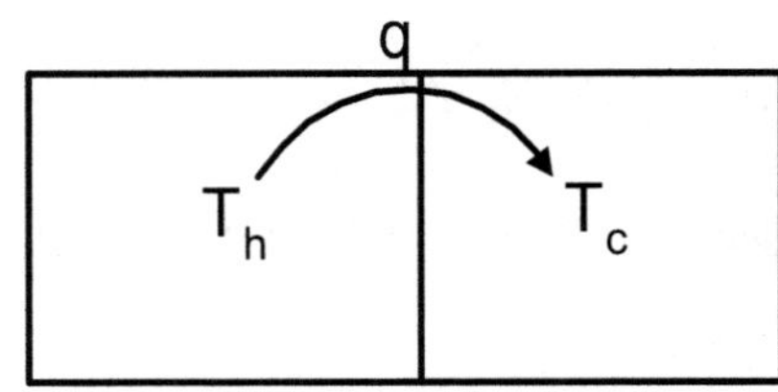

[그림 3-7] 뜨거운 물체(Th)와 차가운 물체(Tc)에서 열의 전도

닫힌 계의 전체 에너지는 보존되는 전제하에 Th의 열량이 Tc로 q만큼 이동한다면 Th의 열원은 열을 q만큼 빼앗긴 것이고(-q), Tc의 열원은 q만큼의 열량을 공급받은 것이다(+q). 이때 Th와 Tc 열원의 엔트로피 변화를 열역학적인 견지에서 고려하면 아래와 같다.

$$\triangle S = \frac{-q}{T_h} + \frac{q}{T_c}$$

위의 식에서 Th 〉 Tc 이므로 △S의 값은 항상 0보다 크게 된다. 고온의 열원으로부터 저온의 열원으로 열이 흐르는 반응에서 전체 엔트로피의 변화가 0보다 크다는 것은 이러한 현상이 2법칙에 위배되지 않고 자연스럽게 자발적으로 발생할 수 있는 것을 의미한다.

그렇다면 이와 반대 방향의 반응에서 엔트로피 변화는 어떻게 될 것인가? 열이 차가운 열원 Tc로부터 뜨거운 열원 Th로 흐른다면, Tc의 열원은 열량 q를 빼앗기는 것이고(-q), 뜨거운 열원 Th는

q의 열량을 얻는 것이다(+q). 이에 대한 전체 엔트로피의 변화는 아래와 같이 구해진다.

$$\triangle S = \frac{-q}{T_c} + \frac{q}{T_h}$$

위의 식에서 Th 〉 Tc 이므로 △S의 값은 항상 0보다 작게 된다. 따라서 이 반응은 자연의 2법칙에 위배되는 것이며 자연적으로 있을 수 없는 일인 것이다.

따라서 열은 절대적으로 높은 온도의 열원으로부터 낮은 온도의 열원으로 전도되는 것이 당연한 것이고 이것은 열역학적으로 2법칙인 엔트로피 증가의 법칙으로부터 증명이 된다.

(2) 열기관에서

항공기 터빈 엔진의 터빈 블레이드 소재인 초내열합금을 전공으로 연구한 나에게 터빈 엔진과 같은 열기관은 특별한 의미를 갖는다. 복잡한 구조의 내연기관이 2법칙에 따르는 원리를 이용하여 에너지 효율이 구해진다는 것은 자연의 섭리를 공학 기술에 응용할 수 있다는 좋은 예를 보여주는 것이다.

내연기관이라면 화석연료를 태워서 그 연소열로 기계적일을 얻어내는 가장 초보적인 열과 일의 에너지 보존과 이전에 관련하는 것이겠지만, 자동차나 항공기의 복잡한 엔진 구조에 열관계를 적용하는 것은 쉽게 접근되지 않는다. 다음에는 열기관에 적용되는 2법칙과 그 해석에 대해 가장 기초적인 관점과 접근 방식에 대해 언급하겠다.

아래 그림과 같이 내연기관에서 연소열이 발생하는 높은 온도 열원의 Th로부터 낮은 온도 열원의 Tc로 열이 전달되며 그 일부의 열이 일로 전환되며 기관을 구동하는 체계를 상상하자.

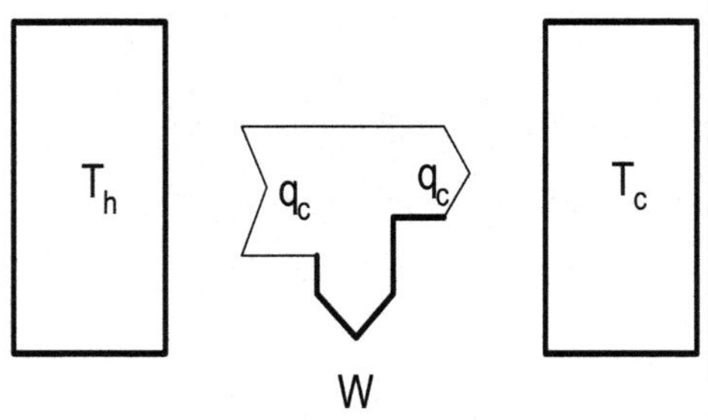

[그림 3-8] 열기관의 열전달과 구동일

열역학 1법칙에서 높은 온도 Th 열원으로부터 공급되는 열은 (qh) 낮은 온도 Tc의 열원이 받는 열과(qc) 기관이 구동되는 일의 (w) 합과 같다.

$$qh = qc + w$$

열역학 2법칙을 내연기관의 체계에 적용하고자 전체 계의 엔트로피 변화를 구한다. 이때 엔트로피의 변화는 구동의 일과는 (w) 상관이 없으므로 단지 Th와 Tc 열원의 열량 변화에서 엔트로피의 변화를 고려하면 된다. Th에서는 열량을 빼앗기므로 -qh이고, Tc에서는 열을 공급받으므로 +qc가 된다. 또한 이러한 열 출입에 따른 엔트로피의 변화는 열역학적인 정의에 의해 아래와 같이 구해진다.

$$\triangle S = \frac{-q_h}{T_h} + \frac{q_c}{T_c}$$

2법칙에 따라 어떤 반응이 일어나면 전체 엔트로피는 항상 증가하기 마련이므로 △S는 항상 0보다 커야만 하고, 이러한 당위성에 의거하여 낮은 온도의 열원으로 전해지는 열량, qc가 이래와 같이 정해진다.

$$\triangle S \geq 0, \quad qc \geq qh \cdot \frac{T_c}{T_h}$$

낮은 온도의 열원인 Tc로 전달되는 열량, qc의 최대 및 최소 범위가 주어지는 것은 자연이 주관하는 일종의 게임과 같다. 먼저 1법칙인 에너지 보존의 법칙에 따라 qc는 qh보다는 작아야 하며(qc ≤ qh), 2법칙인 엔트로피 증가의 법칙에 따라 qc의 최소 값이 정해진다(qc ≥ qh · Tc/Th). 이러한 qc의 범위를 종합하면 아래와 같다.

$$qh \geq qc \geq qh \cdot \frac{T_c}{T_h}$$

이것은 고열원에서 저열원으로 전달되는 열량은 반드시 어느 값(qh · Tc/Th) 이상일 수밖에 없기 때문에, 고열원의 열량 qh가 모두 열기관을 구동시키는 일로(w) 전환될 수 없음을 보인다. 즉 열기관에서 연료를 태우고 발생하는 qh의 열량은 열기관 주변에 저열원으로 qc의 열로 소모되고 나머지 열만이 기관을 구동하는 일 w로 전환되는 것을 보이는 것이다.

이와 같이 고열원의 연소열 qh는 100% 일로 전환될 수 없고 일부만이 일로 전환되는데, qh 중에서 일로 전환되는 비율을 열효율이라고 한다. 열효율은 내연기관이 연소열로부터 행할 수 있는 일의 능력을 나타내며 아래와 같이 구해진다.

$$w = qh - qc \quad (1\text{법칙에 의해})$$

$$= qh - qh \cdot \frac{T_c}{T_h} \quad (2\text{법칙에 의한 qc의 최소 열량})$$

$$= qh \cdot (1 - \frac{T_c}{T_h})$$

$$= qh \cdot \varepsilon \quad (\varepsilon : \text{열효율})$$

이식에서 구해지는 일, w는 qc의 최소 열을 가지고 얻어졌으므로 최대의 일이 (wmax) 된다. 그리고 여기에서 구해진 열효율이란 주어진 열량 중에서 일을 할 수 있는 비율로써 아래와 같이 정리된다.

ε =(발생하는 최대의 일)/(열로써 공급된 에너지)=wmax/qh=1−Tc/Th

(0≤ε ≤1, Tc/Th는 0보다 크고 1보다 작으므로)

열효율은 1 이하로 공급된 열에너지는 모두 일로써 능력을 발휘하지 못한다. 단 연소열을 발생하는 고열원의 온도 Th가 ∞로 가거나, 저열원의 온도 Tc가 0 K로 수렴하면 열효율은 1로 접근하며 거의 모든 연소열을 저열원에서 소모하지 않고 일로 전환할 수 있다.

Th → ∞ 혹은 Tc → 0 K 일 때, ε → 1

내연기관에서 열효율을 결정하는 위의 관계는 기관의 열효율을 높이고자 하는 기술적인 측면과 관련한다. 다시 말해서 열효율을 높이려는 목적에서 위의 관계는, 열을 공급하는 연소 부위의 온도가 최대한 높을수록 (Th→∞) 또는 열량이 전달되어 열소모가 발생하는 부분의 온도가 최대한 낮을수록 (Tc→0K) 열효율을 높일 수 있는(ε → 1) 기술적인 가능성을 내포한다.

내연기관에서 열효율은 연료 소모를 절약하는 면에서 중요하다. 특히 항공기의 경우 단 1%의 열효율만을 증가시켜도 연료의 소모를 상당히 줄일 수 있고 항속거리를 늘일 수 있는 점에서 매우 중요한 의미를 갖는다.

항공기 터빈엔진의 열효율을 높이기 위한 기술적인 노력은 연소열이 발생하는 고열원 부분의 사용 온도를 높이거나 열소모 부분인 배기관과 엔진 주위 온도를 냉각으로 낮추는데 주력한다. 그런데 열소모 부분의 냉각은 기관의 구조와 관련하여 그 효과에는 한계가 있으므로, 재료공학적인 측면에서는 연소열 발생부위의 사용 온도를 높일 수 있는 소재 개발이 주요 관점이다.

예제 1

어떤 터빈 엔진의 연소기 온도는 3200 K이고 배기관 입구의 온도는 1400K이라고 한다. 이 엔진의 연소기 부품을 개선하여 그 온도를 3300 K로 높였다. 이때 열효율은 몇 % 증가하겠는가?

$$\varepsilon 1 = (1 - 1400/3200) \times 100\% = 56.3\%$$

$$\varepsilon 2 = (1 - 1400/3300) \times 100\% = 57.6\%$$

$$\varepsilon 2 - \varepsilon 1 = 1.3\%$$

터빈 엔진의 연소기 부분 사용온도를 100 ℃ 올리는 것에는 상당한 문제를 동반한다. 즉 연소기 부품의 사용소재의 고온 사용에 따른 내열성이 큰 문제인 것이다.

연료가 공기와 배합되어 순간적으로 폭발하는 부분의 온도가 3200 K이면 연소기 주변 부품들은 상당히 높은 온도에 노출된다. 물론 연소기 부품들의 냉각과 단열효과에 의해 이렇게 높은 온도까지 이르지는 않지만 연소가스에 가장 심각하게 노출되는 부품은 터빈 블레이드이다.

터빈 블레이드는 고온과 고압에서 팽창되는 연소가스를 배기관으로 밀어내는 환풍기와 같은 역할을 하는 부품인데, 고온과 고응력에서 가장 큰 손상을 받기 쉬운 부품이다. 따라서 연소기 부분의 사용온도 Th를 높이려면 결국 터빈 블레이드의 소재가 이것을 견딜 수 있도록 제조해야 하는 기술적인 요구가 뒤따른다.

지금까지 항공기 터빈 블레이드의 소재로는 니켈기 초내열합금이 사용되고 있는데 현재 이것이 견디는 온도는 1050℃ 정도이다. 터빈 블레이드의 사용온도를 높이기 위해서 여러 가지 노력들이 진행되고 있는데, 합금화를 통한 개발과 미세조직의 구성을 내열성에 적합하도록 구성하는 시도가 되어왔다.

특히 방향성 응고를 이용하여 조직을 응력 방향으로 성장시킴으로써 고온의 손상과 파괴를 억제하는 방법이 내열성 증가에 큰 효과를 주었다. 미세조직을 일방향으로 응고 성장시키거나 단결정으로 만들었을 때 터빈 블레이드의 사용온도를 약 50 ℃를 올려 1100 ℃의 사용이 가능하게 되었다.

이외에도 블레이드 표면을 프라즈마로 코팅하여 사용온도를 높이며 이것에 의해 터빈 엔진의 열효율을 증가하는 효과를 발휘한다. 항공기 엔진의 성능을 개선하기 위해서는 결국 터빈 블레이드의 사용온도를 높여야 하는 기술적인 문제가 있으며, 이것은 사용소재의 내열성을 증가하려는 합금 기술의 개발로 극복될 수 있다.

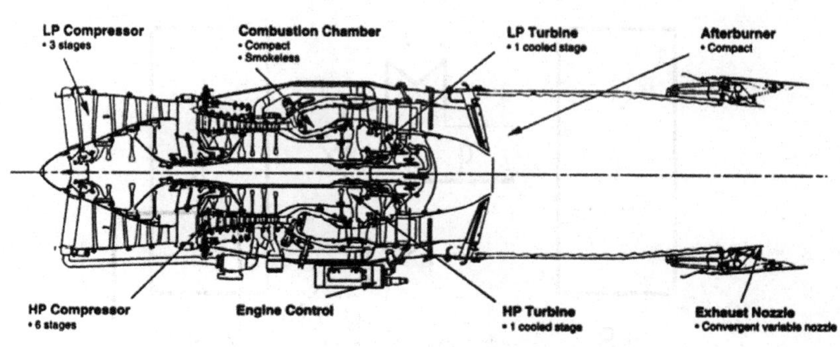

[그림 3-9] 항공기 터빈 엔진

(3) 냉동기의 원리

앞장에서 기화기의 압축공기가 단열팽창하면서 계의 온도를 낮추는 것을 보였다. 즉 계의 온도를 낮추기 위해서는 계에서 일을 빼앗아야 하는 것이다. 또한 앞의 열의 전달에서 열은 결코 낮은 온도의 열원으로부터 높은 온도의 열원으로 그냥 이전되지 않는 것을 살펴보았다.

이러한 자연의 현상을 고려할 때 주위보다 온도가 낮은 계의 온도를 더욱 낮추기 위해서는 계로부터 열을 인위적으로 빼앗아야 하며 이때 팽창의 일도 동시에 가해져야 하는 것을 알 수 있다. 냉장고 혹은 냉동기의 원리가 이에 따르는데, 그 원리를 다음 그림에 나타냈다.

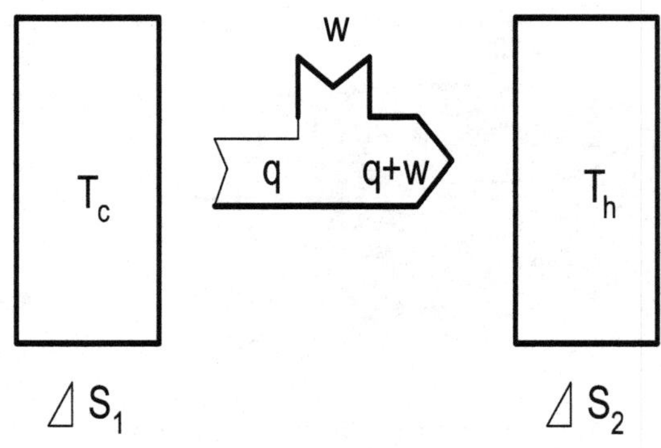

[그림 3-10] 냉동기에서 냉동 원리

주위보다 온도가 더 낮은 냉동기에서 열을 빼앗아 온도를 더욱 낮추고자 한다. 이 과정에서 에너지 보존의 법칙은 그대로 만족하며 2법칙을 만족하는 어떤 조건이 정해져야 하며 이것을 아래에 구하였다.

$$\triangle S = \triangle S1 + \triangle S2 = \frac{-q}{T_c} + \frac{(q+w)}{T_h}$$

위의 엔트로피 합은 2법칙에 따라 항상 0보다 커야 하며 이것으로부터 Tc의 열원에서 q의 열을 빼앗는데 필요한 일은 다음과 같이 구해진다.

$$\frac{-q}{T_c} + \frac{(q+w)}{T_h} \geq 0, \quad \frac{w}{T_h} \geq q \cdot \left(\frac{1}{T_c} - \frac{1}{T_h}\right)$$

$$w \geq q \cdot (\frac{T_h}{T_c} - 1)$$

Th≥Tc이므로 위에서 계산된 일은 0보다 크다. 즉 냉동기의 온도를 낮추기 위해서는 0보다 큰 일이 반드시 필요하며 주위의 온도 Th에 따라서 그 일량은 달라진다. 주위 온도 Th가 높을수록 냉각에 필요한 일이 커지며 최소로 필요한 일은 q·(Th/Tc − 1)에 해당한다.

4. 1법칙에 이미 속해 있는 2법칙

앞의 2장에서 언급하였던 내부에너지의 변화는 열과 일의 이전량과 동일하다는, dU = dq + dw의 1법칙을 다시 불러 놓고는 여기에 이미 2법칙이 속하고 있다는 설명을 하려고 하니 무엇부터 정리해야 할지 상당히 혼란스럽다. 먼저 Clausius 부등식과 여기에서의 가역, 비가역 조건을 들어 이것을 설명하고, 등온팽창의 예를 들어 현상에 대한 해석을 적용하여 보겠다.

(1) Clausius 부등식

남들이 다 알고 있는 수식을 간단히 조작하여 새로운 식을 꾸며 놓고는 찬탄을 자아내는 물리적 의미를 부여하는 천재적인 물리학자들이 종종 있다. Clausius도 이들 중에 하나인데 다음과 같이 당연한 얘기를 전개하여 굉장한 의미를 이끌어냈다.

아래 그림과 같이 온도 TK에서 주위로부터 dq의 열량이 계로 공급되는 것을 가정한다.

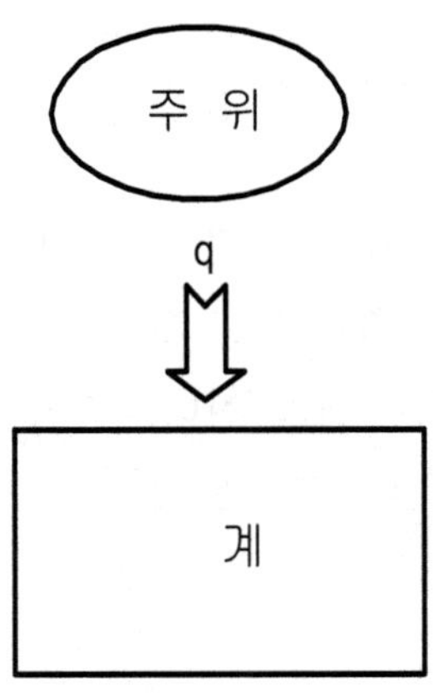

[그림 3-11] 주위로부터 계에 전해지는 열량

이때 주위에서는 dq의 열량이 빠져나가는 것이고 이것에 의한 엔트로피 변화량은 아래와 같다.

$$dS' = \frac{-dq}{T}$$

2법칙에 의해 계와 주위에서 변화한 엔트로피의 총합은 항상 0보다 크다.

$$dS + dS' \geq 0$$

이것을 주위 엔트로피 변화와 연결하면 아래와 같으며 Clausius 부등식이 얻어진다.

$$dS + dS' = dS - \frac{dq}{T} \geq 0$$

$$dS \geq \frac{dq}{T}$$

Clausius 부등식은 "계의 엔트로피 변화는 주위로부터 공급된 열에 의한 주위의 엔트로피 변화량보다 크다." 라는 2법칙을 새롭게 표현한 것에 지나지 않는다. Clausius의 부등호는 비가역 정도를 반영한다. 부등의 정도가 클수록 반응의 비가역 정도가 큰 것을 의미하며 등호는 반응의 가역조건을 반영한다.

(2) 가역과 비가역 조건

제2장의 피스톤 팽창에서 언급된 바와 같이 계의 Ps 압력이 주위의 Pe 압력을 극복하고 팽창된다고 가정하자.

실제 피스톤이 팽창하기 위해서는 계의 Ps 압력이 주위의 Pe 압력보다 커야하지만 가역조건이란 Ps = Pe에서도 피스톤의 팽창이 발생하는 것을 가정한 것이다. 이때 피스톤이 행하는 팽창의 일은 가역적으로 아래와 같으며 여기에 적용되는 압력은 계의 완전기체로 대치되어 열역학적 계산을 단순하게 한다.

$$\mathrm{dw} = -\mathrm{P} \cdot \mathrm{dV} = \frac{-nRT}{V} \cdot \mathrm{dV}$$

또한 굳이 단열조건을 가정하지 않으면 팽창 일을 하는 계에는 열이 공급되는 것을 예상할 수 있다. 이러한 열의 이전은 엔트로피의 열역학적인 정의와 Clausius 부등식의 가역조건에서 유추할 수 있듯이 아래와 같이 얻어진다.

$$\mathrm{dS} = \frac{dq}{T}, \quad \mathrm{dq} = \mathrm{T} \cdot \mathrm{dS}$$

위의 관계식은 Clausius 부등식에서 언급되었듯이 가역조건에 해당한다. 위 두 개의 관계식은 일과 열의 변화량에 관련하는 것이며, 이에 따라 가역조건에서의 1법칙이 아래와 같이 새롭게 표현된다.

$$dU = dq + dw = T \cdot dS - P \cdot dV$$

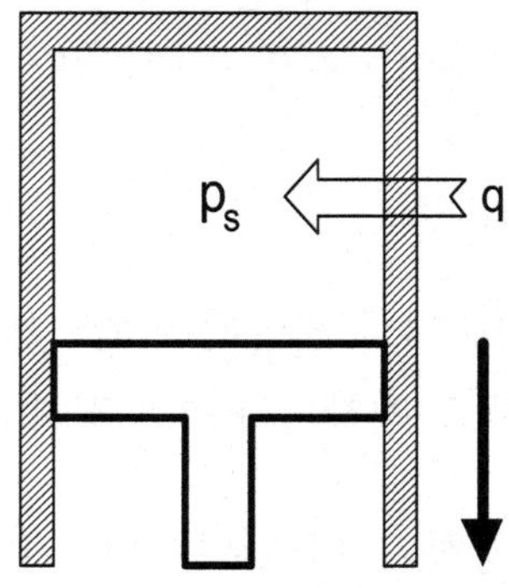

[그림 3-12] 피스톤 팽창과 열의 공급

비가역 조건에서 위의 1법칙은 어떻게 표현될까? 결론부터 말하자면 가역이건 비가역이건 상관없이 1법칙의 표현은 동일하다는 것이다. 즉 위의 1법칙 표현은 이미 에너지의 보존과 2법칙인 엔트로피 증가의 의미까지 담고 있는 것이다.

피스톤이 팽창하는 반응에서 비가역의 조건은 실제적으로 피스톤이 팽창하는 현상을 나타낸다. 즉 계의 Ps 압력이 주위의 Pe 압력보다 커야하는 실제 현상을 대변하는데, 이때 피스톤이 행하는 일은 가역조건일 때보다 크다. 피스톤의 계가 행하는 일이 "−"의 부호로 나타내어지므로 일의 변화량을 절대값으로 표현해야 그 의미가 분명해진다.

$$P_s \geq P_e, \quad |dw| \geq |P \cdot dV|$$

여기에서 계의 Ps 압력이 주위의 Pe 압력보다 크면 클수록 비가역의 정도가 커지는 것이며, 계가 비가역적으로 행한 일의 부분이 커지는 것을 의미한다.

피스톤이 팽창하는 계에 주위로부터 열, dq가 출입하면 Clausius 부등식으로부터 계의 엔트로피 변화와 열의 변화는 아래와 같이 주어진다.

$$dS \geq \frac{dq}{T}, \quad dq \leq T \cdot dS$$

이 관계식에서도 피스톤이 팽창하는 계에 열이 출입하며 비가역 정도가 클수록 부등식 값 차이가 크게 나는 것이 포함된다.

이러한 팽창의 일과 열출입에 관련하는 비가역의 정도는 단지 부등호로 명시되어 정량적인 비교가 어렵지만 $|dw| \geq |P \cdot dV|$와 $dq \leq T \cdot dS$의 부등호 깊이는 동일하다. 이것이 아래의 1법칙이 가역 혹은 비가역의 조건에서도 성립하게 하는 근거가 된다.

$$dU = dq + dw = T \cdot dS - P \cdot dV$$

다시 말해서 비가역의 정도가 클수록 dq는 $T \cdot dS$보다 작아지는데 비하여 dw는 $P \cdot dV$보다 더욱 커지므로 결국 이들의 합, $T \cdot dS - P \cdot dV$는 일정한 dU를 유지하는 것이다.

위의 1법칙의 식은 경로함수인 dq와 dw의 산술적인 합이 상태함수인 dU로 명시될 수 있음을 보여주는 중요한 의미를 갖는다. 즉 에너지 이전에서 경로과정과 관련한 dq, dw가 어떠한 과정을 거치게 되어 그 비가역의 정도가 어느 정도에 이르건 간에 에너지가 이전된 상태는 처음과 나중 상태의 차이인 dU로 결정되는 것이다.

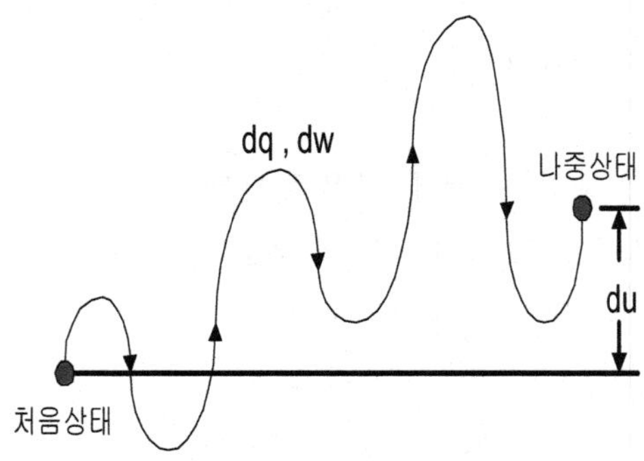

[그림 3-13] 경로함수(dw, dq)와 상태함수(dU)

결과적으로 1법칙은 가역과 비가역의 모든 조건에서 성립하는 보편적인 관계 법칙이다. 이 법칙 안에는 에너지 보존뿐만 아니라 비가역의 정도를 명시하는 엔트로피 증가의 2법칙이 포함되어 있어서, 1법칙과 2법칙이 결합되는 것을 보여준다.

(3) 완전기체가 등온으로 팽창하는 경우

완전기체를 등온으로 팽창시키는 반응은 "dU = dq + dw = T、dS − P、dV"의 1, 2법칙 관계식을 응용할 수 있는 적절한 현상의 예이기에 여기에 적용하였다.

먼저 앞에서 한번 언급하였지만 열역학에 자주 나오는 등온팽창과 단열팽창을 윗식에 적용하는 원칙을 알아보자. 등온팽창이라면 반응이 동일한 온도에서 발생하는 것으로 팽창의 반응 중에 온도가 동일하다면 내부에너지의 변화, dU = 0임을 뜻한다. 또한 단열은 계에 열의 출입을 금한 것으로 1법칙에서 dq = 0으로 놓고 현상을 해석하면 된다. 여기에 완전기체라는 것 또는 등온가역팽창에서의 가역조건의 의미를 정립하면 거부감을 느끼게 하는 용어들을 쉽게 자연현상과 연관할 수 있다.

다시 언급하지만 완전기체란 기체가 서로 끌어당기거나 밀어내는 작용을 하지 않는 것을 가정한 것이다. 실제 기체에 대한 해석은 완전기체의 관계식에 실제 기체간의 반응성을 근사함으로써 완성된다. 가역의 의미는 이미 여러 차례 언급했으며 다음에 등온팽창 현상에서 가역과 비가역 조건을 대입함으로써 그 의미를 다시 한번 짚어 보겠다.

아래 그림과 같이 피스톤의 계가 그냥 팽창하는 현상을 고려한다.

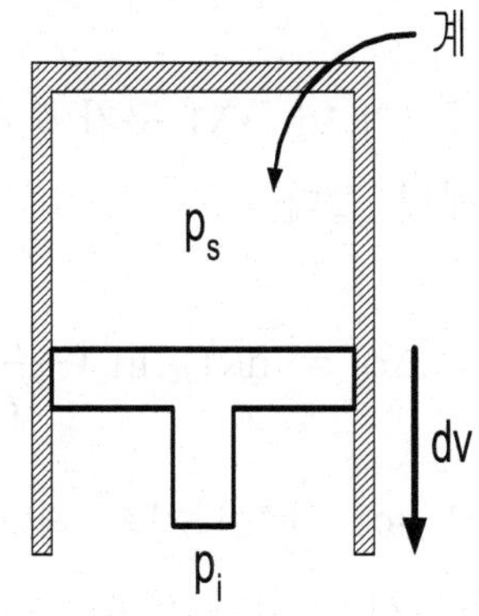

[그림 3-14] 피스톤의 가역팽창

이 현상에는 여러 가지 조건들이 붙게 되는데 우선 계를 구성하는 기체가 완전기체이고 계는 등온을 유지하며 가역조건으로 팽창이 발생한다는 완전기체의 등온가역팽창을 가정한다. 이때 발생하는 일과 열의 에너지 이전을 아래에 정리하였다.

피스톤의 가역팽창이면 "Ps = Pe = P"이고 계가 팽창일을 하면 일량의 변화는 "dw = -P · dV"이다. 여기에서 압력 P는 완전기체의 조건에서 nRT/V로 대입하고 부피의 팽창일을 Vi → Vf 구간에서 적분하면 일량은 아래와 같다.

$$\triangle w = -\int_{vi}^{vf} P \cdot dV = -\int_{vi}^{vf} \frac{nRT}{V} \cdot dV = -\ nRT \cdot \ln\left(\frac{V_f}{V_i}\right)$$

여기에서 "−"의 부호는 계가 주위에 일을 해주었음을 의미한다. 이 반응이 등온적으로 발생하려면 1법칙 "dU = dq + dw"에서 "dU = 0"이므로 열과 일의 관계는 아래와 같다.

$$dq = -dw = P \cdot dV$$

이것에 따라 완전기체가 Vi → Vf 구간에서 팽창하였을 경우 열에너지의 이전량은 아래와 같다.

$$\triangle q = nRT \cdot \ln\left(\frac{V_f}{V_i}\right)$$

여기에서 열의 변화량이 "+"인 것은 계가 등온에서 팽창의 일을 하는 과정 중에 주위에서 동일한 열량이 계로 유입되었음을 뜻하는 것이다. 이와 같이 완전기체의 계가 등온가역적으로 팽창할 때 계가 행하는 △w의 팽창일과 계가 받아들이는 △q의 값을 정량적으로 구할 수 있다.

완전기체의 등온 "비가역" 팽창의 경우는 가역조건보다 실제적인 현상에 접근하며 이와는 다르게 해석된다. 계가 팽창하려면 계의 Ps 압력이 주위의 Pe 압력보다 커야하는 당연한 조건이 반영된다.

$$P_s \geq P_e, \quad |dw| \geq |P \cdot dV|$$

계는 외부압력보다 더 큰 압력으로 팽창의 일을 하기 때문에 계의 내부에서 주위로 이전되는 일 에너지는 가역조건보다 더 크다. 이러한 양상은 일량에 대해 절대값으로 표현함으로써 그 의미가 분명해지는데, 계가 Vi → Vf로 비가역적으로 팽창하며 행한 일량의 절대값은 아래와 같다.

$$|\triangle w| \geq \left| nRT \cdot \ln\left(\frac{V_f}{V_i}\right) \right|$$

이러한 비가역의 조건으로 인하여 계가 더 많은 일을 했으므로 계가 등온을 유지하려면 계에는 더 많은 열량이 유입되어야 할 것이다. 이것은 비가역에 해당하는 열량 변화와 부피변화의 Vi → Vf 구간 적분으로부터 아래와 같이 구해진다.

$$dq = -dw \geq P \cdot dV$$

$$\triangle q \geq nRT \cdot \ln\left(\frac{V_f}{V_i}\right)$$

피스톤이 팽창으로 행하는 일량(△w)이거나 피스톤 계에 유입되는 열량(△q)이거나 반응의 비가역 정도가 크면 클수록 부등호의 차이는 더 커진다. 그러나 가역, 비가역에 관계없이 계의 내부에너지 상태는 등온이라는 조건에서 항상 0의 상태를 유지한다. 경로함수인 dq와 dw의 합이 상태함수인 dU로 전환되는 근거가 여기에 있다.

완전기체의 등온팽창에서 계의 엔트로피 변화는 Clausius 부등식으로부터 구할 수 있다.

$$dS \geq \frac{dq}{T}, \quad \triangle S \geq \frac{\Delta q}{T} = nR \cdot \ln\left(\frac{V_f}{V_i}\right)$$

위의 관계식에서도 마찬가지로 등식인 경우는 가역의 조건을 나타내는 것으로 주위의 엔트로피 감소와 계의 엔트로피 증가는 가역반응에서 서로 같고 그 합은 0인 것을 보여준다.

이에 비해서 비가역 정도가 클수록 양변의 부등호 차이는 커지는데, 이것은 열이 계로 유입되며 주위의 엔트로피 감소량보다 계가 얻는 엔트로피의 증가량이 더욱 커지는 것을 의미한다. 팽창의 반응에서 열량의 출입에 따른 전체 엔트로피의 증가가 커진다는 것은 곧 비가역의 정도가 심화되는 것을 뜻하며, 반응의 전후에 에너지의 질적인 등급저하가 심하게 발생하였음을 예상할 수 있다.

열역학의 가장 큰 매력은 이와 같이 자연현상이나 반응을 관계식으로 표현하고 정량적인 값을 계산으로 구할 수 있다는 것에 있다. 물론 많은 가정과 현상을 단순화하는 제한조건이 붙지만, 이것들을 극복하여 가능하면 실제의 현상과 접근하려는 노력이 열역학에서 추구하는 전개방식이다.

5. Helmholtz와 Gibbs 함수

Clausius의 천재적인 해석은 Helmholtz와 Gibbs에 이르러 완성된다. Clausius는 어떠한 반응에서이건 계와 주위의 엔트로피 변화 합이 항상 0보다 커야하는 2법칙을 이용하여 아래 식을 꾸몄다.

$$dS \geq \frac{dq}{T}, \quad dq \leq T \cdot dS$$

이것은 어떤 현상이 자연계에서 자연스럽고 자발적으로 당연히 일어날 수 있는 한 기준을 제시하는 관계식이다. 어떤 반응이나 현상이 "자발적으로 발생할 것인지 그렇지 않을 것인지" 하는 문제는 열역학적인 측면에서 가장 먼저 고려해야할 사항이다.

Helmholtz와 Gibbs가 반응의 자발성에 관한 기준의 설정을 Clausius 부등식을 가지고 시도하였다.

Clausius의 부등식은 자연의 2법칙을 새롭게 표현한 것으로 자연 현상에서 지극히 당연한 관계식이며, 이것이 반응에 대한 안정성과 자발성의 기준으로 설정될 수 있다.

$$dq \leq T \cdot dS$$

(1) Helmholtz 함수

Helmholtz는 반응의 자발성에 대한 기준을 계의 일정한 부피조건에서 마련하고자 하였다. 즉 계가 팽창 혹은 압축의 일을 행하지 않는 일정한 부피조건에서 반응의 자발적 진행 여부를 자연의 법칙으로부터 유추하고자 한 것이다.

Helmholtz가 이용한 자연의 법칙에 대한 관계식은 위에서 제시한 Clausius의 부등식인데, 1법칙의 관계식인 "dU = dq + dw"에서 팽창일이 없는 일정 부피의 조건이면 "dw = 0"이므로 "dU = dq"로 구해진다. 이것을 Clausius 부등식에 대입하면 아래와 같은 관계식이 얻어진다.

$$dU - T \cdot dS \leq 0$$

Helmholtz는 위의 관계식으로부터 아래의 새로운 함수를 제시하였다.

$$A = U - T \cdot S \quad (A : \text{Helmholtz 함수, 에너지})$$

이러한 Helmholtz 함수는 일정한 부피, 온도의 조건에서 반응의 자발성을 결정하는 기준으로 쓰일 수 있다. 이것은 A 함수의 변화량, dA가 일정 부피와 온도를 가정한 조건일 때 위에서 제시된 Clausius 부등식의 관계가 되기 때문이다.

$$dA = dU - T \cdot dS$$

위의 관계식이 자연스럽고 자발적이며 안정하다는 것으로 표현되는 자연의 법칙을 순응하려면, Clausius 부등식의 조건에서와 같이 항상 0보다 작아야 한다.

$$dA_{V,T} \leq 0$$

dA 옆에 아래첨자로 붙은 V,T는 일정한 부피, 온도를 명시하는 것으로 앞으로의 표기에서 이것을 약속한다. A 함수의 변화량 dA가 0보다 작다는 것은 자발적으로 반응이 일어날 수 있는 근거를 담고 있다.

위 식의 "dA = dU − T · dS"로부터 내부에너지 변화량 dU의 감소가 클수록 계의 엔트로피 증가량 dS가 클수록 dA 값은 "−" 방향으로 더욱 감소하며, 이것은 반응이 더 안정화되고 자발적으로 발생할 가능성이 크다는 것을 의미한다.

Helmholtz 에너지는 보통 계가 외부에 해줄 수 있는 일의 능력으로 평가된다. 이것은 dA의 형태가 1법칙 "dw = dU − dq = dU − T · dS"에서 dw의 형태와 일치하기 때문이다. 외부에 일을 할 수 있는 능력으로써의 Helmholtz 에너지 개념을 다음에 예시하였다.

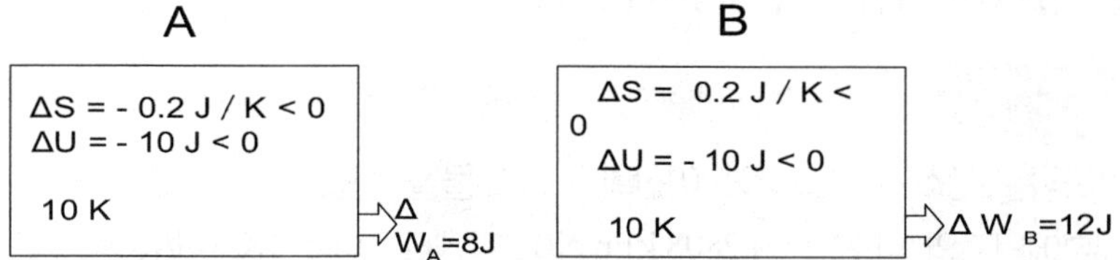

[그림 3-15] 계가 외부에 해주는 Helmholtz 일

A와 B 계는 10 K의 등온에서 10 J의 내부에너지를 감소하는 반응을 일으킨다. 단지 A계는 엔트로피를 0.2 J/K만큼 감소하는 반응이고 B계는 0.2 J/K의 엔트로피를 증가하는 반응이란 점에서 차이를 갖는다고 하자. A, B계가 외부에 할 수 있는 일의 능력은 다음과 같이 계산된다.

$$\triangle wA = \triangle A = \triangle U - T \cdot \triangle S$$

$$= -10J - 10K \cdot (-0.2\,J/K)$$

$$= -8\ Joule$$

$$\triangle wB = \triangle A = \triangle U - T \cdot \triangle S$$
$$= -10J - 10K \cdot (0.2\,J/K)$$
$$= -12\ Joule$$

위의 계산 결과는 계가 주위로 일을 할 때 동일 량의 내부에너지 감소를 일으키더라도 그 반응이 계의 엔트로피 증가하는 반응이면 계가 주위로 일을 할 수 있는 능력이 더욱 증가라는 것을 보여준다.

다음에는 우리가 양식 (포도당)을 먹고 소화했을 때 발휘할 수 있는 일의 능력을 계산하였다[Atkin].

예제

포도당은 산소와 결합하여 이산화탄소와 물을 형성한다. 이때 열량변화(내부에너지의 감소)는 **−2808 kJ/mol**이고 엔트로피는 **182.4 J/Kmol** 증가한다. 1몰의 포도당이 상온에서 산소와 결합할 때 할 수 있는 일의 양을 계산하시오.

$$C6H12O6\ (s) + 6O2\ (g) \rightarrow 6CO2\ (g) + 6H2O\ (l)$$
$$\triangle A = \triangle U - T \cdot \triangle S$$
$$= -2808\ kJ/mol - 298K \cdot (+182.4\ J/Kmol)$$
$$= -2862\ kJ/mol$$

즉 포도당 1몰의 연소 일은 계의 엔트로피가 증가함으로 내부에너지 감소량인 연소열량 −2808 kJ보다 −54 kJ만큼 엔트로피 증가에 대한 항목이 가산되어 더 큰 양으로 계산된다.

이에 비하여 반응이 일어나면서 엔트로피가 감소하는 메탄의 연소반응은 아래와 같이 구해진다.

예제

메탄이 연소하며 이산화탄소와 물이 형성된다. 이 반응에서 내부에너지의 감소에 해당하는 연소의 열량은 −887kJ/mol이고 엔트로피는 −140.3J/Kmol로 감소한다.

$$CH_4\ (g)\ +\ 2O_2\ (g)\ \rightarrow\ CO_2\ (g)\ +\ 2H_2O\ (l)$$

위의 반응에서 엔트로피의 변화는 반응 전후의 기체변화량으로 쉽게 증감을 판단할 수 있다. 무질서도의 대부분을 결정하는 기체양에 있어서 반응전의 좌변에서 전체 기체 3몰은 반응후 우변에서 1몰로 감소한다.

이에 따라 반응후 엔트로피는 감소한다는 것을 정성적으로 알 수 있다. 이러한 메탄 1몰이 상온에서 행할 수 있는 일 에너지는 다음과 같이 구해진다.

$$\begin{aligned} \triangle A &= \triangle U - T \cdot \triangle S \\ &= -887\ kJ/mol - 298K \cdot (-140.3\ J/Kmol) \\ &= -845\ kJ/mol \end{aligned}$$

1몰의 메탄은 연소하며 계의 엔트로피를 감소하므로 내부에너지 감소에 해당하는 연소열량 887 kJ보다 42 kJ 감소된 만큼의 일만을 주위로 공급한다.

Helmholtz 함수는 일정한 부피조건에서 반응이나 현상의 자발성을 결정하는 기준이 된다. 또한 Helmholtz 함수의 변화, dA는 계가 행하는 일 dw의 형태와 동일하여 반응에서 계가 발휘하는 에너지를 나타낸다. Helmholtz 에너지는 열량출입과 함께 반응의 엔트로피 증감에 의한 효과가 더해져, 계가 할 수 있는 일의 능력을 구체적으로 표현한다.

(2) Gibbs 함수

Gibbs도 Helmholtz와 같이 Clausius 부등식, "$dq \leq T \cdot dS$"을 이용하여 자발적 반응의 기준을 마련하였다. 다만 Helmholtz와 다른 것은 일정 부피에서가 아니라 일정한 압력의 조건에서 계의 팽창일이 없는 경우를 가정한 것이다.

이와 같이 반응에서 일정한 압력을 가정한 것은 앞에서 언급되었던 엔탈피($H = U + PV$)를 이용할 수 있는 점에서 상당히 중요한 의미를 갖는다. 엔탈피 변화 dH는 일정한 압력조건에서 열량 변화 dq로 정의되어 Clausius의 부등식 dq를 대치한다.

$$dH \leq T \cdot dS, \quad dH - T \cdot dS \leq 0$$

Gibbs는 위의 관계식을 토대로 아래의 새로운 함수를 제시하였다.

$$G = H - T \cdot S \quad (G : \text{Gibbs 함수, 에너지})$$

이러한 Gibbs 함수는 일정한 압력, 온도의 조건에서 반응의 자발성을 결정하는 기준이 된다. 이것은 G 함수의 변화량, dG가 일정부피와 온도를 가정한 조건일 때 위에서 제시된 Clausius 부등식의 좌변과 동일한 형태이기 때문이다.

$$dG = dH - T \cdot dS$$

위의 관계식이 자연스럽고 자발적이며 안정하다는 것으로 표현되는 자연의 법칙을 순응하려면, Clausius 부등식의 조건에서와 같이 항상 0보다 작아야 한다.

$$dG_{V,T} \leq 0$$

dG 옆에 아래첨자로 붙은 V,T는 일정한 부피, 온도를 명시하는 것이다. G 함수의 변화량 dG가 0보다 작다는 것은 자발적으로 반응이 일어날 수 있는 것을 보인다.

이러한 Gibbs 함수의 변화량 "$dG = dH - T \cdot dS$"은 낮으면 낮을수록 "→"의 반응이 자발적으로 일어나는 것을 의미하며, 발생한 반응은 더욱 안정화되는 것이다. 반응 전후의 Gibbs 함수 변화량 dG는 엔탈피의 감소량인 (dH) 계의 발열량이 클수록 또한 계의 엔트로피 증가량이 (dS) 클수록 감소 폭이 크며, 이에 따라 반응의 자발성과 안정성은 커진다.

Gibbs 함수는 자유에너지 (Gibbs free energy)라고도 하며 화학반응이나 평형조건에 Helmholtz 함수보다 일반적으로 이용된다. 이것은 반응이나 평형의 조건들이 일정 부피의 조건에서보다 주로 일정한 압력의 조건에서 다루어지기 때문이다. 자유에너지의 변화량이 0보다 작으면 반응이 일정한 압력에서 자발적으로 발생하는 기준이 된다.

$$\triangle G = \triangle H - T \cdot \triangle S$$

△G 값에는 엔탈피와 엔트로피 변화량이 동시에 고려되고 있다. 어떤 반응이 자발적으로 발생하기 위해서는 반응 계의 발열 엔탈피 △H가 클수록 유리하다. 이것은 발열량이 클수록 계의 입장에서 빼앗기는 열 에너지가 큰 것이기 때문이다.

이외에도 △G의 기준에는 엔트로피 항이 포함되는데, 반응이 일어나며 엔트로피의 증가량이 클수록 T、△S의 값이 커지고 △G의 값이 감소한다. 이에 따라 반응의 자발성이나 안정성은 더욱 증가한다.

Gibbs의 자유에너지는 다음 장에서 자세히 언급하겠지만 반응의 자발성을 결정하는 가장 중요하고 기본적인 기준으로 받아들여진다. 거의 모든 경우에 있어서 반응은 Gibbs 자유에너지를 최소화하려는 방향으로 진행하기 때문이다.

그것에 걸리는 시간이 무한대에 이를 정도로 서서히 진행될지언정 반응의 현상이 안정화되어 평형을 이루려는 경향은 결국 Gibbs 자유에너지를 낮추려는 것이 반응의 구동력이 된다.

Gibbs 자유에너지를 감소하는 것은 "△G = △H − T、△S"에서 반응열량에 해당하는 엔탈피 변화(△H)와 엔트로피 변화(△S)가 관련한다. 반응이 진행되면서 계가 발열을 하여 열을 방출하는 반응일수록 Gibbs 자유에너지를 낮추고 안정화되는 평형에 이르는 것이 유리하다.

계의 열출입이 없는 $\triangle H = 0$의 반응에서도 엔트로피의 변화에 따라 Gibbs 자유에너지의 변화는 결정된다. 냄새나는 가스가 방안에 자발적으로 퍼지는 것이 이에 해당된다. 가스가 방안의 공기와 서로 작용하지 않는 것으로 가정하면 가스와 공기의 반응열은 발생하지 않는다 ($\triangle H = 0$).

반응열의 발생이 없어도 가스가 방안에 자연스레 퍼지는 것은 가스와 공기가 섞이고자 하는 엔트로피 증가가 여기에 적용된다. 그런데 이러한 엔트로피 증가의 항은 온도와 곱해져 Gibbs 자유에너지 기준에 아래와 같이 속한다.

$$\triangle G = -T \cdot \triangle S \quad (\triangle H = 0)$$

즉 2법칙의 엔트로피 증가 항목은 -T、△S의 에너지 항으로 전환되어 Gibbs 자유에너지와 반응의 자발성 결정에 참여한다.

가스와 공기의 섞임으로부터 얻어지는 엔트로피의 증가는 반응의 온도와 함께 T、△S Joule이 되고, 이것은 항상 0보다 큰 에너지이므로 Gibbs 에너지는 0보다 작게 되어 ($\triangle G = -T \cdot \triangle S \leq 0$), 결국 가스와 공기의 섞임이 자연스럽고 자발적인 반응이라는 것을 "$\triangle G \leq 0$"으로부터 입증할 수 있는 것이다.

자연의 현상이나 화학 반응들은 보통 흡열 혹은 발열과정을 동반한다. 화학반응에서 발열의 반응이 발생하는 경우는 반응 시에 열이 계로부터 빠져나가는 것이므로 주위의 온도가 상대적으로 낮다면 쉽게 발생할 수 있는 반응이다. 많은 반응들이 보통 상온에서 일어나는 것을 고려하면 반응과정 중에 열을 방출하는 발열 현상은 열을 방출시킬 체계만 있다면 상온에서 어렵지 않게 발생하는 반응이다.

그러나 이에 비해서 흡열반응은 주위로부터 열을 흡수하며 반응이 진행되므로 특별히 열을 공급해야 한다. 이러한 이유로 흡열반응은 상온에서 자발적으로 일어나기가 쉽지 않은 반응이다.

△G의 기준에 있어서도 발열은 △H가 "−"에 해당하여 자발적인 반응을 유발하는데 비하여, 흡열과정은 △H의 "+"로 인하여 자발적 반응을 억제하는 효과를 발휘한다.

또한 반응의 자발성을 결정하는 Gibbs 자유에너지 변화 △G에는 계의 열 출입량 엔탈피 (△H)와 엔트로피 변화량에 대한 T、△S가 관련한다. 계가 주위로부터 열을 빼앗아와야 하는 흡열의 불안한 반응을 갖는다 할지라도 반응후 계가 큰 폭의 엔트로피 증가를 보인다면, 흡열과정의 불안정성을 극복하고 안정화된 자발적 변화를 겪을 수 있는 것이다.

(3) 엔트로피 증가에 대한 생각들

질서 → 무질서
규칙 → 불규칙
정돈상태 → 복잡해짐
깨끗함 → 더러워짐
예쁘 것 → 그렇지 못한 것
귀중하다, 소중하다, 귀하다 → 쓸모없다
고급 → 저급

보석 → 돌
좋다 → 나쁘다
깨끗한 자연 → 자연의 오염과 환경파괴

왼쪽의 개념에서 오른쪽으로 이동하는 것은 어렵지 않게 자발적으로 일어날 수 있는 것이다. 그러나 오른쪽에서 왼쪽으로 옮겨지기 위해서는 상당한 노력이 필요하다. 이러한 두 상태의 차이에는 엔트로피라는 것이 변화된 것이며 엔트로피의 정의에 의해 이것에 온도를 곱한 만큼이 바로 에너지의 변화량에 해당하는 것이다.

모든 반응은 결국 에너지를 낮추는 방향으로 진행하는데 엔트로피의 증가는 그것이 온도와 결합하여 에너지 감소와 자발적 반응과 연관하는 것이다.

지구 에너지의 근원인 햇빛은 가장 깨끗한 고급의 에너지이다. 지구 생물들은 이것을 받아가며 자연을 이루어 왔다. 우주가 생기고 지구가 만들어진 이후로 처음 존재하였던 에너지들은 등급저하를 계속해왔을 것이며 엔트로피는 계속 증가하고 있다.

최근에 인류가 엄청나게 사용하는 화석연료와 깨끗한 지구자원들은 이것들이 인류의 편리함을 위하여 소모되며 그만한 엔트로피의 증가를 만들어내는 것이다. 환경오염은 엔트로피의 증가 법칙에 따른다.

chapter IV 상의 안정

상 (phase)이란 물질이 주어진 환경 (V, P, T)에서 동일한 상태에 있는 어떤 것을 일컫는다. 상의 정의를 가지고 그것의 정확한 의미를 알기는 쉽지 않지만 관련 과목에 자주 등장하는 용어들을 떠올리면 이해가 쉽다.

예를 들어 기체, 액체, 고체는 상보다 더 큰 개념이다. 동일한 고체 내에서도 물질의 상태가 달라지면 상의 영역이 분리될 수 있기 때문이다. 철(Fe)은 같은 고체상태에서도 온도 상승에 따라 격자구조가 변하여 α 상, γ 상, δ 상으로 구분된다. 즉 물질의 화학조성은 물론이고 물리적 구성까지 동일하게 존재하는 상태의 영역 개념을 상(phase)이라고 할 수 있다.

1. Gibbs 함수의 성질

Gibbs 함수는 앞장에서 설명된 바와 같이 자연 현상 혹은 반응과정에서 안정성을 평가하는 것인데, 여기에서 대상이자 목적이 되는 것은 바로 상이다. 즉 물질의 반응에서 어떤 방향으로 반응이 자발적으로 진행하여 상당히 오랜 시간이 지난 후에는 어떤 모습으로 상이 평형을 이루며 존재하겠는가를 평가하는 것이 Gibbs 함수라고 볼 수 있다.

Gibbs 함수는 3장에서의 정의와 아래의 관계식 전개과정으로부터 압력과 온도에 대한 함수로 전환된다.

$$G = H - T \cdot S$$

$$dG = dH - T \cdot dS - S \cdot dT$$

$$dH = d(U + P \cdot V) = dU + P \cdot dV + V \cdot dP$$

$$dU = T \cdot dS - P \cdot dV$$

$$dH = (T \cdot dS - P \cdot dV) + P \cdot dV + V \cdot dP = T \cdot dS + V \cdot dP$$

$$dG = (T \cdot dS + V \cdot dP) - T \cdot dS - S \cdot dT = V \cdot dP - S \cdot dT$$

$$dG = V \cdot dP - S \cdot dT$$

또한 Gibbs 함수를 P와 T의 함수로 나타내면 아래와 같다.

$$dG = \left(\frac{\partial G}{\partial P}\right)T \cdot dP + \left(\frac{\partial G}{\partial T}\right)P \cdot dT$$

위의 식은 G에 영향을 주는 변수가 P, T의 두 인자인 것을 가정하여, 이들에 대한 G의 변화량을 각각의 변화율과 변화 폭으로 표현한 것이다.

즉 G가 P의 변화량 (dP)에 대해 변하는 양을 (dG), 온도가 일정한 것을 가정할 때 G의 P에 대한 변화율 (∂G/∂P)로 나타내면 윗식의 우변 첫째 항, (∂G/∂P)T、dP과 같고, 압력이 일정한 것을 가정할 때 G의 T에 대한 변화율 (∂G/∂T)로 나타내면 윗식의 우변 둘째 항, (∂G/∂T)P、dT과 같음을 보이는 것이다.

그리고 이 두 항에 대한 변화모습을 선형적으로 더함으로써 G의 변화량을 단순화한 일반적인 수학적 표현에 해당하는 것이다.

dG를 위와 같이 열역학적 정의 혹은 수학적 표현방식에 의하는 두 가지 방식으로 유도하고 이들을 등식으로 묶으면 아래와 같이 물리적 의미를 강하게 담은 새로운 모습의 관계식들이 얻어진다.

$$V = \left(\frac{\partial G}{\partial P}\right)T, \quad -S = \left(\frac{\partial G}{\partial T}\right)P$$

즉 G의 압력에 대한 변화율은 온도가 일정할 때 계의 부피와 같고, G의 온도에 대한 변화율은 압력이 일정할 때 계의 −엔트로피와 동일한 것을 알 수 있다. 이것으로부터 Gibbs함수는 계의 여러 상태변화에서 정량적으로 구해진다.

(1) **압력이 변수일 때의 Gibbs 함수**

압력변화에 따른 Gibbs 함수의 관계식은 위의, $V = (\partial G/\partial P)T$, 식과 같다. 이것은 압력에 따라 Gibbs 함수의 기울기가 부피와 같음을 보여준다. 이로부터 압력변화에 따른 Gibbs 함수의 변화는 계의 부피변화 구간에서 아래와 같이 얻어진다.

$$V = \left(\frac{\partial G}{\partial P}\right)T, \quad \partial G = V \cdot \partial P$$

(양변을 처음상태에서 나중상태까지 적분하면)

$$\int_{Gi}^{Gf} dG = \int_{\Pi}^{Pf} V \cdot dP$$

$$Gf = Gi + \int_{\Pi}^{Pf} V \cdot dP$$

Gibbs 함수의 압력에 대한 의존은 압력변화에 따라 부피 변화의 정도가 다른 액체, 고체, 기체의 경우로 구분된다.

● 액체, 고체의 경우

액, 고체는 압력변화에 따라 그 부피가 거의 일정한 것을 가정할 수 있어 부피, V는 압력, P에 대해 상수가 된다. 따라서 위의 Gibbs 함수 적분은 아래와 같이 구해진다.

$$Gf = Gi + V \cdot \triangle P, \ \triangle P = Pf - Pi$$

예제 1

1 m3 부피의 물을 상온의 대기압 상태에서 3기압으로 가압한다. 이때 가압되는 물의 Gibbs 자유에너지 증가량을 구하시오.

$$\triangle G = V \cdot \triangle P = 1m3 \times 2 \times 105 \ N/m2 = 2 \times 105 \ Joule$$

● 기체의 경우

기체에 대한 Gibbs 함수의 압력의존성은 완전기체와 실제기체로 나누어 해석된다. 완전기체는 상태방정식, PV = nRT을 이용하여 다음과 같이 전개된다.

$$Gf = Gi + \int_{\Pi}^{Pf} V \cdot P$$

$$= Gi + \int_{\Pi}^{Pf} \frac{nRT}{P} \cdot dP$$

$$= Gi + nRT \ln (\frac{P_f}{P_i})$$

$$Gf - Gi = \triangle G, \quad \triangle G = nRT \ln (\frac{P_f}{P_i})$$

예제 1

1몰의 완전기체가 상온에서 1기압으로부터 3기압으로 가압된다고 할 때 완전기체 Gibbs 자유에너지의 증가량을 구하시오.

$$\triangle G = nRT \ln\left(\frac{P_f}{P_i}\right) = 1 \text{ mol} \times 8.3 \text{ J/K} \cdot \text{mol} \times 298\text{K} \times \ln \text{ (3기압/1기압)} =$$

(2) 실제기체에서 Gibbs 함수의 압력의존성

압력변화에 따라 기체가 갖는 Gibbs함수의 영향성을 실제와 유사하게 접근시키기 위해서는 아래의 몇 가지 개념들을 정리해야 한다.

● 표준상태의 꼴

Gibbs 함수의 변화모습을 꾸미기 위해서는 보통 표준상태가 기준위치로 설정된다. 표준상태가 일반적으로 상온 (298 K)과 1기압이 이용되지만 반드시 절대적인 위치가 정해 있을 필요는 없다.

단지 Gibbs 함수값이 구해진 한 상태를 시작위치로 하고 이것으로부터 다른 상태의 값을 얻어내면 된다. 표준상태는 ∅로 표기하며 일정한 온도와 압력에서 구해진 Gibbs 함수의 값이 표로 제시된다. 표준상태, ∅에 따라 완전기체 Gibbs 함수의 압력 의존식은 아래와 같이 변환된다.

$$Gf = Gi + nRT\ln\left(\frac{P_f}{P_i}\right),\ i \rightarrow f$$

$$G = G\varnothing + nRT\ln\left(\frac{P}{P^{\varnothing}}\right),\ \varnothing \rightarrow \text{최종상태}$$

위의 식에서 G∅는 P∅와 연결되는 꼴을 갖으며 P는 최종적으로 기체가 갖는 압력인데 이때의 Gibbs 함수값이 G이다.

● 퓨가시티(fugacity)

실제기체는 표준상태의 압력, P∅보다 압력이 작거나 큰 경우 완전기체와는 달리 서로 끌어당기거나 밀어내는 작용을 한다.

아래 그림에서와 같이 공을 계라고 할 때 계 안의 기체 분자개수가 적을 경우 각 기체들은 서로 끌어당기는 작용을 한다. 이것은 원자 외각 오비탈의 전자들이 다른 원자의 전자를 공유함으로써 안정화하려는 경향과 일치하는 것이다.

이렇게 공안의 기체 분자들이 서로 끌어당기면 이 기체들이 공의 벽을 두들김으로써 행사하는 압력은 완전기체가 갖는 압력보다 적을 것이다. 이와는 반대로 공의 압력이 커져서 일정한 부피에 존재하는 기체 개수가 많아지면 기체들은 서로 밀어내는 작용을 한다.

이것은 기체원자의 외각전자들이 좁은 공간상에 서로 공유되어 꽉 차 있으므로 더 이상 다른 원자들의 접근을 억제하려는 파울리의 압력과 일치한다. 기체원자들의 평균거리가 가까워질수록 그 압력은 급격히 증가하는데, 이것에 의해 공이 느끼는 압력은 완전기체의 압력보다 커지게 된다.

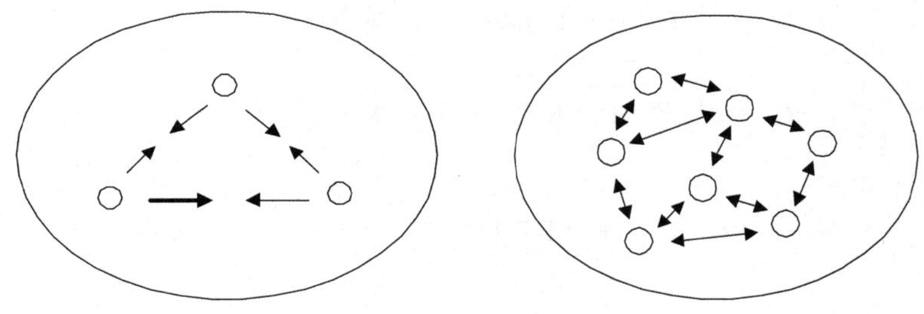

[그림 4-1] 공속에 있는 분자간의 작용

이와 같이 기체로 구성된 계에서 기체들의 상호 인력 혹은 척력에 의해 계의 압력이 의존하는 경우, 이러한 실제적인 기체의 압력을 퓨가시티로 나타낸다. 즉 퓨가시티는 실제기체의 압력인데, 일반적으로 계의 기체량이 적으면 퓨가시티는 완전기체의 압력보다 작으며, 계를 구성하는 기체의 양이 과다하면 퓨가시티는 기체간의 척력으로 완전기체보다 커지게 된다.

결국 실제기체에서 퓨가시티의 압력효과는 기체에 대한 Gibbs 함수의 압력의존 관계식을 아래와 같이 구성시킨다.

$$G = G^{\varnothing} + nRT \ln\left(\frac{F}{P^{\varnothing}}\right), \quad F : \text{fugacity}$$

위에서 실제기체가 발휘하는 F는 계의 압력, P가 작을 경우 F 〈 P이고, 계의 압력이 크면 F 〉 P이므로 이에 대한 Gibbs함수의 변화는 아래 그림과 같이 그려진다 [Atkins].

퓨가시티 F는 완전기체의 압력 P에 대하여 일차적인 관계식으로 표현되며, 이를 Gibbs 함수에 적용하면 다음과 같이 정리된다.

$$F = \gamma P \quad (\gamma \ : \text{퓨가시티 계수})$$

$$G = G^{\varnothing} + nRT \ln\left(\frac{F}{P^{\varnothing}}\right)$$

$$= G^{\varnothing} + nRT \ln\left(\frac{\gamma P}{P^{\varnothing}}\right)$$

$$= G^{\varnothing} + nRT \ln\left(\frac{P}{P^{\varnothing}}\right) + nRT \ln\gamma$$

위의 식에서 완전기체와 실제기체의 Gibbs 함수 차이는 nRT ln γ 에 해당하는 것을 알 수 있다.

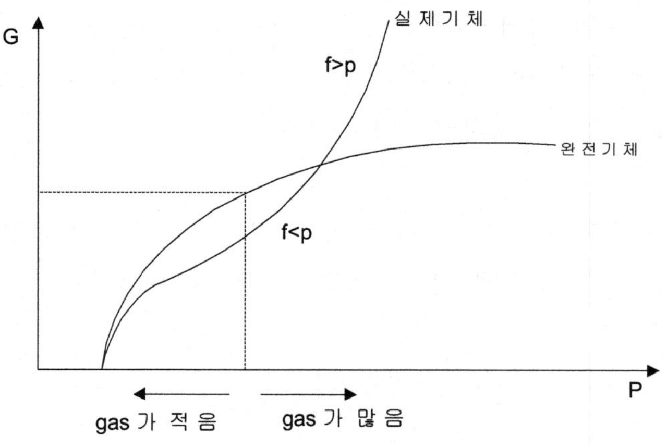

[그림 4-2] 완전기체와 실제기체 Gibbs 함수의 압력의존관계

다음 표는 273K에서 질소의 퓨가시티를 보여주는 것이다. 이것을 토대로 Gibbs 함수의 그래프를 그리면 다음과 같다.

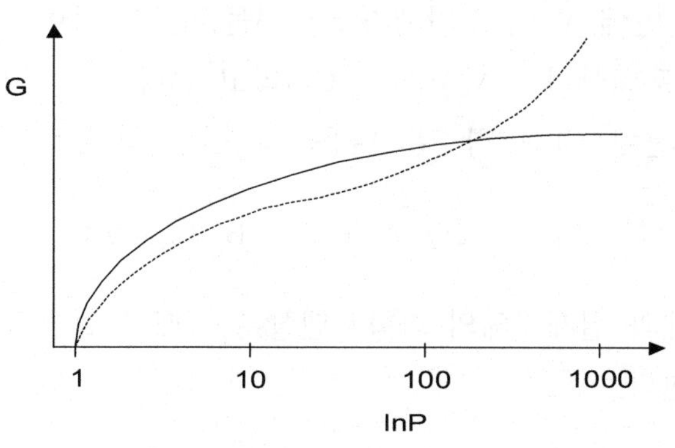

[그림 4-3] 완전기체와 질소의 273K에서 퓨가시티

질소기체의 압력이 100기압 이하에서 질소의 퓨가시티는 완전기체 압력보다 낮으므로 Gibbs 함수값도 완전기체보다 작다. 그러나 100기압 이상에서 질소기체가 발휘하는 퓨가시티는 급격히 증가하여 완전기체의 압력보다 큰 양상을 보인다.

이에 따라 질소가 100기압 이상의 압력 구간에서 갖는 Gibbs 함수는 완전기체보다 큰 것을 알 수 있다.

(3) 몰 Gibbs 함수

Gibbs 함수에서 몰수 n을 1몰로 환산한다면 계산이나 개념의 전개과정이 간단하고 편리해진다. 화학포텐샬(chemical potential)로 불려지는 몰 Gibbs 함수는 Gibbs 함수를 몰수로 나누어 1몰당의 Gibbs 함수양을 나타내는 것이다.

$$\mu = \left(\frac{\partial G}{\partial n}\right)_{P,T}$$

어떤 계 안에 A, B, C 기체가 2몰, 3몰, 5몰이 들어 있고 이 기체들의 화학포텐샬이 μ A, μ B, μ C이라고 한다.

이때의 전체 Gibbs 함수는 다음과 같이 구해진다.

$$G = 2\times\mu A + 3\times\mu B + 5\times\mu C$$

완전기체와 실제기체의 화학포텐샬은 아래와 같이 각각 ln P, ln F에 비례한다.

$$\mu = \mu^{\varnothing} + RT \ln\left(\frac{P}{P^{\varnothing}}\right), \quad \mu = \mu^{\varnothing} + RT \ln\left(\frac{F}{P^{\varnothing}}\right)$$

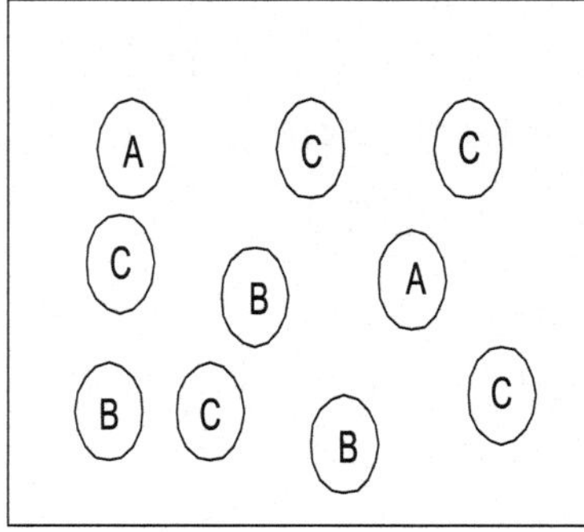

[그림 4-4] 기체 Ⓐ, Ⓑ, Ⓒ가 혼합되어 있는 계

이러한 화학포텐샬은 몰 당의 Gibbs 자유에너지를 나타내므로 각 기체들이 순수한 상태에서 서로 혼합될 때 Gibbs 함수의 변화를 예측하는데 유용하게 쓰인다.

(4) 온도변화에 대한 Gibbs 함수

온도변화에 대하여 Gibbs 함수는 앞의 관계식으로부터 일정한 압력에서 온도변화에 대한 Gibbs 함수의 변화기울기가 "－엔트로피"에 해당하는 것으로 구해진다.

$$-S = \left(\frac{\partial G}{\partial T}\right)P$$

그리고 엔트로피는 Gibbs 함수의 정의에 따라 아래와 같이 표현된다.

$$G = H - T \cdot S, \quad -S = \frac{(G-H)}{T}$$

위의 도식을 등식으로 연결하면 아래와 같이 전개된다.

$$\left(\frac{\partial G}{\partial T}\right)P = \frac{(G-H)}{T}$$

$$\left(\frac{\partial G}{\partial T}\right)P - \frac{G}{T} = T \cdot \left\{\frac{\partial(G/T)}{\partial T}\right\}P = \frac{-H}{T}$$

$$\left\{\frac{\partial(G/T)}{\partial T}\right\}P = \frac{1}{T} \cdot \left(\frac{\partial G}{\partial T}\right)P - \frac{G}{T^2} = \frac{-H}{T^2}$$

$$\left\{\frac{\partial(G/T)}{\partial T}\right\}P = \frac{-H}{T^2}, \left\{\frac{\partial(\Delta G/T)}{\partial T}\right\}P = \frac{-\Delta H}{T^2}$$

이것이 Gibbs - Helmholtz의 식으로 △G/T의 꼴은 이후에 다룰 상의 평형관계에서 적절하게 이용된다.

2. 상의 변화

한 물질이 존재하는 상의 영역은 그 압력과 온도상태에서 물질의 안정성을 결정하는 Gibbs 함수에 의해 정해진다. 이러한 상의 영역은 주어지는 각 상태의 변화에 따라 여러 가지 형태로 그려질 수 있는데 이것을 상태도라고 한다.

(1) **온도와 압력에 따른 상의 경계**

아래 그림과 같이 온도와 압력을 X, Y 축으로 하여 고체, 액체, 기체를 각 경계로 나누고 삼중점을 표현한 것은 관련과목에 자주 등장한다. 그림에서 온도가 낮고 압력이 높은 곳에서는 물질을 구성하는 입자의 활동이 위축되어 고체를 이루고, 온도가 높고 압력이 낮으면 입자활동이 활발하여 기체가 되며, 고체와 기체의 중간영역에 액체와 삼중점이 위치하는 것을 대략적으로 예측할 수 있다.

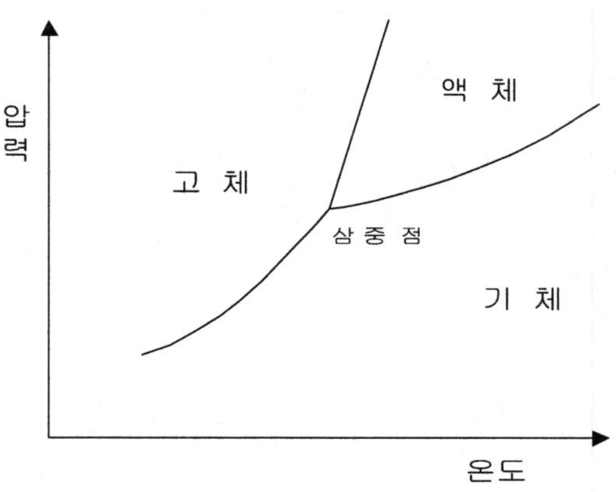

[그림 4-5] 압력과 온도 상태에 따라 의존하는 고체, 액체, 기체 존재 영역

열역학 혹은 물리화학은 이러한 현상의 관계를 정량적으로 계산하고 해석하는 것을 포함한다. 위의 그림을 해석하기 위해서는 우선 고체-액체, 액체-기체, 고체-기체가 이루는 경계의 곡선을 관계식으로 유도하면 된다.

상 경계의 곡선 식들은 두 상들이 함께 공존할 수 있는 상평형의 조건이므로, 두 상의 Gibbs 함수를 동일하게 연결하는 등식의 관계로부터 얻어진다. α 상과 β 상이 공존하는 곡선 상에서 두상의 Gibbs 함수가 동일하므로 아래의 관계식이 유도된다.

$$G\alpha\ (P,T) = G\beta\ (P,T), \quad dG\alpha = dG\beta$$

$$V\alpha \cdot dP - S\alpha \cdot dT = V\beta \cdot dP - S\beta \cdot dT$$

$$(V\beta - V\alpha) \cdot dP = (S\alpha - S\beta) \cdot dT$$

$$\frac{dP}{dT} = \frac{\Delta S}{\Delta V} = \frac{\Delta H}{T \cdot \Delta V}$$

● 고체-액체 경계

고체와 액체는 압력과 온도의 변화에 따라 부피변화가 없음을 가정한다.

$$\frac{dP}{dT} = \frac{\Delta H_{fus}}{T \cdot \Delta V_{fus}}, \quad \text{fusion}$$

$$\int_{P^*}^{P} dP = \frac{\Delta H_{fus}}{\Delta V_{fus}} \int_{T^*}^{T} \frac{dT}{T}$$

$$P = P^* + \frac{\Delta H_{fus}}{\Delta V_{fus}} \ln\left(\frac{T}{T^*}\right)$$

여기에서 고체가 액체로 되는 fusion의 반응은 주위로부터 열을 빼앗는 흡열반응이므로 ΔHfus는 항상 0보다 크다. 그리고 보통의 물질은 고체가 액체로 되는 경우 부피가 증가하므로 △Hfus/△Vfus 항도 항상 0보다 크다.

따라서 이 경우에 고-액 계면을 형성하는 경계선의 압력, P는 온도, T가 증가할수록 증가하는 것을 알 수 있다. 그러나 얼음-물의 반응에서 얼음이 물로 녹는 경우에 그 부피가 오히려 감소하므로 △Hfus/△Vfus 항은 0보다 작게 된다.

이때 고-액 계면을 형성하는 경계선의 압력, P는 온도, T가 증가할수록 감소하며 그림과 같은 두 물질의 정성적인 차이를 나타낸다.

● 액체-기체 경계

액체가 기체로 기화하면 일정한 양에 대하여 기체의 부피가 액체에 비하여 워낙 크므로 계를 이루는 부피는 거의 기체의 부피와 같다고 볼 수 있다. 따라서 완전기체의 기화를 가정하면 기체 1몰에 대한 부피변화는 아래와 같이 구해진다.

$$\triangle \mathrm{Vvap} = \mathrm{V(g)} - \mathrm{V(l)} \cong \mathrm{V(g)} = \frac{RT}{P}, \text{ vaporization}$$

이것을 위에서 구한 상의 경계 식에 대입하고 주어진 구간으로 적분하면 아래와 같은 상 경계의 관계식이 얻어진다.

$$\frac{dP}{dT} = \frac{\Delta H_{fus}}{T \cdot \Delta V_{fus}} = \mathrm{P} \cdot \frac{\Delta H_{vap}}{RT^2}$$

P, T의 변수를 분리하고 양변을 적분하면,

$$\int_{P^*}^{P} \frac{1}{P} \cdot dP = \int_{T^*}^{T} \left(\frac{\Delta H_{vap}}{RT^2} \right) \cdot dT$$

또한, $\int_{T^*}^{T} \frac{1}{T^2} \cdot dT = [-1/T]_{T^*}^{T} = -\left(\frac{1}{T} - \frac{1}{T^*} \right)$ 이므로

$$\ln\left(\frac{P}{P^*} \right) = \frac{-\Delta H_{vap}}{R} \left(\frac{1}{T} - \frac{1}{T^*} \right)$$

$$P = P^* \cdot \exp\left\{ \frac{-\Delta H_{vap}}{R} \left(\frac{1}{T} - \frac{1}{T^*} \right) \right\}$$

위의 식에서 액체가 기화하며 발생하는 기화열, ΔH_{vap}은 흡열로써 항상 0보다 크므로 액체-기체의 경계의 압력은 온도가 증가할수록 증가하게 되어 그림과 같은 액체-기체 경계선의 관계식이 현상과 일치하는 것을 보여준다.

● 고체-기체 경계

고체가 기체로 변화하는 승화과정 (sublimation)에서 부피변화는 기체생성의 부피변화와 동일하다고 볼 수 있다. 이 반응에서 1몰의 완전기체를 가정하면 다음의 식이 유도된다.

$$P = P^* \cdot \exp\left\{ \frac{-\Delta H_{sub}}{R} \left(\frac{1}{T} - \frac{1}{T^*} \right) \right\}$$

여기에서도 승화열, ΔH_{sub}은 흡열로써 항상 0보다 크므로 온도 증가에 따라 고체-기체 경계선의 압력은 그림에 나타난 바와 같이 증가한다.

이와 같이 고체, 액체, 기체의 상 경계는 위에서 구해진 세 가지 관계식들에 의해 그려질 수 있다. 이러한 관계식은 경계선이 두 상의 Gibbs 에너지가 동일하다는 원칙을 가지고 유도되었으며, 이것에 의해 압력과 온도로 주어지는 상태에서 각 상이 안정적으로 존재하는 영역이 구분된다.

(2) 온도와 Gibbs 에너지에 대한 상의 경계

고체, 액체, 기체의 상변화는 Gibbs 에너지를 온도에 대하여 직접적으로 명시함으로써 쉽게 상의 안정 영역을 구분할 수 있다. 그림은 온도와 Gibbs 함수를 X, Y축으로 하여 고체, 액체, 기체의 값을 명시한 것이다.

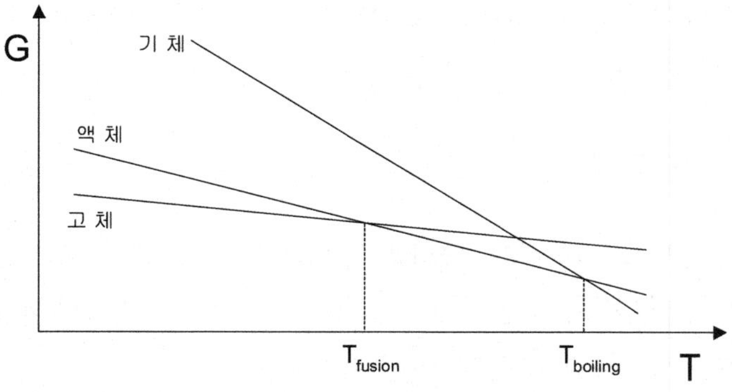

[그림 4-6] 고체, 액체, 기체의 온도변화에 따른 Gibbs 함수 변화

그림 4-6에서 고체와 액체, 기체의 Gibbs 곡선은 온도에 따라 직선적으로 감소하는 형태를 보이며 각 상의 기울기와 절편은 서로 다르다. Gibbs 함수가 안정된 상의 형태를 결정하는 기준인 것을

고려하면 0 K에 이르는 낮은 온도에서 입자의 떨림이 억제되어 고체가 안정할 것이라는 것은 쉽게 예상할 수 있다. 이에 의해 각 곡선의 Y축인 Gibbs 함수 축 절편이 고체, 액체, 기체 순서로 증가하는 것이다.

모든 물질에 있어서 온도가 증가하면 Gibbs 함수값이 감소하는 것은 엔트로피의 증가와 관련이 있다. 즉 물질에서 온도가 증가하면 물질을 이루는 입자의 활동성이 커지고 무질서도인 엔트로피가 증가하는 것은 당연한 것이다. 그런데 이러한 온도증가에 대한 엔트로피의 증가율은 견고한 고체, 액체보다는 입자의 운동이 자유로운 기체에서 가장 크게 된다.

따라서 Gibbs 함수의 기울기가 되는 "−엔트로피"는 그림에서와 같이 기체, 액체, 고체의 순서로 급한 것이다. 그림의 직선들의 기울기가 "−엔트로피"에 해당하는 것은 앞장에서 언급된 바와 같이 아래에서 구해진다.

$$dG = V \cdot dP - S \cdot dT$$

$$= \left(\frac{\partial G}{\partial P}\right)T \cdot dP + \left(\frac{\partial G}{\partial T}\right)P \cdot dT$$

$$\frac{\partial G}{\partial T} = -S$$

여기에서 온도에 대한 Gibbs 함수 기울기 "−S"는 고체, 액체, 기체의 물질구성의 특성상 아래와 같다.

$$S(g) > S(l) > S(s)$$

상의 안정성은 그 상태에서 상태에너지인 Gibbs 에너지가 낮은 것을 기준으로 결정된다. 위의 그림에서 온도변화에 따라 상의 안정을 결정하는 최소의 Gibbs 함수의 종류는 각 범위에서 다르게 나타난다.

즉 0 K에서 Tfusion에 이르는 영역에서는 고체의 Gibbs 함수가 최소이고, Tfusion에서 Tboiling 온도 범위에서는 액체가 그리고 Tboiling 온도 이상에서는 기체의 Gibbs 함수가 가장 낮고, 각각의 온도범위에서 고체, 액체, 기체가 평형 안정상으로 존재하는 것을 알 수 있다. Tfusion과 Tboiling 지점은 각각 고체-액체, 액체-기체가 공존하는 상의 경계 위치이다.

● **압력증가의 효과**

모든 물질은 압력증가에 따라 Gibbs 에너지가 증가한다. 이것은 아래의 관계식으로부터 앞의 유도에 따라 고체, 액체와 기체의 경우 서로 다르게 얻어진다.

$$\frac{\partial G}{\partial P} = V$$

$$\Delta G = V \cdot \Delta P \quad (\Delta P = Pf - Pi)$$

$$\Delta G = nRT \ln\left(\frac{P_f}{P_i}\right)$$

보통의 물질은 입자 활동이 활발한 액체가 고체보다는 부피가 크다. 따라서 압력이 증가하면 액체의 Gibbs 함수 증가효과가 고체보다 크게 나타난다. 이것을 그림에 명시하면 아래 그림과 같은데 고체와 액체의 Gibbs 함수 증가폭을 정성적으로 나타내면 $\Delta G(l)$ 〉

△G(s)이므로, 압력증가에 대해 녹는 온도, Tfusion이 상승하는 효과가 얻어지는 것을 알 수 있다.

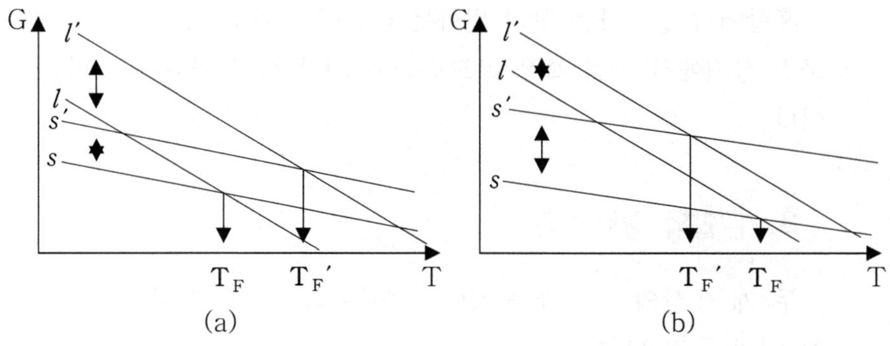

[그림 4-7] (a) 압력증가에 대한 액체-고체의 Gibbs 함수 증가효과,

(b) 물에서 압력증가에 대한 녹는 온도 하강효과

그러나 물과 얼음에 있어서 고체인 얼음은 물의 구성보다 치밀하지 못하여 오히려 부피가 크다. 이에 따라 압력증가에 대한 Gibbs 함수 증가효과는 얼음에서 더 크게 나타난다. 즉 압력증가에 따라 △G(s) 〉 △G(l)이므로 아래의 그림에서 녹는 온도, Tfusion은 낮아진다.

따라서 얼음의 녹는 온도는 압력이 증가하면 오히려 낮아진다. 이것이 스케이트나 스키를 탈 수 있는 원리이다. 즉 몸무게로 인하여 압력이 얼음에 전해지면 날이 닿는 부분에 빙점이 낮아져서 영하의 날씨에도 부분적으로 얼음이 녹게 되고 날과 얼음 사이의 마찰력을 전하게 되는 것이다.

● 상의 변화

혼합에서 일어나는 상의 변화는 다음에 다루었고, 여기서는 순수 물질 상태에서 압력 혹은 온도변화에 의한 상의 변화를 살펴본 것이다.

3. 혼합의 상태변화

두 개 이상의 순수한 물질이 섞이는 과정에는 재미있는 열역학적 해석이 적용된다.

(1) 혼합의 Gibbs 함수변화

무엇인가가 섞일 때 Gibbs 함수는 감소할 것이라는 것은 쉽게 예상할 수 있다. 이것은 혼합에 의한 반응열 발생이 없음을 가정하면 혼합에 의해 계의 엔트로피 증가가 예상되기 때문이다. 두 용기 안에 있는 완전기체가 한 용기로 섞일 때 Gibbs 함수의 변화를 아래에 계산하였다.

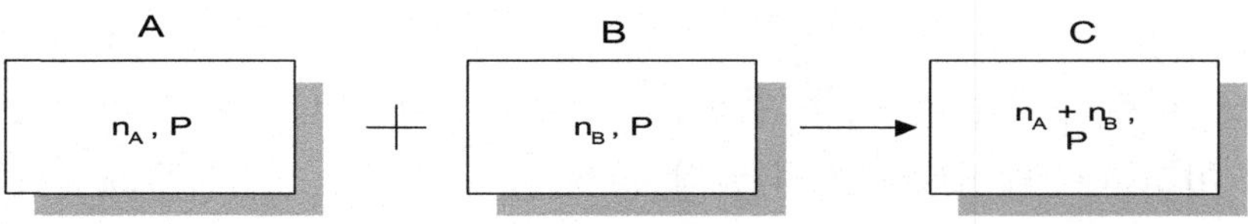

그림 4-9(a) nA 몰의 A용기와 n몰의 B용기로 (A+B)용기 크기인 C용기에 합한다.

처음상태의 Gibbs 함수, Gi는 아래와 같다.

$$G_i = G_A + G_B$$

$$= \left\{ G_A^* + n_A RT ln\left(\frac{P}{P^*}\right) \right\} + \left\{ G_B^* + n_B RT ln\left(\frac{P}{P^*}\right) \right\}$$

두 기체가 각기 존재할 때 A와 B 기체가 발휘하는 압력은 각각 전체 압력인 P이며 이것을 순수상태의 압력 P*로부터 환산된 Gibbs 함수의 값으로 나타내면 위의 관계식으로 구해지는 것이다.

두 기체가 혼합된 나중상태에서 A용기의 nA는 C용기에서 PA의 분압을 갖으며, B용기의 nB는 C용기에서 PB의 분압을 갖는다. 그리고 C용기는 P (PA + PB)의 전체압력을 유지한다. 이것의 Gibbs 함수, Gf는 아래와 같이 구해진다.

$$G_f = \left\{ G_A^* + n_A RT ln\left(\frac{P_A}{P^*}\right) \right\} + \left\{ G_B^* + n_B RT ln\left(\frac{P_B}{P^*}\right) \right\}$$

이러한 혼합에 의하여 변화하는 Gibbs 함수의 변화량, △Gmix는 아래와 같다.

$$\triangle Gmix = G_f - G_i = n_A RT ln\left(\frac{P_A}{P}\right) + n_B RT ln\left(\frac{P_B}{P}\right)$$

$$= (n_A + n_B) \cdot \left\{ \frac{n_A}{n_A + n_B} RT ln\left(\frac{P_A}{P}\right) + \frac{n_B}{n_A + n_B} RT ln\left(\frac{P_B}{P}\right) \right\}$$

여기에서 nA와 nB를 전체몰수, n와 몰분율 XA, XB로 나타내고, 완전기체에서 부분압력이 몰분율과 동일하다는 가정을 하면 위의 식은 아래와 같이 정리된다.

$$n_A + n_B = n, \quad \frac{n_A}{n} = X_A, \quad \frac{n_B}{n} = X_B, \quad \frac{P_A}{P} = X_A, \quad \frac{P_B}{P} = X_B$$

$$\triangle G_{mix} = nRT\ (X_A \ln X_A + X_B \ln X_B)$$

nA와 nB 몰의 두 완전기체가 섞이면 Gibbs 함수의 변화량은 위와 같다. 여기에서 몰분율인 XA, XB의 범위는 0〈XA, XB 〈 1 이므로 ln XA, ln XB는 항상 0보다 작고 결국 혼합에 의한 Gibbs 함수 변화량, △Gmix는 항상 0보다 작게 된다.

$$\triangle G_{mix} < 0$$

즉 두 완전기체가 혼합될 때 Gibbs 함수는 감소하며 이것은 자연에서 자발적으로 발생할 수 있는 반응임을 나타낸다.

두 완전기체의 처음상태에서 압력이 서로 다를 때 기체 혼합에 의한 Gibbs 함수변화는 다음과 같이 구해진다.

혼합전의 Gibbs 함수, Gi는 아래와 같고,

$$Gi = \{GAo + nART\ \ln(\frac{P_A^*}{P_A^o})\} + \{GB^* + nBRT\ \ln(\frac{P_B^*}{P_B^o})\}$$

혼합후의 Gibbs 함수, Gf는 아래와 같다.

$$Gi = \{GA^* + nART\ \ln(\frac{P_A}{P^*})\} + \{GB^* + nBRT\ \ln(\frac{P_B}{P^*})\}$$

그리고 혼합전, 후의 Gibbs 함수의 변화량 (△Gmix = Gf − Gi)은 아래와 같이 구해진다.

$$\triangle \text{Gmix} = \text{nART} \ln\left(\frac{P_A}{P_A^*}\right) + \text{nBRT} \ln\left(\frac{P_B}{P_B^*}\right)$$

순수한 상태의 기체압력 PA*, PB*에 비해서 두 기체가 혼합되었을 때 각 기체가 갖는 분압 PA, PB는 낮게 마련이다 (PA 〈 PA*, PB 〈 PB*). 따라서 이 과정에서도 혼합은 Gibbs 함수를 감소시키며 반응은 자발적으로 안정화된다.

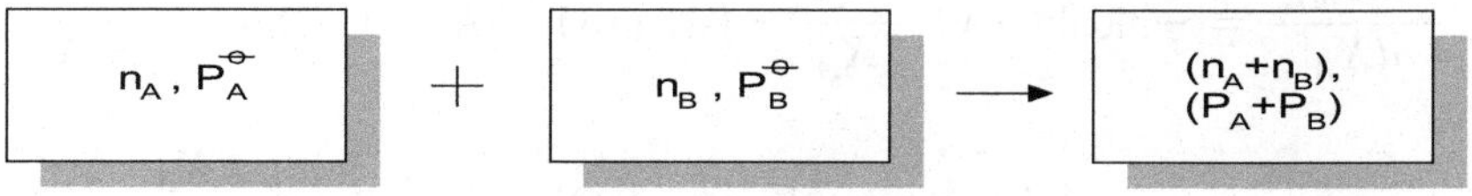

n_A, $P_A^{\ominus}$ + n_B, $P_B^{\ominus}$ → (n_A+n_B), (P_A+P_B)

[그림 4-9(b)] PA∅ 압력의 nA와 PB∅ 압력의 nB가 혼합되어(nA+nB) 용기 안에서 각각 PA, PB의 분압을 갖는다.

(2) 완전기체 혼합의 엔트로피 변화

두 완전기체가 섞일 때 Gibbs 함수의 변화량, △Gmix은 결국 혼합에 의한 엔트로피 증가에 기인하는 것이다. Gibbs 함수와 엔트로피의 관계식으로부터 얻어지는 혼합의 엔트로피 변화는 다음과 같이 구해진다.

$$\left(\frac{\partial G}{\partial T}\right)\text{P} = -\text{S}$$

$$\triangle \text{Smix} = -\left(\frac{\partial \Delta G_{mix}}{\partial T}\right)\text{P} = \frac{-\partial(nRT(X_A \ln X_A + X_B \ln X_B))}{\partial T}$$

$$= -\text{nR (XA ln XA + XB ln XB)}$$

위의 관계식에서 ln XA와 ln XB 값은 0보다 작으므로 두 기체가 혼합될 때 엔트로피의 변화량, △Smix은 항상 0보다 크고 혼합에 의한 무질서도는 증가한다.

A의 몰분율 XA가 0에서 1로 변하는 혼합의 양상에서 △Smix은 XA에 변화에 따라 아래와 같이 얻어진다.

$$\triangle S_{mix} = nR\{X_A \ln X_A + (1-X_A)\ln(1-X_A)\},\quad X_B = 1-X_A$$

$$\frac{d\Delta S_{mix}}{dX_A} = -nR\left\{\ln X_A + \frac{X_A}{X_A} + (-1)\ln(1-X_A) + (1-X_A)\cdot\frac{-1}{1-X_A}\right\}$$

$$= -nR\{\ln X_A - \ln(1-X_A)\} = -nR\ln\left(\frac{X_A}{1-X_A}\right)$$

d△Smix/dXA = 0에서 극대값이 얻어지므로 XA/(1−XA) = 1 일 때, 즉 XA = 1/2에서 △Smix = nR ln2의 값을 갖는다. 또한 XA가 0 또는 1에서 △Smix의 값은 0이므로 이것을 그래프로 그리면 다음과 같다.

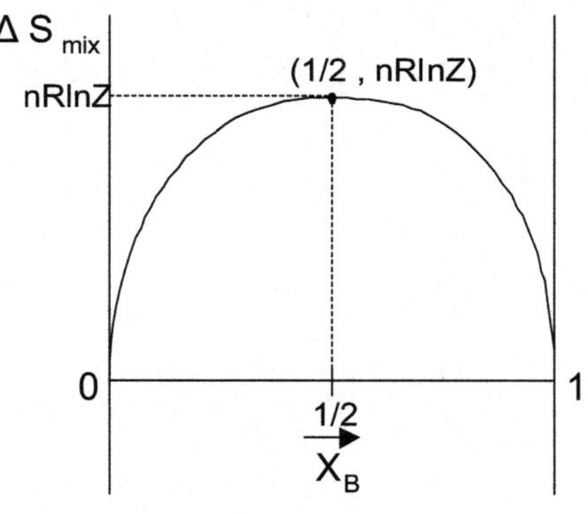

[그림 4-10] 용질(XB) 첨가에 따른 혼합엔트로피(ΔSmix) 변화량

혼합에 의한 엔트로피 변화량의 최대값은 두 완전기체의 몰분율이 같은 XA=XB=1/2에서 nR ln 2로 얻어지고 순수한 물질 XA=1 혹은 XA=0에서 엔트로피의 변화량은 0이다. 또한 모든 혼합의 범위에서 엔트로피는 0보다 크게 되어 혼합에 의해 엔트로피는 항상 증가하는 것을 알 수 있다.

(3) 액체 혼합의 Gibbs 함수

순수한 액체 물질에 다른 물질이 섞이는 과정을 생각해보자. 다른 물질이란 액체일 수도 있고 설탕, 소금과 같은 고체일 수도 있다. 이러한 액체 물질의 혼합에 의한 상태변화는 보다 구체적인 화학반응과 평형을 해석하는데 적절하게 응용된다.

A 물질에 B 물질이 혼합될 경우 많은 양을 차지하는 것을 용매 (solution), 적은 양을 차지하는 것을 용질 (solute)이라고 규정한다. 이러한 용매와 용질의 개념은 액체의 용해에서뿐만 아니라 고체의 고용 (solid solution)에도 적용된다.

● 이상용액(ideal solution)

상호간의 반응성이 없는 기체를 완전기체라고 하는 것과 마찬가지로, 두 용액이 혼합될 때 서로의 반응성을 배제한 액체를 "이상용액"이라고 한다. 이상용액은 용액들이 혼합된 후 서로 반응이 없이 독립적으로 작용하기 때문에 이상용액의 몰분압은 몰분율과 동일하다.

$$XA = \frac{P_A}{P_A^*}, \quad XB = \frac{P_B}{P_B^*}$$

위에서 PA*, PB*는 순수상태의 증기압을 그리고 PA, PB는 혼합상태의 A, B 용액 증기압을 나타낸다. 용액에서 분압을 증기압으로 표현하는 것은 액체분자의 활동성을 대표하기 위한 것이다.

즉 기체에서는 기체분자의 운동이 직접적으로 기체의 분압과 관련하지만 액체에서는 분자의 활동을 직접적으로 표현하기가 어렵다. 이에 따라 액체가 기체로 되려는 증기압을 용액에서의 활동성으로 간주하는데, 실제 액체 분자의 운동성과 증기압은 서로 밀접한 관계가 있을 것으로 보여진다.

nA, nB 몰의 두 이상용액이 혼합될 때 Gibbs 함수의 변화는 다음과 같다.

$$Gi = \{GA\varnothing + nART \ln (\frac{P_A^*}{P_A^{\varnothing}})\} + \{GB\varnothing + nBRT \ln (\frac{P_B^*}{P_B^{\varnothing}})\}$$

$$Gf = \{GA\varnothing + nART \ln (\frac{P_A^*}{P_A^{\varnothing}})\} + \{GB\varnothing + nBRT \ln (\frac{P_B^*}{P_B^{\varnothing}})\}$$

즉 혼합전의 상태가 갖는 Gibbs 함수, Gi는 A, B 용액의 표준상태 증기압 PA∅, PB∅으로부터 순수물질 상태인 PA*, PB*로 환산된 값이다. 또한 혼합후의 상태가 갖는 Gibbs 함수, Gf는 A, B 용액의 표준상태 증기압 PA∅, PB∅으로부터 혼합상태의 증기압인 PA, PB로 환산된 값에 해당한다.

이러한 혼합전, 후의 Gibbs 함수에 의해 Gibbs 함수의 변화량, △Gmix는 다음과 같이 구해진다.

$$\triangle Gmix = G_i - G_f = n_A RT ln\left(\frac{P_A}{P_A^*}\right) + n_B RT ln\left(\frac{P_B}{P_B^*}\right)$$

$$= (n_A + n_B) \cdot \left\{ \frac{n_A}{n_A + n_B} RT ln\left(\frac{P_A}{P_A^*}\right) + \frac{n_B}{n_A + n_B} RT ln\left(\frac{P_B}{P_B^*}\right)\right\}$$

$$= nRT\left\{X_A ln\left(\frac{P_A}{P_A^*}\right) + X_B ln\left(\frac{P_B}{P_B^*}\right)\right\}$$

여기에서 두 용액간의 반응성을 배제한 "이상용액"이라는 가정하에 혼합용액의 분압 PA, PB는 순수한 용액의 증기압 PA*, PB*에 대하여 몰분압과 동일하게 표현된다.

$$XA = \frac{P_A}{P_A^*}, \quad XB = \frac{P_B}{P_B^*}$$

이상용액에서 이러한 몰분압 개념의 증기압으로 혼합에 의한 Gibbs 함수의 변화량, △Gmix는 아래와 같이 완전기체와 동일하게 표현된다.

$$\triangle Gmix = nRT\ (XA\ ln\ XA + XB\ ln\ XB)$$

또한 이상용액에서 얻어지는 혼합의 엔트로피 변화량도 완전기체와 동일하다.

$$\triangle Smix = -\ nR\ (XA\ ln\ XA + XB\ ln\ XB)$$

● 라울(Raoult)의 법칙

이상용액에서 혼합과 순수상태의 증기압 비율을 아래와 같이 몰분율로 정한 것을 Raoult의 법칙이라 한다.

$$XA = \frac{P_A}{P_A^*}, \quad XB = \frac{P_B}{P_B^*}$$

액체는 기체와는 달리 순수한 상태에서 일정한 증기압을 갖는다. 두 개의 이상용액이 서로 혼합되었을 때 각각의 용액이 갖는 전체 증기압의 분압은 순수상태의 증기압에 준하여 형성되며 전체를 구성하는 물질의 몰분율에 비례할 것이다.

이러한 Raoult의 관계는 가장 이상적인 용액에서 적용되며 혼합용액의 해석을 단순화하는 장점을 갖는다.

$$PA = XA \cdot PA^*, \quad PB = XB \cdot PB^*$$

● 헨리(Henry)의 법칙

용액의 혼합과정에서 Raoult은 가장 이상적인 형태의 법칙을 정하여 그 해석을 단순화하였다. 앞으로의 과정은 용액의 혼합에 있어서 보다 실제적인 현상을 해석하기 위하여 여러 가지의 근사 과정이 도입되는 것을 보여준다.

헨리의 법칙은 용질 첨가량이 적은 묽은 용액에서 잘 적용된다. 이것은 혼합의 분압, PB을 XB · PB*로 명시한 Raoult의 용액을 조금 더 실제에 가깝게 고려한 것이다. 즉 용질을 B라고 할 때 헨리의 용액은 Raoult의 PB*는 KB로 대치된다.

$$PB = XB \cdot KB$$

용질 XB의 양이 0에 가까운 묽은 용액에서 B 물질이 발휘하는 분압, PB는 순수상태의 B 증기압 PB*와 다른 개념의 비례상수를 갖는다. 이것이 헨리 상수 KB인데 KB는 용질 B가 용매 A에서 발휘하는 성질에 따라 PB*와 차이를 보인다.

즉 용질이 용매에서 휘발성을 보일 경우 KB는 순수상태의 증기압인 PB*보다 커져서 혼합상태에서 B 용질의 증기압인 PB를 증가하는 효과를 줄 것이다. 이에 비해서 용질이 용매에서 점성을 보일 경우 KB는 순수상태의 증기압인 PB*보다 오히려 작아져서 혼합상태에서 B 용질의 증기압인 PB는 감소한다.

아래 그림에 Raoult의 용액에 비교되는 헨리의 용액을 용질이 휘발성 혹은 점성을 나타내는 경우로 구별하여 표현하였다.

용질 XB가 용매에서 휘발성을 나타내면 두 물질은 서로 잘 섞이지 않고 반발력이 클 것이다. 이에 따라 용질 XB가 발휘하는 분압은 순수상태에서보다 더 크게 된다 (KB 〉 PB*). 또한 용질 XB가 용매에서 점성을 나타내면 용질 XB가 발휘하는 분압은 순수상태에서보다 작게 된다 (KB 〈 PB*).

묽은 용액에서는 용질이 용매에 작용하는 반응성에 따라 이와 같이 Henry의 혼합법칙을 적용하여 Gibbs 함수의 변화량을 구한다. 용질로 첨가되는 B 물질의 순수상태와 혼합후의 Gibbs 함수의 변화는 아래와 같다.

$$\triangle GB,mix = nBRT \ln \left(\frac{P_B}{K_B}\right)$$

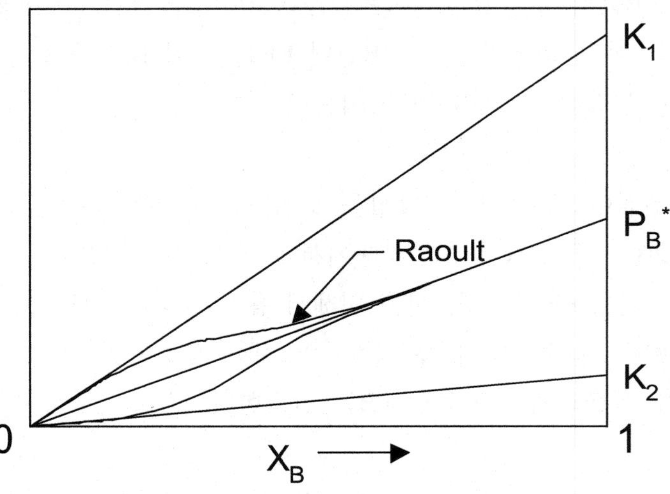

[그림 4-11] 용질 XB의 Raoult과 헨리의 용액

● **실제용액**

Henry의 용액은 Raoult의 이상용액에서 묽은 용질이 첨가될 때 용질과 용매의 반응성을 고려한 것이다. 이와 같이 열역학은 가정을 근거로 한 이상적인 반응의 해석을 가지고 실제의 현상으로 접근하는 방식을 취하는데, 이것은 현상을 보다 현실적으로 파악하고 실제의 반응에 적용하기 위함이다.

실제용액에서는 이상용액에서 얻어지는 Gibbs 함수 변화량의 분압에서 주어지는 몰분율, XA와 XB를 활동도로 대치하여 표현한다.

$$\triangle G_{mix} = nRT\ (X_A \ln a_A + X_B \ln a_B)$$

위에서 aA와 aB는 용액중에서 A, B가 발휘하는 활동도(activity)를 나타내는 것으로써 몰분율과 활동도 계수로 표현된다.

$$a_A = X_A \cdot \gamma_A,\quad a_B = X_B \cdot \gamma_B$$

A, B의 활동도는 용액을 구성하는 각 물질의 몰분율에 의존하며 이것이 용액에서 활동하는 역할에 따라 활동도 계수와 일차적으로 비례하는 것으로 표현된다. 다음 부분에서 자세히 언급하겠지만 실제용액의 △Gmix에서 활동도 계수항은 혼합상태에서 이상용액의 변화량을 제외하고 남은 것이며, 이것은 반응생성열에 해당한다.

(4) **액체용매에 용질이 용해되면**

구성물질 중에서 다량을 차지하는 용매에 소량의 첨가물질인 용질이 녹아 들어가는 현상을 가지고 무엇을 해석할 수 있겠는가?

용매와 용질이 섞이는 반응에서 두 물질의 반응열 발생이 없음을 가정하면 혼합에 의한 엔트로피 증가와 Gibbs 에너지의 감소를 예상할 수 있다. 여기에서 용매 A의 Gibbs 함수는 아래와 같다.

$$G_A(l) = G_A^*(l) + nRT \ln\left(\frac{P_A}{P_A^*}\right)$$

여기에 Raoult의 법칙을 적용하여 혼합전, 후의 증기압 비율을 몰분율로 대치하면 혼합상태와 순수상태의 Gibbs 함수 변화량은 아래와 같다.

$$\triangle GA,mix = nART \ln XA$$

그런데 첨가되는 용질에 비하여 용매의 양은 훨씬 많으므로 전체의 Gibbs 양은 용매만으로 얻어질 수 있다.

$$\triangle Gmix = nRT \ln XA$$

용액의 Gibbs 함수는 용질이 첨가됨에 따라 용매의 몰분율인 XA가 1보다 낮아지므로 ln XA 값은 항상 0보다 작아지고, 결국 용매에 용질 혼합에 의한 Gibbs 에너지는 항상 감소하게 마련이다. 이것을 Gibbs 함수와 온도의 관계로 나타내면 아래 그림과 같다.

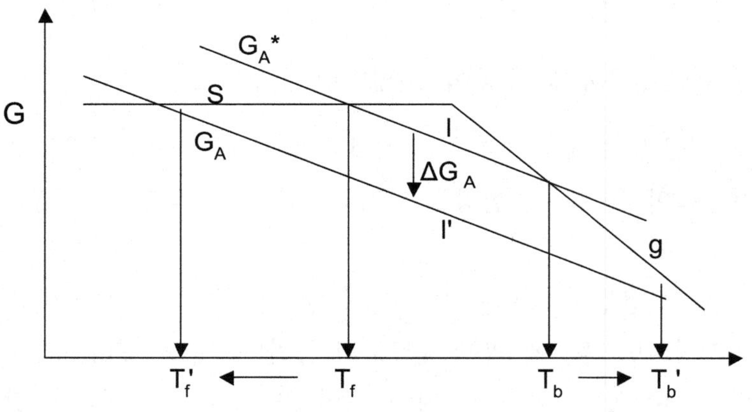

[그림 4-12] 용매에 용질이 용해될 때 Gibbs 에너지의 변화

그림에서 용매에 용질이 혼합되어 용매의 Gibbs 에너지가 △Gmix만큼 감소하면 액체-고체, 액체-기체의 교차점인 어는점(Tf)과

끓는점(Tb)이 변화한다. 즉 어는점은 용질 혼합에 의해 비교적 큰 폭으로 감소하며 끓는점은 약간 상승하는 것을 위의 그림에서 알 수 있다.

눈이 오면 염화칼슘과 같은 용질을 눈 위에 뿌리는 것은 눈이라는 용매에 용질을 혼합하여 용매의 어는점을 하강시켜 길에 빙판이 만들어지는 것을 억제하려는 시도이다.

4. 상태도(phase diagram)

재료공학에서 주로 고려하는 상태도란 두 가지 혹은 세 가지 원소의 구성비율과 온도에 따라 어떠한 상이 안정적으로 존재하는가를 보여주는 것이다.

이러한 상태도는 그 재료가 갖는 화학조성과 온도범위에서 결정되는 평형적인 상을 가시적으로 제시하며, 조성과 온도의 변수에 따라 정해지는 상의 변화를 도시적으로 표현한 것이다.

앞에서 열역학의 1, 2법칙과 상의 안정 그리고 이와 관련하는 Gibbs 함수의 성질 및 혼합의 법칙을 차례로 언급한 것은 결국 이것들을 상태도에 적용하고자 함이며, 이렇게 얻어진 상태도는 재료, 특히 금속을 이해하는데 가장 기초가 된다.

다시 말해서 상태도에는 여러 가지 사태를 변수로 하는 많은 종류의 상관계 곡선이 존재하지만 여기에서 일컫는 상태도는 구성원소의 분율 (XA, XB)과 온도를 변수로 하는 것이다.

또한 재료공학에서 다루어지는 물질은 주로 고체에 관련한 것으로 액체 정도까지만 그 범위가 확대되며 기체는 제철, 제련의 특별한 목적 외에는 거의 취급되지 않는다.

(1) 반응열이 없을 때

두 용액이 섞이는 과정에서 서로 반응작용이 없는 것을 가정하면 이상용액이라고 할 수 있다. 이상용액은 액체에만 국한되는 것이 아니고 고체 상태에도 확대 적용할 수 있다. 고용(solid solution)이 고체에 고체가 녹아 들어가는 것을 대표적으로 보여주는 현상으로써 여기에 용매와 용질이 존재하는 용액의 개념이 도입된다.

A, B 두 물질의 이상용액 혹은 이상고용체(ideal solid solution)에서 Gibbs 함수의 변화량, △Gmix는 앞에서 구해진 것처럼 아래와 같이 주어진다.

$$\triangle Gmix = nRT\ (XA\ \ln XA + XB\ \ln XB)$$

또한 Gibbs 함수의 변화량, △Gmix를 Gibbs 함수의 정의에 따라 표현하면 아래와 같이 명시된다.

$$\triangle Gmix = \triangle Hmix - T \cdot \triangle Smix$$

서로의 반응을 배제한 이상적인 혼합에서 △Gmix는 순수한 혼합의 엔트로피 증가에 의존하는 것으로, 이상용액은 혼합과정에서 반응열 (엔탈피, △Hmix) 발생은 없으나 엔트로피의 증가로 △Gmix가 유발되는 것이다.

$$\triangle Hmix = 0, \quad \triangle Smix = -\ nR\ (XA\ \ln XA + XB\ \ln XB)$$

즉 이상용액에서 △Gmix는 △Smix에 절대온도 항인 "-T"를 곱한 에너지 항으로 구성되며, 이것을 그림으로 나타내면 그림 4-13과 같다.

그림에서 A와 B 물질이 혼합되면 혼합에 의해 엔트로피가 증가하며 최대의 증가값은 XA, XB가 각각 0.5일 때이다. 두 물질이 이상적으로 혼합될 때 반응열의 생성은 없고 (△Hmix = 0) 이에 따라 △Gmix는 그림과 같이 얻어진다. △Gmix 역시 XA와 XB가 0.5일 때 최소값이며 두 물질의 혼합양상이 가장 안정적인 것을 보인다.

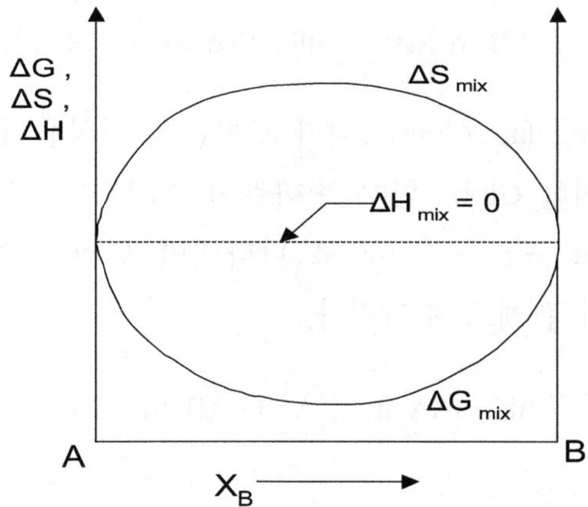

[그림 4-13] 혼합의 반응열(엔탈피)이 없을 때, 용질(XB) 첨가에 따른 엔트로피 및 Gibbs 에너지 변화

(2) 반응열이 있을 때

두 용액 혹은 고체가 혼합될 때 반응열이 발생하는 것을 고려하는 것은 이상용액의 가정을 극복하여 보다 실제적인 현상에 접근

하는 것이다. 이것은 앞 절에서 실제용액의 혼합에서 얻어지는 Gibbs 함수의 변화량에 해당한다.

$$\triangle Gmix = nRT\ (XA\ \ln\ aA + XB\ \ln\ aB)$$

위에서 aA와 aB는 용액 중에서 A, B가 발휘하는 활동도(activity)로써 각각 XA · γA, XB · γB로 표현되므로 △Gmix는 아래와 같이 주어진다.

$$\triangle Gmix = nRT\ \{XA\ \ln\ (XA \cdot \gamma A) + XB\ \ln\ (XB \cdot \gamma B)\}$$

$$= nRT\ (XA\ \ln\ XA + XB\ \ln\ XB) + nRT\ (XA\ \ln\ \gamma A + XB\ \ln\ \gamma B)$$

이것을 규칙용액(regular solution)이라고 하는데 이상용액에 비하여 활동도 계수에 의한 Gibbs 함수 변화량이 추가된다. △Gmix를 정의에 의해 △Hmix − T · △Smix로 나타내면 위의 규칙용액의 △Gmix 값은 아래의 관계로 주어진다.

$$\triangle Hmix = nRT\ (XA\ \ln\ \gamma A + XB\ \ln\ \gamma B)$$

$$\triangle Smix = -\ nR\ (XA\ \ln\ XA + XB\ \ln\ XB)$$

즉 규칙용액에서 혼합과정은 엔트로피 증가에 의한 Gibbs 에너지 감소효과 외에도, 흡열 혹은 발열의 반응열 발생이 유발된다. 이러한 반응열인 △Hmix는 Gibbs 함수에서 이상적인 양으로부터 초과량의 의미인 △Gxs로 표현되기도 한다.

(3) △Gxs(excess Gibbs energy)

규칙용액에서 반응열의 항인 초과 Gibbs 함수 변화량 (△Hmix, △Gxs)을 간단한 근사식으로 구하고자 활동도 계수에 관련한 항을 아래와 같이 Power series의 다항식으로 전개하였다.

$$\ln \gamma_A = \alpha_1 X_B + \frac{1}{2}\alpha_2 X_B^2 + \frac{1}{3}\alpha_3 X_B^3 + \cdots$$

$$\ln \gamma_B = \beta_1 X_A + \frac{1}{2}\beta_2 X_A^2 + \frac{1}{3}\beta_3 X_A^3 + \cdots$$

위에서 XA의 활동도 계수 γ_A는 용질량 XB의 존재에 기인하므로 α_1, α_2, α_3의 계수와 다항식으로 표현되는 것이다. 또한 XB의 활동도 계수 γ_B는 용질 XA와 그 계수 β_1, β_2, β_3의 다항식으로 근사된다.

이것을 Gibbs – Duhem 관계식에 대입하면 아래와 같이 전개되는데, Gibbs – Duhem식에 대해서는 나중에 한 부분으로 정리하여 언급하겠다.

$$X_A \cdot d\ln \gamma_A + X_B \cdot d\ln \gamma_B = 0$$

$$X_A(\alpha_1 + \alpha_2 X_B + \alpha_3 X_B^2 + \cdots) + X_B(\beta_1 + \beta_2 X_A + \beta_3 X_A^2 + \cdots) = 0$$

여기에서 $X_B = 1 - X_A$로 대입하고 α_3, β_3 이상의 고차항을 근사오차로 생략하고 정리하면 다음과 같다.

$$X_A\{\alpha_1 + \alpha_2(1-X_A)\} + (1-X_A)(\beta_1 + \beta_2 X_A) = 0$$

$$\alpha_1 X_A + \alpha_2 X_A - \alpha_2 X_A^2 + \beta_1 + \beta_2 X_A - \beta_1 X_A - \beta_2 X_A^2 = 0$$

$$\beta_1 + (\alpha_1 + \alpha_2 + \beta_2 - \beta_1) X_A - (\alpha_2 + \beta_2) X_A^2 = 0$$

이것은 X_A 변수에 대한 항등식이므로 각 계수는 0이어야 한다. 따라서 α_1 β_1 이고 $\alpha_2 + \beta_2$ 2α 이며, 위의 활동도 계수항은 아래와 같이 간단히 표현된다.

$$\ln \gamma_A = \frac{1}{2}\alpha_2 X_B^2 = \alpha X_B^2$$

$$\ln \gamma_B = \frac{1}{2}\beta_2 X_A^2 = \alpha X_A^2$$

이에 의해 Gibbs 함수의 초과 변화량인 ΔH_{mix} 혹은 ΔG_{xs}는 1몰당 아래와 같이 구해진다.

$$\Delta G_{xs} = \Delta H_{mix} = RT\,(X_A \ln \gamma_A + X_B \ln \gamma_B)$$

$$= RT\,(X_A \cdot \alpha X_B^2 + X_B \cdot \alpha X_A^2)$$

$$= RT\alpha X_A X_B \cdot (X_A + X_B)$$

또한 $X_A + X_B = 1$ 이므로 ΔG_{xs}는 다음과 같이 정리된다.

$$\Delta G_{xs} = \alpha RT X_A X_B$$

이 양은 두 용액이나 고체의 혼합시 Gibbs 함수의 변화량 중에서 엔트로피 효과 외에 혼합에 의한 반응열의 생성에 관련하는 것이다. 이것을 종합적으로 정리하면 아래와 같이 Gibbs 함수의 변화량은 이상적인 양 (ΔG_{id})과 초과량 (ΔG_{xs})으로 구분되고 엔트로피와 엔탈피의 항으로 분리되어 표현된다.

$$\triangle Gmix = \triangle Gid + \triangle Gxs$$

$$= nRT\ (XA\ \ln XA + XB\ \ln XB) + \alpha\ nRTXAXB$$

$$= - T \cdot \triangle Smix + \triangle Hmix$$

결국 혼합과정에서 발생하는 엔트로피와 엔탈피의 변화량이 Gibbs 에너지 변화량의 증감과 상의 안정성을 결정한다.

(4) 상의 분리

혼합에 의해 반응열이 발생하는 경우 △Gmix 곡선은 이상적인 경우와 다르게 그려진다. 초과 Gibbs 함수량인 △Gxs가 발열반응에 의해 "−" 값을 갖으면 △Gmix는 더욱 감소하며 아래 그림에서와 같이 혼합의 상은 안정성을 더 하게 된다.

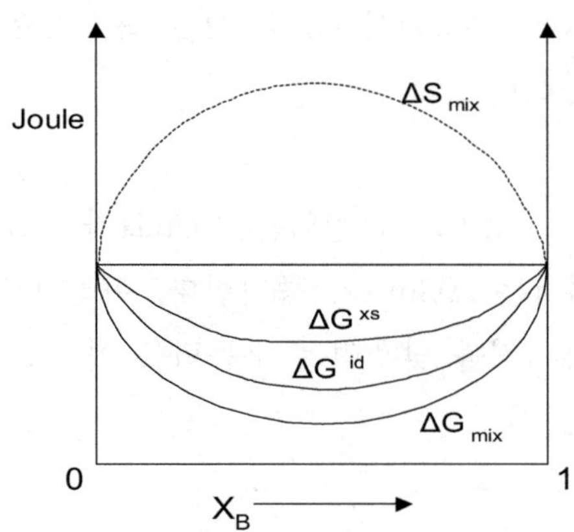

[그림 4-14] 혼합의 발열 반응(ΔHmix = ΔGxs 〈 0)이 발생할 때 Gibbs 에너지의 변화

그러나 혼합의 과정이 흡열반응이면 △Gxs는 "+" 값을 갖으며 아래 그림과 같이 △Gmix는 점점 "+" 방향으로 이동하며 어느 이상의 △Gxs 값에서 이 곡선은 상분리를 일으키는 "W" 형을 이룬다.

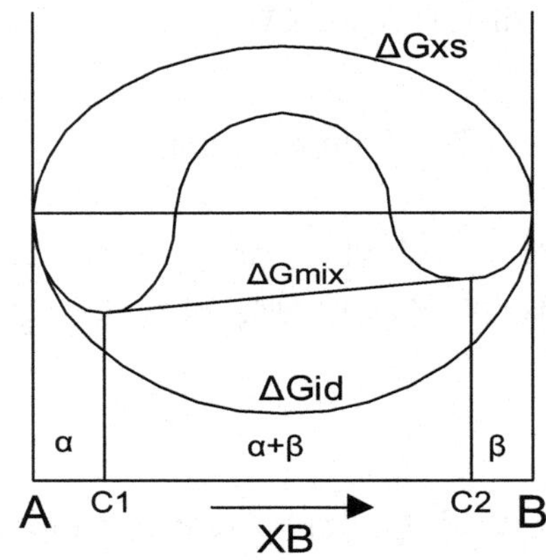

[그림 4-15] 혼합의 흡열 반응(ΔGxs 〉 0)이 발생할 때 Gibbs 에너지의 변화 및 상분리

상의 분리란 △Gxs의 흡열 정도가 점점 커져서 이것이 △Gid를 능가하면 △Gmix는 그림에서 C1과 C2를 극소점으로 하는 "W"형 곡선을 그리는 것이다.

XB의 분율이 0 ~ C1, C2 ~ 1 영역은 △Gmix가 감소하는 부분인데 반하여 C1 ~ C2에서는 △Gmix가 증가한다. 이러한 각 영역에서 상은 결국 Gibbs 에너지를 낮추려는 구동력을 가지고 평형에 이르며 안정화될 것이다.

상의 안정을 고려하려면 극소점 C1, C2 보다는 △Gmix의 "W" 곡선 아래 부분을 직선으로 이어서 접점에 해당하는 C1'과 C2'으로 구분하는 것이 합리적이다.

XB의 값이 0~C1' 영역에서는 A 용매에 B 용질이 용해 혼합될수록 Gibbs 에너지가 감소하며 안정해진다. 따라서 이 영역에서는 α 상 (A 용매에 B 용질이 녹아 있는 상태)이 평형상으로 형성된다.

XB 함량이 C1'을 넘어서면 C2'까지 "W" 곡선의 접선부분이 되는데, 여기에서는 두 개의 접점을 향하는 두 방향의 Gibbs 에너지 감소영역이 형성되어 α 상과 β 상이 공존한다.

XB 첨가량이 더욱 많아져 C2' 이상이 되면 B 용매에 A 용질이 용해 혼합될수록 Gibbs 에너지가 감소하며 안정해진다. 즉 이 영역에서는 β 상 (B 용매에 A 용질이 녹아 있는 상태)이 평형상으로 형성된다.

화학조성에 의한 상의 안정적인 존재는 이와 같이 혼합에 따르는 Gibbs 함수의 변화에 직접적으로 관련하는데, 반응열 발생으로 △Gmix가 "W" 곡선을 이룰 때 상태도 상에는 α 상과 β 상이 공존하는 상분리 지역이 형성된다.

이렇게 상이 분리하는 기준은 △Gmix의 변곡점이 되는 2, 3차 미분이 0이 되는 것으로부터 정한다.

$$\triangle Gmix = nRT\ (XA \ln XA + XB \ln XB) + nRT\alpha\ XAXB$$

$$= nRT\ \{(1-XB) \ln(1-XB) + XB \ln XB\} + nRT\alpha\ (1-XB) \cdot XB$$

$$\frac{\partial(\Delta G_{mix})}{\partial X_B} = \text{nRT } \{-\ln (1-\text{XB}) - \frac{1-X_B}{1-X_B} + \ln \text{XB} + \frac{X_B}{X_B}\}$$

$$+ \text{nRT}\alpha \cdot (-1) \cdot \text{XB} + \text{nRT}\alpha\ (1-\text{XB})$$

$$= \text{nRT } \{-\ln (1-\text{XB}) + \ln \text{XB} + \alpha\ (1-2\text{XB})\}$$

$$\frac{\partial^2(\Delta G_{mix})}{(\partial X_B)^2} = \text{nRT } \{ \frac{1}{1-X_B} + \frac{1}{X_B} - 2\alpha \} = 0$$

$$\frac{\partial^3(\Delta G_{mix})}{(\partial X_B)^3} = \text{nRT } \{\frac{1}{(1-X_B)^2} - \frac{1}{(X_B)^2}\} = 0$$

△Gmix의 3차 미분값이 0인 조건과 △Gmix의 2차 미분값이 0인 조건으로부터 아래의 조성관계와 상분리에 대한 α 값의 기준이 설정된다.

$$\text{XA} = \text{XB} = 1/2, \quad \alpha = 2$$

즉 두 물질이 혼합될 때 초과 Gibbs 함수 변화량인 반응열 (△Gxs = α RTXAXB)이 α = 2에 이상에 이르는 흡열반응이면 흡열 과정의 도움으로 상분리가 발생한다. 아래 그림은 α 값 변화에 따르는 △Gmix를 보여주는 것이다.

이러한 α 값과 상분리 그리고 △Gmix의 관계는 통계열역학의 Quasi-Chemical 모델로 재해석되며 이는 5장에서 다루었다.

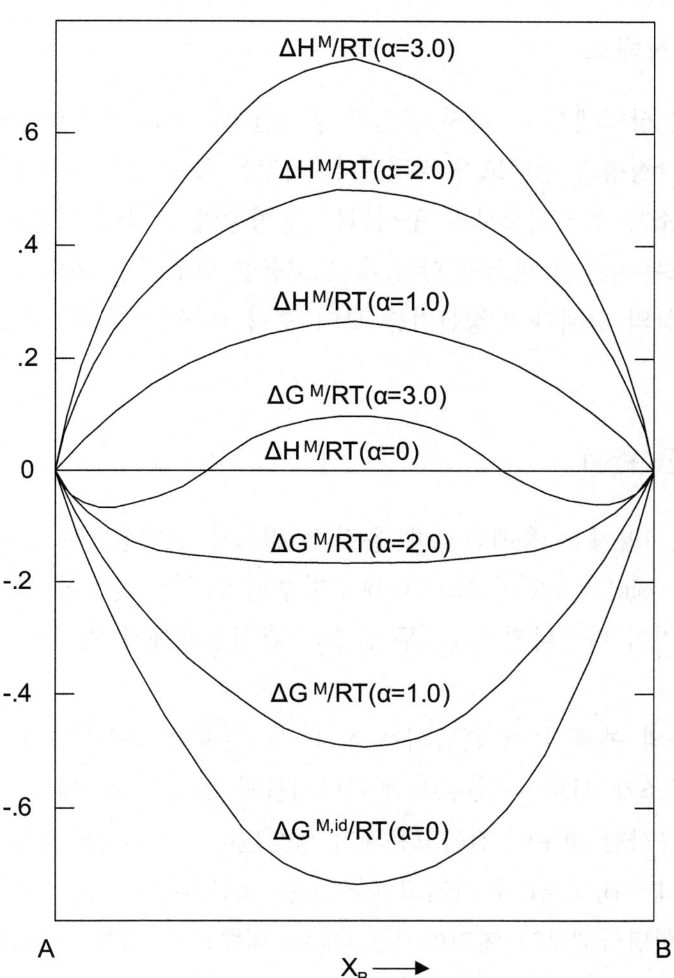

[그림 4-16] α 값 변화에 따르는 △Gmix의 변화 [Gaskell, p]

(5) 상태도

고체 상태에서 두 가지 물질이 혼합될 때 △Gmix의 기준에 따라 상의 안정성과 상태도가 결정된다. 이것은 금속이나 무기재료에 다른 원소가 첨가됨으로써 구성되는 평형상의 결정에 이용된다. 즉 상태도는 A와 B 원소의 합금 혹은 고용물질이 어떤 온도에서는 어떠한 상의 상태가 안정한가를 보여 주어 각 상의 존재영역을 명시한다.

● **전율고용체**

전율고용체는 용매인 A에 용질 B 원소가 고체상태로 용해될 때 (고용, solid solution) 초과 Gibbs 함수인 반응열 발생이 없고 상분리 영역이 나타나지 않는 두 물질의 혼합상태에서 얻어진다.

금속의 예를 들면 혼합되는 A, B 두 원자의 순수상태에서 갖는 결정구조가 서로 동일하고, 원자반지름과 원자핵 최외각의 전자배위가 유사한 경우에 전율고용체가 형성된다. 각 원자의 결합상태인 A－B, B－B, A－B를 가지고 해석하는 것은 다음 장의 통계열역학에서 설명하겠으며 여기에서는 Gibbs 함수로써 상을 고려한다.

전율고용체를 갖는 금속합금의 종류에는 Au－Ag, Cu－Ni, Bi－Sb, Pt－Rh 등이 있다. Pt－Rh은 온도를 측정하는 열전대에 쓰인다.

전율고용체의 상태도를 각 온도에서 Gibbs 함수의 변화량 △Gmix를 명시함으로써 그려보았다. 고온에서 저온으로 고상과 액상이 안정한 영역은 측정온도 T1 〉 T2 〉 T3 〉 T4 〉 T5에서 이를 나타내었다.

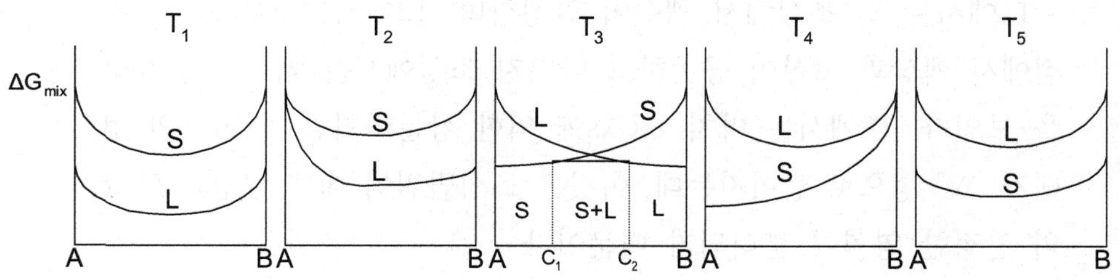

[그림 4-17] Ⓐ, Ⓑ 혼합의 각 온도에서 액상과 고상의 Gibbs 에너지 변화

위의 Gibbs 함수의 양상을 보면 높은 온도에서는 액상의 Gibbs 에너지가 낮고 안정하지만 온도가 내려갈수록 고상이 안정해지는 것을 알 수 있다. 이것을 온도와 화학조성의 상태도로 나타내면 아래 그림과 같이 정리된다.

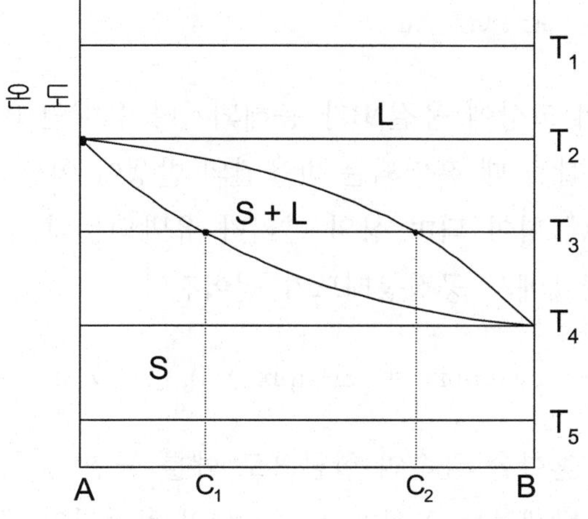

[그림 4-18] 전율고용체의 상태도

그림의 상태도는 Y축의 온도와 X축의 합금조성을 변수로 하여 어느 조성, 온도에서 어떤 상이 존재하는가를 보여주는 것이다.

T1에서는 전 조성에서 액상이 안정하며, T2에서는 XB=0 인 지점에서 액상과 고상이 공존하고 나머지 조성에서는 액상이 존재함을 보인다. T3에서는 마치 △Gxs에 의한 상분리처럼 △Gmix의 형태가 "W" 형으로 얻어지는데, 이것은 조성범위에 대해 고상과 액상의 안정한 영역이 분리되기 때문이다.

이에 따라 T3에서 XB의 분율이 0~C1이면 고상이, C1~C2에서 고상과 액상이 그리고 C2~1 범위에서 액상이 안정하며 이것이 상태도에 명시된다. T4에서 XB=1인 지점만 액상과 고상이 공존하지만 나머지 조성에서는 고상이 존재하는 것을 보인다. 그리고 이보다 낮은 T5 온도에서는 고상이 전 조성범위에서 안정한 것을 △Gmix의 곡선과 상태도상에서 알 수 있다.

● **공정계(eutectic system)**

용매인 A의 고상에 용질 B가 용해되거나 용매인 B 고상에 용질 A가 용해, 혼합될 때 흡열되는 반응열의 발생이 어느 기준이상이면 △Gmix가 "W" 형이 되며 상의 분리가 유발되는데, 이러한 상분리에 의해 혼합계에서 공정상태도가 얻어진다.

$$\triangle Gmix = \triangle Hmix > 0, \quad \alpha > 2$$

두 고상의 혼합을 금속의 합금으로 예를 들면 두 금속의 혼합에서 반응열이 발생하는 공정계는 구조상의 공통적인 특징을 보인다. 즉 두 원자가 이루는 순수한 결정에서 결정구조가 동일하고, 원자반지름의 차이가 있으나 최외각 전자배위는 유사한 경우에 공정계를 갖는다.

각 원자간의 결합에 있어서 A−B의 결합에너지는 A−A, B−B보다 커야 하는데, 이것이 반응에 의한 반응열이 흡열과정으로써 △Hmix 가 0보다 커지는 이유가 된다. 이는 다음의 통계열역학 부분에서 다루었다.

공정계를 갖는 합금에는 Ag−Cu, Pb−Sn, Pb−Sb, Al−Si, Ni−Cr 등 그 종류가 다양하며 금속의 특성이 공정 합금계에서 개선되는 많은 경우가 있다. 특히 Al 합금은 공정상태에서 그 물성을 개선한 대표적인 예에 해당한다.

공정계의 상태도를 각 온도에서 Gibbs 함수의 변화량 △Gmix를 명시함으로써 그려보았다. 고온에서 저온으로 온도가 저하되며 각 상이 안정한 영역을 측정온도 T1 〉 T2 〉 T3 〉 T4 〉 T5에서 명시하였다.

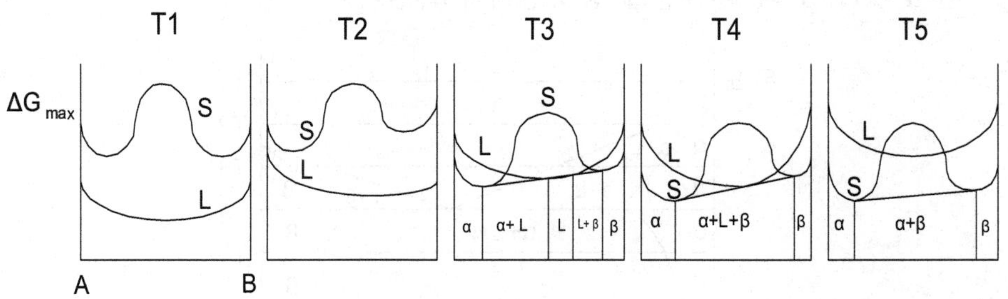

[그림 4-19] 고상에서 상분리가 발생하는 Ⓐ, Ⓑ 혼합용액의 각 온도에서 Gibbs 함수 변화

그림에서 상의 분리는 고상에서만 발생하며 이것이 액상과 결합하여 어느 온도에서는 사의 안정영역이 복잡한 영역으로 나뉘는

것을 알 수 있다. 고상인 α , β 상은 용매 A에 용질 B가 용해된 상태와 용매 B에 용질 A가 용해된 상태를 각각 나타낸다. 이것을 온도와 조성의 축으로 나타내면 아래 그림과 같다.

아래의 상태도에 의해 X축의 어떤 조성 그리고 Y축의 어떤 온도에서 안정한 상이 무엇인지를 쉽게 알 수 있다.

이것은 앞의 △Gmix vs 화학조성 곡선과 일치하는 결과로써 T1 온도에서 전 조성범위에서 액상이 안정하며, T2에서는 α , α +L, L의 안정상 영역이 구분되고, T3에서 α , α +L, L, L+β , β 의 각 상으로 안정 영역이 세분화되는 것이 상태도상으로 쉽게 옮겨 그려진다.

T4 온도에서는 α 와 β 상 외에도 α +L+β 의 세 가지 상이 공동으로 존재하는 특별한 현상을 보이는데, T4 온도를 공정온도 또한 α +L+β 의 혼합상을 공정상이라고 한다.

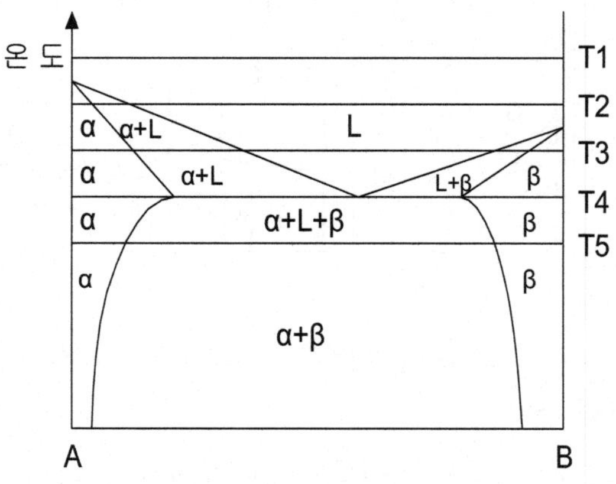

[그림 4-19] 공정계의 상태도

공정상은 공정계 합금에서 응고 마지막에 계면에 형성되는 일반적인 조직상으로 독특한 조직구조와 물리적 특성을 지닌다. 온도가 더 낮아지면 고상들로만 상이 구성되는데 T5에서 고상은 상분리되어 α, $\alpha+\beta$, β 상의 영역으로 구분된다.

금속의 합금에서 공정상태는 알루미늄, 구리와 같이 실제로 사용되는 합금에서 볼 수 있는 일반적인 현상이다. 공정조직은 주로 첨가 합금량이 많은 경우에 발생하며 금속의 주조시 첨가원소의 편석이 이루어지는 최종응고 지역에 형성된다.

이것의 미세조직은 줄무늬의 라멜라 형태로 특이하게 관찰되며 다량의 편석에 의해 경하고 깨지기 쉬운 특성을 갖는다.

따라서 금속의 합금에서 기계적 특성을 개선하기 위해 이 조직을 제어하는 것이 필수적인데, 경우에 따라서는 고강도를 얻기 위해 공정조직을 이용하기도 한다.

재료 혹은 금속합금의 상을 온도와 화학조성에서 쉽게 제시하는 상태도는 앞으로 여러분이 금속재료를 이해하는데 절대적으로 필요할 것이다. 상태도는 합금을 이루는 조직의 구성이나 정량적인 부피분률과 각 상의 화학조성등 평형상태에서 얻을 수 있는 가장 중요하고 기본적인 정보를 가지고 있다.

이러한 상태도는 상의 안정을 결정하는 혼합의 Gibbs 함수 기준으로부터 결정되는 것인데, 위에서 언급한 전율고용체와 공정계외에도 포정계등 복잡한 형태의 상태도 종류가 있다. 이에 대해서는

"금속조직학" 혹은 "금속재료학" 등의 다른 과목에서 보다 구체적으로 파악할 수 있을 것이다.

5. 금속의 추출

금속의 분야는 크게 물리야금과 화학야금으로 나눌 수 있다. 물리야금은 주로 마른 금속을 다루는 것으로 주조, 응고로부터 가공, 성형 그리고 열처리, 코팅의 제조공정을 포함하며 만들어진 소재와 부품의 특성평가가 이에 속한다. 이것은 신소재, 합금개발 등의 목적을 갖는데 여기에 상태도가 유용하게 이용된다.

습식야금으로 표현되는 화학야금은 주로 금속의 제련분야를 다루는데 여기에서 Gibbs 함수와 관련되는 "금속의 추출" 반응을 다음에 예로 제시하였다. 즉 다음은 금속을 광물로부터 추출하는 과정에 Gibbs 함수를 이용하여 상의 평형과 화학반응의 진행방향 예측을 도입함으로써 Gibbs 함수의 유용성에 대한 다른 예를 보이는 것이다.

(1) A → B 반응이란

A에서 B로의 반응이 일어날 때 Gibbs 함수의 변화량은 아래와 같이 구해진다.

$$\triangle G = GB - GA$$

$$= \{GB\varnothing + nRT\ \ln(\frac{P_B}{P^{\varnothing}})\} - \{GA\varnothing + nRT\ \ln(\frac{P_A}{P^{\varnothing}})\}$$

$$= (G_B^{\varnothing} - G_A^{\varnothing}) + nRT \ln\left(\frac{P_B}{P_A}\right)$$

$$= \Delta G^{\varnothing} + nRT \ln\left(\frac{P_B}{P_A}\right)$$

여기에서 반응에 대한 Gibbs 함수 변화량, △G가 0보다 작다면 "→" 방향으로의 반응은 Gibbs 에너지를 줄일 수 있는 안정적인 반응이며, 이 반응은 자발적으로 일어난다.

이에 비하여 △G가 0보다 크다면 "→" 방향으로의 반응은 Gibbs 에너지를 증가시키는 반응이 되므로, 이 반응은 부자연적이며 자발적으로 발생할 수 없게 된다. 이 경우에 "←"의 역반응이 오히려 자연스럽게 Gibbs 에너지를 낮추고 자발적으로 일어난다.

반응에 의한 △G는 형태상 "△H − T、△S"의 꼴로 표현된다. 예를 들어 Mn이 산화되는 반응에서 △G의 값은 온도변화에 따라 아래와 같이 주어진다.

$$2Mn\ (s) + O_2\ (g) \rightarrow 2\ MnO\ (s)$$

$$\Delta G^{\varnothing} = -183{,}900 + 34.63\ T\ (Cal)$$

위의 식에서 −183,900 Cal은 반응열을 나타내는 항으로 2몰의 Mn과 1몰의 산소가 반응하여 2몰의 MnO를 생성하는 과정 중에 발생하는 발열량이다. 또한 온도, T의 계수 34.63 Cal/K는 반응의 "−" 엔트로피 량에 해당하는 것으로 주로 반응과정에서 생성, 소멸되는 기체 량에 의존한다.

즉 반응중 1몰의 산소기체가 소모되는 위의 반응에서 엔트로피는 감소될 것이 예상되며 그 양이 "−34.63 Cal/K"인 것이다.

(2) 탄소와 산소의 반응

고체인 탄소와 산소기체의 반응은 발열과 함께 금속의 산화물을 환원하여 금속을 추출하는 반응에 이용된다. 다음에 금속의 산화반응과 탄소와 산소의 기본적인 세 가지 반응의 형태를 제시하였다.

i) 반응

$$M (s) + 1/2\ O_2 (g) \rightarrow MO (s),\ \triangle G_i^{\varnothing}$$

ii) 반응

$$C (s) + O_2 (g) \rightarrow CO_2 (g),\ \triangle G_{ii}^{\varnothing} = -94{,}200 - 0.2\ T\ (Cal)$$

탄소와 산소가 결합하여 이산화탄소를 생성하는 ii) 반응은 탄소 1몰당 −94,200 Cal의 열량을 방출한다. 또한 엔트로피 측면에서 고려되는 기체는 반응전의 산소 1몰이 반응후 이산화탄소 1몰로 양적인 변화는 없으므로 엔트로피의 증감량이 "−0.2 Cal/K" 정도로 아주 작은 것을 보여준다.

iii) 반응

$$2C (s) + O_2 (g) \rightarrow 2CO (g),\ \triangle G_{iii}^{\varnothing} = -53{,}400 - 41.9\ T\ (Cal)$$

탄소가 산소와 결합할 때 일산화탄소를 생성하면 발열량이 −53,400 Cal에 해당한다. 또한 1몰의 산소기체가 2몰의 일산화탄소 기체로 기체양이 증가하는 반응이므로 엔트로피는 "+41.9 Cal/K"

만큼 큰 폭으로 증가하는 것을 알 수 있다.

iv) 반응

$$2CO\ (g) + O_2\ (g) \rightarrow 2CO_2\ (g),\ \triangle G_{iv}^{\varnothing} = -135{,}000 + 41.5\ T\ (Cal)$$

일산화탄소가 산소와 완전연소하여 이산화탄소로 생성되는 경우에 −135,000 Cal에 해당하는 많은 열량이 방출된다. 그러나 기체의 양에서는 반응전 전체 3몰의 기체가 2 몰의 기체로 감소하므로 반응계의 엔트로피는 "−41.5 Cal/K"의 큰 폭으로 감소하는 것이다.

위의 세 가지 탄소와 산소의 반응은 금속의 산화물 환원반응에 적용되어 실제 공정에 이용된다.

(3) 금속산화물의 환원

금속산화물은 위의 세 가지 반응에 의해 환원될 수 있다. 즉 철 성분을 포함하는 철산화물의 FeO, Fe_2O_3, Fe_3O_4는 그림의 Ellingham 도표에 따라 탄소 및 일산화탄소의 연소 산화반응과 관련하여 철로써 환원된다.

그림에서 FeO는 약 900 ℃ 이상에서 위의 (ii), (iii) 반응보다 높은 Gibbs 에너지를 갖게 된다. 이로 인하여 FeO는 이 두 반응에 의하여 Fe와 산소로 환원되는 것이다.

$$FeO \rightarrow Fe + O_2,\quad C\ (s) + O_2\ (g) \rightarrow CO_2\ (g)$$

$$FeO + C\ (s) \rightarrow Fe + CO_2\ (g)$$

$$FeO \rightarrow Fe + O_2,\ 2C\ (s) + O_2\ (g) \rightarrow 2CO\ (g)$$

$$FeO + 2C\ (s) \rightarrow Fe + 2CO\ (g)$$

그러나 (iv) 반응은 FeO 보다 어떤 온도범위에서건 높은 Gibbs 에너지 수준에 있으므로 FeO를 철로써 환원시킬 능력이 없다.

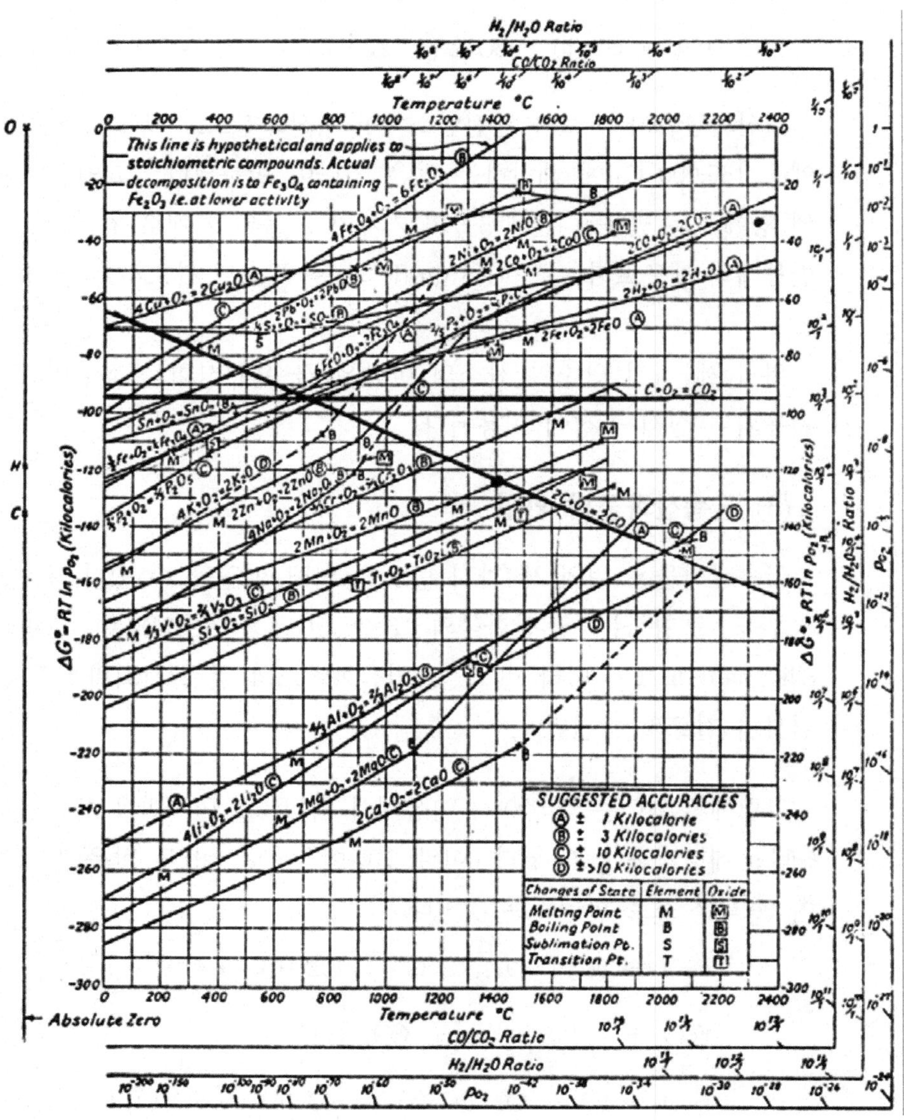

[그림 4-21] Ellingham 도표와 금속산화물의 환원 [Gaskell p 269]

그림에서 특히 (iii)반응은 CuO, PbO, FeO, SiO2, TiO2, Al2O3 금속산화물을 금속으로 환원시킬 수 있는 것을 알 수 있다. 이것은 (iii) 반응이 각 금속산화물보다 불안정한 높은 Gibbs 에너지를 갖는 온도에서 가능한데, 이 온도는 각 산화물에 대하여 약 100 ℃, 500 ℃, 800 ℃, 1700 ℃, 1900 ℃, 2100 ℃에 해당한다.

환원의 온도가 높은 것은 그 산화물을 금속으로 환원시키기가 어렵다는 것과 환원에 필요한 경비가 많이 드는 것을 의미한다.

chapter V 통계 열역학

열역학이 금속공학에 가장 중요하게 적용되는 것은 “상의 안정”과 관련하는 것이다. 상의 안정이란 주어진 온도, 입력 등의 상태에서 상이 평형에 이르는 것을 일컫는 것으로 여기에는 무한정한 시간이 주어지는 것이 가정된다. 금속 원자들의 혼합인 합금에 의해 그려지는 일반적인 금속의 상태도에서 어떤 합금조성과 온도로부터 읽혀지는 상은 무한대 시간이 흐른 다음 구성되는 상의 평형상태에서 모습인 것이다.

이러한 평형상태가 통계적인 해석과 관련하는 것은 가장 안정한 상태로써의 평형상태가 “모든 가능성이 있는 계의 상태 중에서 존재 확률이 가장 큰 상태”라는 가정을 포함하기 때문이다. 상의 상태를 확률에 의해 해석하는 것은 먼저 상의 구성을 원자 혹은 입자들의 개별적인 결합으로 파악하는 것으로부터 시작한다. 상을 구성하는 각 입자들은 허용된 에너지준위 값에서 확률분포로 존재하며, 입자간 결합은 전체 에너지를 최소화하려는 방향으로 그 위치가 정해진다.

엔트로피를 정량화 하는 새로운 방법으로 입자들의 무질서도가 확률분포로 계산되는데 이것은 2장의 열역학적인 엔트로피 정의(ds = dq/T)와 일치한다. 다음에 통계적으로 해석한 엔트로피와 온도의 관계를 언급하였으며 원자간 결합으로 유도되는 깁스함수 및 상의 안정을 설명하였다.

1. 엔트로피, 무질서도

엔트로피는 무질서도로 정의되는데 이것은 엔트로피가 확률적인 분포에 근거하는 것을 나타낸다. 무질서함을 정량적으로 표현하려면 계를 입자들의 구성으로 보고 이들 입자들이 주어진 에너지 상태에서 분포하는 배열 방법의 수를 세면된다. 즉 동일한 에너지 상태에서 입자들이 배열하는 경우의 수가 클수록 무질서도가 증가하는 관계를 적절한 함수로 표현함으로써 엔트로피가 정의된다.

열역학적으로 보존되는 내부에너지를 계를 구성하는 입자들의 몫으로 할 때 계의 에너지 덩어리 형태는 허용된 에너지 준위를 갖는 에너지 띠 모습을 보인다. 이러한 에너지의 단위화 또는 불연속한 에너지 띠는 양자물리(quantum theory)로부터 유도되는 에너지의 양자화에 근거한다.

양자물리에서 질량을 갖는 입자는 곧 에너지이며 이에 따라 에너지는 분별화된다. n개 입자로 구성된 계의 전체에너지를 U라고 하자. 각 입자가 속한 에너지준위가 E_0, E_1, E_2, ⋯, E_r 의 (r+1)개 에너지 띠로 구분되며 각 에너지준위에는 n_0, n_1, n_2, ⋯, n_r개의 입자가 분포한다면 배열 방법의 수는 아래와 같다.

$$\Omega = \frac{n!}{n_0!\, n_1! \cdots n_r!}$$

여기에서 전체 입자의 개수 (n)와 전체에너지 (U)는 아래와 같다.

$$n_0 + n_1 + n_2 + \cdots + n_r = n,$$

$$n_0 \cdot E_0 + n_1 \cdot E_1 + \cdots + n_r \cdot E_r = U$$

Gaskell의 금속열역학에 제시된 예제를 들어 배열 방법의 수를 검토하면 다음과 같다. 먼저 계는 구별할 수 없는 3개의 입자로 구성되고 이것이 서로 구별되는 위치 A, B, C에 놓인다. 에너지준위는 동일한 간격으로 분리되어 있고 기저상태의 E_0은 zero 에너지를 갖고 $E_1=u$, $E_2=2u$, $E_3=3u$ 의 에너지 양을 갖는 것으로 간주한다. 또한 계가 갖는 전체에너지 U가 $3u$ 에 해당한다고 할 때 입자분포의 방법은 아래 세 가지로 구분된다.

a. 입자 3개가 모두 $E_1 = u$ 에너지준위에 존재하는 경우
b. 입자 1개는 $E_3 = 3u$에 다른 2개는 $E_0=0$ 에너지준위에 존재하는 경우
c. 입자 1개는 $E_2=2u$, 1개는 $E_1=u$ 그리고 다른 1개는 $E_0=0$에 존재하는 경우

이것을 그림으로 나타내면 그림 8-1과 같다.

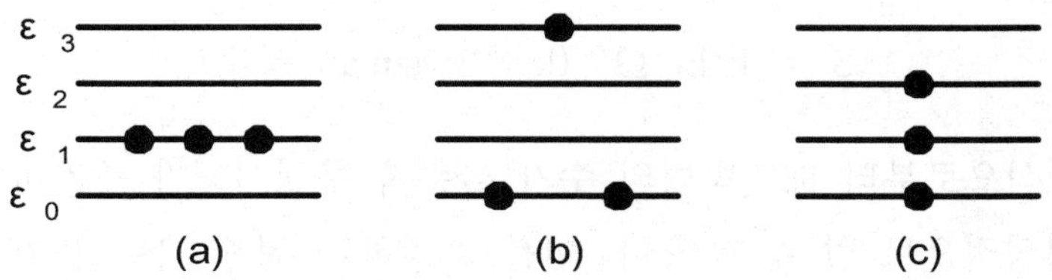

[그림 5-1] 전체 에너지 U가 3u에 해당하는 입자배열

a, b, c 분포에서 배열의 방법은 그림 8－2와 같이 구분되어 각 경우의 배열은 1가지, 3가지 및 6가지이다. 이것을 위의 Ω로 계산하면 아래와 같이 동일한 배열 방법의 수가 구해진다.

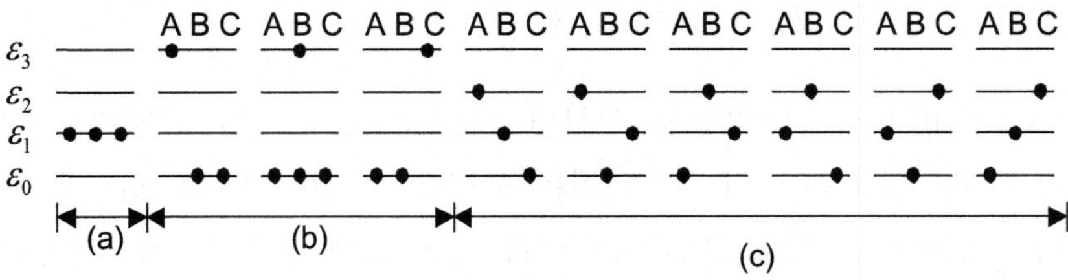

[그림 5–2] 각 입자배열에서 얻어지는 배열의 수

$$a : \Omega = \frac{3!}{3!0!0!} = 1$$

$$b : \Omega = \frac{3!}{2!1!0!} = 3$$

$$c : \Omega = \frac{3!}{1!1!1!} = 6$$

계에 속한 입자들이 배열할 수 있는 방법의 수, Ω는 결국 무질서도인 엔트로피와 다음의 관계식으로 연결된다.

$$S = k \ln \Omega \quad (k : \text{Boltzman 상수})$$

이 식으로부터 배열방법의 수가 클수록 무질서도가 증가하는 것을 정성적으로 알 수 있으나, 이를 증명하기 위해서는 몇 가지 수학적인 접근이 필요하다.

증명

$\Omega = \frac{n!}{n_0!n_1!\cdot\cdot\cdot n_r!}$ 로부터 ln n! = n ln n − n을 이용하여 ln Ω는 다음과 같이 전개된다.

$$\ln\Omega = \ln\left(\frac{n!}{n_0!n_1!\cdot\cdot\cdot n_r!}\right)$$

$$= n\ln n - n - (n_0\ln n_0 - n_0 + n_1\ln n_1 - n_1 + \cdots + n_r\ln n_r - n_r)$$

$$= n\ln n - n - \sum_{i=0}^{r}(n_i\ln n_i - n_i)$$

상의 안정을 결정하는 평형상태는 계가 구성하는 배열방법의 수가 최대이어서 통계적으로 존재의 확률이 가장 높은 것을 의미하므로, 이를 구하기 위해서는 ln Ω의 미분이 필요하다.

$$\delta\ln\Omega = \delta n\ln n + n\frac{\delta n}{n} - \delta n - \sum_{i=0}^{r}(\delta n_i\ln n_i + n_i\delta n_i/n_i - \delta n_i)$$

$$= \delta n\ln n - \sum_{i=0}^{r}(\delta n_i\ln n_i) \quad \cdots\cdots\cdots\cdots\cdots\cdots \text{①}$$

입자들의 분포와 배열의 수를 정하는 방법에 있어서 입자들의 개수 n 및 전체에너지 U가 항상 일정하다는 조건이 전제되어야 한다.

$$n_0 + n_1 + n_2 + \cdots + n_r = n,$$

$$n_0 \cdot E_0 + n_1 \cdot E_1 + \cdots + n_r \cdot E_r = \mathrm{U}$$

n, U가 일정하므로 다음의 식이 성립한다.

$$\delta n = \sum_{i=0}^{r} \delta n_i = 0 \quad \cdots\cdots ②$$

$$\delta \mathrm{U} = \sum_{i=0}^{r} E_i \cdot \delta n_i = 0 \quad \cdots\cdots ③$$

또한 ②식에서 $\delta n = 0$ 이므로 ①식은 아래와 같다.

$$\delta \ln \Omega = -\sum_{i=0}^{r} (\delta n_i \ln n_i) \quad \cdots\cdots ④$$

이와 같이 계를 구성하는 입자개수 n과 전체에너지 U가 일정하다는 가정 하에 배열방법의 수가 최대인 조건은 위의 ②, ③, ④식을 동시에 만족하는 것이다. 이것을 각 식에 대한 미정계수로 종합하면 아래와 같다.

$$\sum_{i=0}^{r} (\alpha \delta n_i + \beta E_i \cdot \delta n_i + \delta n_i \ln n_i)$$

$$= \sum_{i=0}^{r} (\ln n_i + \alpha + \beta E_i) \delta n_i = 0$$

여기에서 각 δn_i에 해당하는 계수의 해가 존재하기 위해서는 계수 항이 0이어야 한다.

$$\ln n_i + \alpha + \beta E_i = 0 \quad \cdots\cdots ⑤$$

이것으로부터 n_1가 구해진다.

$$n_i = e^{-\alpha} \cdot e^{-\beta Ei} \quad \cdots\cdots ⑥$$

⑥식에서 각 에너지준위에 분포한 모든 입자 개수를 더하면 아

래와 같다.

$$\sum_{i=0}^{r} n_i = n = e^{-\alpha}\sum_{i=0}^{r} e^{-\beta E_i}\frac{n}{e^{-\beta E_i}}$$

$$e^{-\alpha} = \frac{n}{e^{-\beta E_i}} = \frac{n}{P} \quad (\mathrm{P} = \sum_{i=0}^{r} e^{-\beta E_i}, \text{ 분배함수})$$

따라서 ⑥식은 아래 ⑦식으로 변환된다.

$$n_i = \frac{n}{P}e^{-\beta E_i} \quad \cdots\cdots ⑦$$

위에서 β 는 항상 0보다 큰 값을 갖는다. 이것은 ⑤식의 0이 되는 계수항에서 에너지준위 E_i가 증가할 때 n_i 값이 증가하여 전체에너지 U가 발산하는 것을 방지하는 조건이다.

즉 β 는 0~∞ 사이에 존재하는 값인데 $n_i = \frac{n}{P} \cdot e^{-\beta E_i}$ $\left(P = \sum_{i=0}^{r} e^{-\beta E_i}\right)$의 조건으로부터 $\beta \rightarrow 0$이면 $n_i = \frac{n}{r+1}$로써 입자는 각 에너지 준위에 골고루 분포한다. 이에 비하여 $\beta \rightarrow \infty$이면 $n_i \rightarrow 0$으로 수렴하는데 이것은 낮은 에너지준위에 있는 입자들의 개수가 많아지는 것을 의미한다.

이러한 β 의 물리적 의미로부터 β 는 계의 온도와 직접적인 관련을 갖는 것이 예상된다. 즉 β 가 증가할수록 입자분포는 낮은 에너지준위로 밀집하는 것은 온도가 낮은 상태에서 나타내는 현상과 일치하며, β 가 감소할수록 입자가 높은 에너지준위까지 분포하는 것은 온도가 높은 상태에서 나타나는 입자분포의 현상과 일치한다.

이것으로부터 β 는 온도와 반비례하는 것을 알 수 있으며 비례 상수로 Boltzman상수를 대입한다.

$$\beta \propto \frac{1}{T},\quad \beta = \frac{1}{kT},\ k = \frac{R}{a} = \frac{8.3144}{6.023\times 10^{23}} = 1.38\times 10^{-23}\text{Joule/degree}$$

이것을 다음 배열의 수 ln Ω에 이용한다.

$$\ln\Omega = \ln\left(\frac{n!}{n_0!n_1!\ \cdots\ n_r!}\right)$$

$$= n\ln n - n - \sum_{i=0}^{r}(n_i \ln n_i - n_i)$$

$$= n\ln n - \sum_{i=0}^{r} n_i \ln n_i$$

또한 ⑦식에서 $n_i = \frac{n}{P} e^{-\beta E_i} = \frac{n}{P} = e^{-E_i/kT}$ 이므로 윗 식은 아래와 같이 정리된다.

$$\ln\Omega = n\ln n - \sum_{i=0}^{r}\frac{n}{P}e^{-E_i/kT}\ln\left(\frac{n}{P}e^{-E_i/kT}\right)\ \frac{n}{P}e^{-Ei/kT})$$

$$= n\ln n - \frac{n}{P}\sum_{i=0}^{r}\left\{e^{-E_i/kT}\left(\ln n - \ln P - \frac{E_i}{kT}\right)\right\}$$

$$= n\ln n - \frac{n}{P}(\ln n - \ln P)\cdot \sum_{i=0}^{r}e^{-E_i/kT} + \frac{n}{PkT}\sum_{i=0}^{r}E_i e^{-E_i/kT}$$

이 식에서 $\sum_{i=0}^{r}e^{-E_i/kT} = P$ 이고 $U = \sum_{i=0}^{r}E_i \cdot n_i = \sum_{i=0}^{r}\frac{n}{P}E_i e^{-E_i/kT}$

에서 $\sum_{i=0}^{r} E_i e^{-E_i/kT} = \frac{UP}{n}$ 이므로 위의 ln Ω는 결국 다음과 같이 정리된다.

$$\ln\Omega = n\ln P + \frac{U}{kT}$$

일정한 입자들로 구성된 계에서 약간의 에너지 교환이 가역적으로 일어날 경우 계에서 배열의 수 변화는 다음과 같다.

$$\delta\ln\Omega = \frac{\delta U}{kT}$$

전체부피가 일정한 조건에서 δ U = δ q 이므로$\delta\ln\Omega = \frac{\delta q}{kT}$이다. 또한 가역의 조건에서 엔트로피의 열역학적 정의에 의해 δ S = $\frac{\delta q}{T}$로 주어지므로 δ ln Ω와 엔트로피 변화 δ S는 아래의 관계로 연결된다.

$$\delta \text{S} = \text{k}\,\delta \ln \Omega$$

즉 배열의 수 변화는 Boltzman 상수를 매개로 하여 엔트로피 변화로 환산된다. 이 식을 S와 Ω에 대한 적절한 구간 적분을 통하면 엔트로피의 통계학적 정의 식이 유도된다.

$$\text{S} = \text{k} \ln \Omega$$

이것이 계의 엔트로피와 계의 무질서도에 대한 정량적인 관계식이다. 이것으로부터 엔트로피는 계를 구성하는 입자들이 갖는 배열의 수에 관련하는 것을 알 수 있다. 또한 2법칙에서 엔트로피가 증가하는 방향으로 반응이 진행하는 것을 나타낸 것은 바로 계의 배열의 수인 무질서함이 증가하는 쪽으로 반응이 진행하는 것과 일치한다. 이는 결국 계에서 존재의 확률이 가장 큰 상태로 발전하는 것이 상의 안정과 평형상태에 이르는 기본 개념임을 보이는 것이다.

엔트로피는 배열의 수에 대한 로그 값에 Boltzman 상수가 곱해진 형태로 정의된다.

2. 열의 흐름과 온도

(1) 열의 흐름

열은 높은 온도의 열원으로부터 낮은 온도의 열원으로 이동한다. 이것은 열역학적인 엔트로피 증가의 법칙으로 쉽게 설명된다.

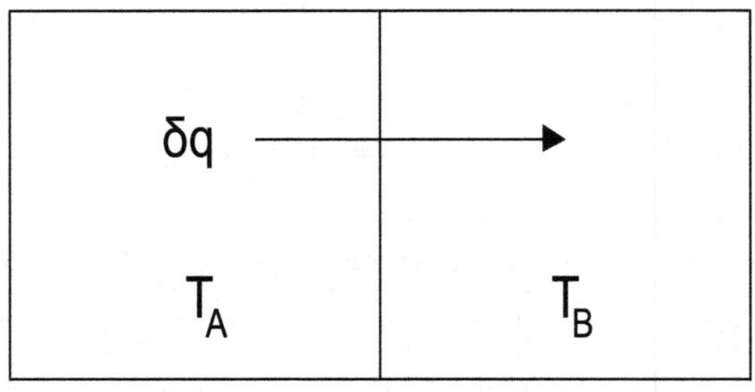

[그림 5-3] 열의 흐름

엔트로피 변화를 $\frac{\delta q}{T}$로 정의하는 경우 그림에서 전체 엔트로피 변화는 아래와 같다.

$$\delta S = -\frac{\delta q}{T_A} + \frac{\delta q}{T_B} = \delta q\left(\frac{T_A - T_B}{T_A \cdot T_B}\right)$$

열역학 2법칙에 따라 이 현상이 자발적으로 발생하려면 엔트로피 증가 δS는 항상 0보다 커야 하는데 이것은 TA > TB 조건을 나타낸다. 이는 열이 고온의 TA 열원으로부터 저온의 TB 열원으로 이동하는 것을 증명하는 것이다.

이를 배열의 수로 정의한 엔트로피 변화로 나타내면 아래와 같다.

$$\delta S = k\delta \ln \Omega A + k\delta \ln \Omega B = -\frac{\delta q}{T_A} + \frac{\delta q}{T_B}$$

$$\delta \ln (\Omega A \cdot \Omega B) = \frac{\delta q}{k} \left(\frac{T_A - T_B}{T_A \cdot T_B}\right)$$

$\delta S > 0$의 2법칙에서 TA > TB 인 조건이 만족되어야 하는데 이것은 A와 B계의 배열의 수 곱 ($\Omega A \cdot \Omega B$)이 증가하는 것을 의미한다.

(2) 온도

온도를 열역학적으로 규정하는 것은 쉽지 않다. 엔트로피의 열역학과 통계학적인 두 가지 정의에 의해 다음과 같이 규정되지만 이것의 물리적인 의미를 파악하기란 어렵다.

$$\delta S = k\,\delta \ln \Omega = \frac{\delta q}{T}, \quad T = \frac{\delta q}{k\delta \ln \Omega}$$

단지 δq와 $\delta \ln\Omega$의 부호가 항상 동일하므로 온도 T는 항상 0보다 큰 것을 유추할 수 있을 뿐이다.

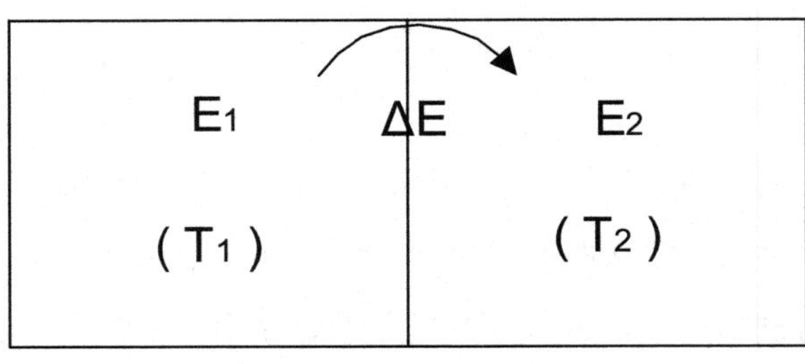

[그림 5-4] 내부 에너지의 전달

온도를 경험적으로 규정할 수 있는 것은 손으로 무엇인가를 만졌을 때 뜨거운 물체는 온도가 높고 차가운 물체는 온도가 낮다는 사실에 근거한다. 뜨거운 정도가 클수록 온도의 정도가 더욱 높고, 낮음을 경험적으로 알 수 있다. 이것을 상대적인 값으로 표현한 것이 섭씨 혹은 화씨의 온도계이다.

물체가 뜨겁다는 것은 물체라는 계의 내부에너지가 높은 것을 의미하며 손으로 만졌을 때 물체의 에너지는 손으로 전해진다. 그림 8-4는 내부에너지 E1을 갖은 고온의 물체 1로부터 내부에너지 E2를 갖은 고온의 물체 2로 ΔE 만큼의 에너지가 전달되는 것을 보여준다.

물체 1, 2가 맞닿기 전과 서로 맞닿은 후 열전달이 발생한 경우의 배열방법의 수 변화는 다음과 같다.

$$\ln \Omega 1(E1) + \ln \Omega 2(E2) \rightarrow \ln \Omega 1(E1 - \Delta E) + \ln \Omega 2(E2 - \Delta E)$$

$$\ln \Omega 1(E1 - \Delta E) = \ln \Omega 1(E1) + \frac{\partial \ln \Omega_1}{\partial E} (-\Delta E)$$

$$\ln \Omega 2(E2 - \Delta E) = \ln \Omega 2(E2) + \frac{\partial \ln \Omega_2}{\partial E} (\Delta E)$$

따라서 물체 1, 2 접촉 전후의 두 상태 차이는 다음과 같다.

$$\Delta E \left(-\frac{\partial \ln \Omega_1}{\partial E} + \frac{\partial \ln \Omega_2}{\partial E} \right)$$

고온에서 저온으로 열에너지가 이전되는 것이 자연스러운 현상이려면 윗식의 배열의 수 변화는 0보다 커야 한다. 이것은 온도가 다른 두 물체가 맞닿을 때 유발되는 배열의 수가 맞닿기 이전 상태보다 증가되어야 확률적으로 안정한 상태로 놓이기 때문이다. 이 식이 0보다 커야 하고 또한 이것을 뜨겁거나 차갑다는 알기 쉬운 형태로 전환하고자 하는 노력이 바로 절대온도의 개념이다.

위의 식에서 물체 1, 2 상태의 배열의 수 Ω1, Ω2와 관련하여 이것의 에너지에 대한 변화율로 표현되는 $-\frac{\partial \ln \Omega_1}{\partial E}$, $\frac{\partial \ln \Omega_2}{\partial E}$를 각 상태의 온도 T1, T2와 관련성을 해석하면 온도에 대한 물리적의미가 파악된다. 즉 T1 > T2 이므로 식이 항상 0보다 크려면 $\frac{\partial \ln \Omega}{\partial E} \propto \frac{1}{T}$ 이어야 한다. 이것을 Boltzman 상수로 연결하면 아래의 식이 얻어진다.

$$\frac{1}{T} = k \frac{\partial \ln \Omega}{\partial E}$$

이것을 배열방법의 수 변화를 나타내는 윗식에 대입하면 다음 식으로 유도된다.

$$\Delta E\left(\frac{1}{kT_1}-\frac{1}{kT_2}\right)$$

이것은 T1 > T2 이므로 항상 0보다 큰 것을 보인다. 즉 물체 1에서 물체 2로 ΔE의 열에너지가 전달되면 두 물체에 유발되는 총 배열방법의 수는 필연적으로 증가하게 되는 것이며, 이는 반응 후 엔트로피가 증가한다는 열역학 2법칙을 잘 만족한다.

이와 같이 열역학적으로 규정하는 온도란 "온도의 역수가 주어지는 에너지에 대하여 배열방법 수의 변화율에 비례하는 것"에 해당한다. 온도가 높을수록 정해진 에너지 이전 양에 대하여 계의 배열 수 증감은 적어지고, 온도가 낮을수록 정해진 에너지 이전 양에 대하여 계의 배열방법 수 변화의 증감 폭은 커진다는 것이 열역학적 온도의 의미에 포함되어 있다.

절대온도란 물질의 내부에너지와 밀접한 관련을 갖는다. 물질을 구성하는 입자들의 움직임이 전혀 없는 고정된 상태를 zero degree (0K)로 정한다. 그러나 자연계에서 원자, 전자 등 입자들의 운동이 전혀 없는 0K 상태는 존재할 수 없다. 외부로부터 물질로 에너지가 이전되어 물질의 온도가 올라가면 입자들의 움직임이 활발해진다. 이것은 원자 주위의 전자 움직임뿐만 아니라 격자 떨림(phonon)에 이르기까지 고상의 물질상태를 결정하는 요인으로 작용한다.

낮은 온도에서는 $\frac{1}{T}=k\frac{\partial \ln\Omega}{\partial E}$ 관계식에 의해 $\frac{\partial \ln\Omega}{\partial E}$ 값이 크므로 전해지는 에너지 변화양에 대한 입자 배열방법의 수 증가가 크

다. 여기에서 배열방법의 수는 입자 움직임을 대표하는 떨림과 같은 운동성과 관련한다. 온도가 더욱 높아지면 입자 움직임은 더 활발해져 입자 사이에 강한 결합을 이룬 고체상태로 존재하는 것이 점차 어려워지고 임계온도 이상에서 액체 및 기체로 상변화를 겪게 된다. 높은 온도에서 전해지는 에너지 양에 대한 배열의 수 증가효과는 위의 식으로부터 작게 됨을 알 수 있다.

3. 이상용액(ideal solution)

일반적으로 용액이란 액상의 용매에 액체 혹은 고체의 용질이 녹는 현상을 일컫지만 물리화학에서 용액은 상의 형태에 관계없이 여러 종류의 분자 혹은 원자의 혼합상태를 말하는 것이다.

혼합상태에서 가장 큰 양을 차지하는 원자를 용매라 하고 여기에 적은 양으로 혼합된 원자들을 용질이라고 한다. 금속에서 용액이란 쇠가 녹은 용융상태를 일컬을 수도 있지만 여러 종류의 금속 원자들이 혼합된 합금의 고체상태를 용액 혹은 용해의 개념으로 볼 수 있다. 금속 합금에서 서로 다른 원자들이 혼합된 고체상태의 용해를 고용(solid solution)이라고 한다.

금속원자들은 서로의 고용한도 내에서 혼합상을 이루지만 고용한도를 넘어서면 새로운 상의 석출이 발생한다. 이러한 고용과 석출은 금속 합금에 있어서 물리적 혹은 기계적 특성을 결정하는 가장 중요한 요소가 된다.

이상용액이라 함은 두 원자가 혼합되는데 있어서 혼합에 의한 내부에너지 변화가 없는 용액을 일컫는다. 이상용액을 두 금속원자의 혼합에 적용한다면 Ⓐ와 Ⓑ 금속원자가 섞이는 과정에서 흡열 또는 발열의 내부에너지 변화가 발생하지 않는 경우를 의미한다.

이상용액에서 두 금속원자의 혼합은 액상 혹은 고상에 관계없이 적용되지만 여기에서는 주로 고체상태의 원자 혼합을 이상용액의 개념으로 다루고자 한다.

NA 몰의 Ⓐ와 NB 몰의 Ⓑ 금속원자가 다음 그림과 같이 혼합된다.

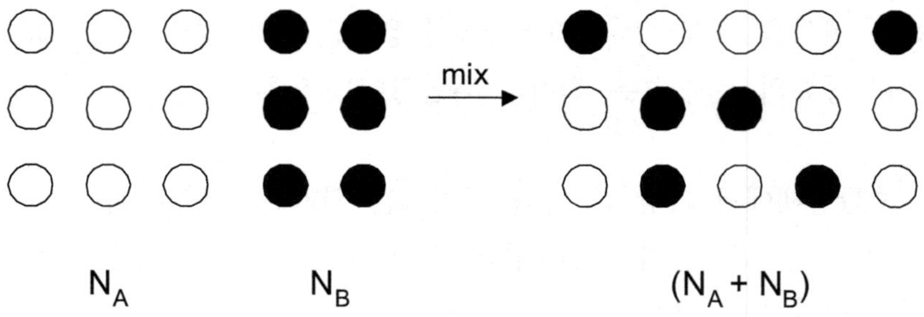

mix

N_A N_B $(N_A + N_B)$

[그림 5-5] Ⓐ, Ⓑ 입자의 혼합

혼합전 배열의 수 $\Omega 1$은 단 한가지인데 비하여 혼합후 배열의 수 $\Omega 2$는 $\frac{(N_A+N_B)!}{N_A!N_B!}$ 이다. 이것에 의해 혼합전, 후 배열의 수 변화로 정의되는 엔트로피 변화는 다음과 같다.

$$\triangle S_{mix} = k\ln\Omega_2 - k\ln\Omega_1 = k\ln\frac{(N_A+N_B)!}{N_A!N_B!}$$

$$= k(N_A+N_B)\ln(N_A+N_B) - (N_A+N_B) - (N_A\ln N_A - N_A) - (N_B\ln N_B - N_B)$$

$$= kN_A \ln(N_A+N_B) - N_B \ln(N_A+N_B) - N_A \ln N_A - N_B \ln N_B$$

$$= k\,[N_A \ln(N_A+N_B) - \ln N_A + N_B \ln(N_A+N_B) - \ln N_B]$$

$$= -k\left\{N_A \ln\left(\frac{N_A}{N_A+N_B}\right) + N_B \ln\left(\frac{N_B}{N_A+N_B}\right)\right\}$$

$$= -k\,(N_A+N_B)\left\{\left(\frac{N_A}{N_A+N_B}\right)\ln\left(\frac{N_A}{N_A+N_B}\right) + \left(\frac{N_A}{N_A+N_B}\right)\ln\left(\frac{N_A}{N_A+N_B}\right)\right\}$$

그런데 $N_A + N_B = N$, $\frac{N_A}{N_A+N_B} = X_A$, $\frac{N_B}{N_A+N_B} = X_B$, $X_A + X_B = 1$ 그리고 $kN = R$ 이므로 위의 식은 아래와 같이 정리된다.

△Smix = -R (XA ln XA + XB ln XB)

위 식에서 XA, XB 범위는 0 < XA, XB < 1 이므로 △Smix는 항상 0보다 크다. 즉 혼합에 따르는 반응열이 없는 이상용액에서 Ⓐ, Ⓑ 두 원자 혼합에 의한 엔트로피는 항상 증가하게 마련인 것이다.

이러한 이상용액의 엔트로피 변화에 따라 깁스에너지 변화가 유발되는데 이상용액에서 내부에너지인 엔탈피 변화가 0이므로 깁스에너지 변화는 아래와 같다.

△Gmix = △Hmix − T△Smix

= +RT (XA ln XA + XB ln XB)

윗식에서 XA, XB 범위는 0 < XA, XB < 1 이므로 △Gmix는 항상 0보다 작다. 이것은 두 원자들이 혼합에 의해 배열 방법의 수를 늘리기 때문에 발생하는 깁스에너지의 감소양이다. 배열의 수가 증가하면 상태의 존재확률이 높아지고 상이 안정화되는 것을 의미한다 이러한 상 안정화 정도가 깁스에너지의 감소에 해당한다.

그림 8-6은 혼합 엔트로피 증가와 이에 의한 깁스에너지 감소를 그래프로 나타낸 것이다. 앞의 4장에서 계산된 바와 같이 XA = XB = 0.5에서 최대 엔트로피 증가와 깁스에너지 감소가 나타난다.

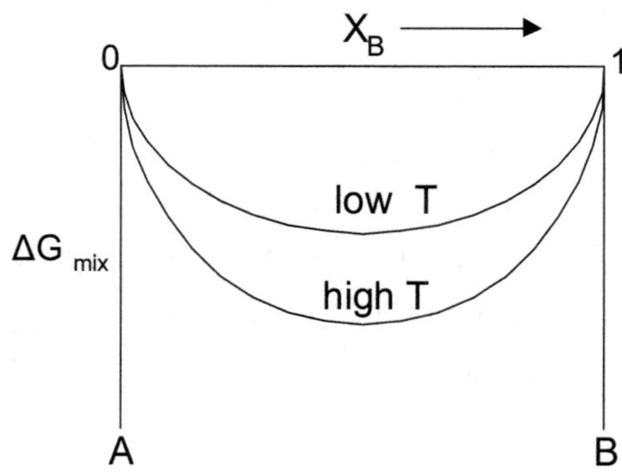

[그림 5-6] 혼합에 의한 엔트로피 증가와 Gibbs 에너지 감소

4. 규칙용액

규칙용액은 이상용액과 달리 혼합에 의한 내부에너지 변화가 발생하는 경우에 속한다. 이 때 발생하는 열은 이웃 원자의 결합에만 관련하는 Quasi-Chemical 모델에 따르는데 Ⓐ, Ⓑ 두 원자의 크기

는 동일한 것으로 가정한 것이 규칙용액이다.

그림 8-7에서 Ⓐ-Ⓐ, Ⓑ-Ⓑ, Ⓐ-Ⓑ 각 원자들간의 결합에서 발생하는 결합에너지는 EAA, EBB, EAB이고 결합 막대기의 수는 PAA, PBB, PAB이다.

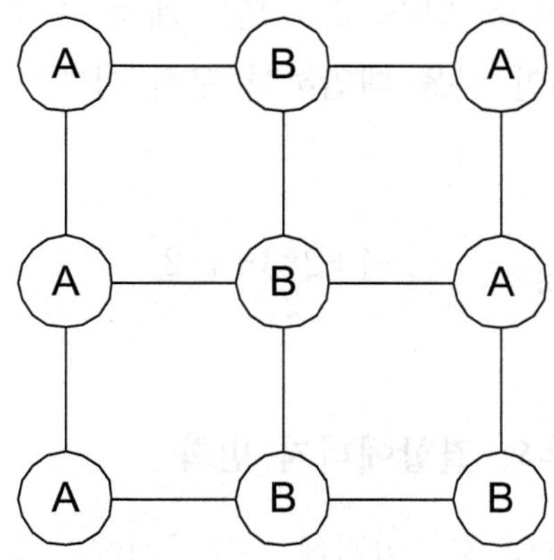

[그림 5-7] Ⓐ, Ⓑ 원자의 결합

Ⓐ, Ⓑ 원자 개수를 NA, NB라하고 한 원자가 갖고 있는 배위수 (결합막대기 개수)를 Z라고 하면 아래 관계가 성립한다.

$$\text{PAA} = \frac{N_A \cdot Z}{2} - \frac{P_{AB}}{2}, \quad \text{PBB} = \frac{N_B \cdot Z}{2} - \frac{P_{AB}}{2}$$

이 관계식을 위의 그림 8-7을 가지고 증명해 보면 다음과 같다. 그림에서 Ⓐ-Ⓐ 결합의 수는 3개로 직접 셀 수 있는데, 이것은 5개의 Ⓐ 원자 중에서 배위수 Z = 2인 3개의 Ⓐ 원자와 Z = 3인 2개의 Ⓐ 원자, 그리고 Ⓐ-Ⓑ 결합 개수가 6개인 것을 대입하여 구한 아래의 값과 동일한 것을 알 수 있다.

$$PAA = \frac{3\times2+2\times3}{2} - \frac{6}{2} = 3$$

마찬가지로 그림에서 세어지는 Ⓑ−Ⓑ 결합의 수는 3개이다. 그런데 이것은 5개의 Ⓑ 원자 중에서 배위수 Z = 4인 1개의 Ⓑ 원자와 Z = 3인 2개의 Ⓑ 원자, Z = 2인 1개의 Ⓑ 원자, 그리고 Ⓐ−Ⓑ 결합 개수가 6개인 것을 대입하여 구한 아래의 값과 동일한 것을 알 수 있다.

$$PBB = \frac{1\times4+2\times3+1\times2}{2} - \frac{6}{2} = 3$$

(1) 혼합전, 후의 결합에너지 변화

Ⓐ, Ⓑ 두 원자의 혼합이전에 순수상태에서 결합에너지 E1은 아래와 같다. 또한 Ⓐ−Ⓐ 결합의 수 PAA와 Ⓑ−Ⓑ 결합의 수 PBB는 두 원자개수와 배위수로 얻어진다.

$$E1 = PAA \cdot EAA + PBB \cdot EBB$$

$$= \frac{N_A \cdot Z}{2} \cdot EAA + \frac{N_B \cdot Z}{2} \cdot EBB \quad \cdots\cdots\cdots\cdots\cdots\cdots ①$$

혼합 후에 결합에너지는 Ⓐ−Ⓐ, Ⓑ−Ⓑ 결합 외에 Ⓐ−Ⓑ 결합이 존재하므로 다음과 같이 구해진다.

$$E2 = PAA \cdot EAA + PBB \cdot EBB + PAB \cdot EAB$$

$$= \left(\frac{N_A \cdot Z}{2} - \frac{P_{AB}}{2} \right) \cdot \text{EAA} + \left(\frac{N_B \cdot Z}{2} - \frac{P_{AB}}{2} \right) \cdot \text{EBB} + \text{PAB} \cdot \text{EAB} \quad ②$$

①, ②식에서 혼합에 의해 발생하는 결합에너지의 변화는 아래와 같다.

$$\triangle \text{Emix} = \text{E2} - \text{E1}$$

$$= \text{PAB} \{ \text{EAB} - \frac{1}{2}(\text{EAA} + \text{EBB}) \} \quad \cdots\cdots\cdots\cdots\cdots\cdots\cdots \quad ③$$

고체상태에서 결합에너지의 변화는 혼합에 의한 발생열량과 거의 같다고 볼 수 있다. 기체나 액체에서 혼합열은 주로 상호반응에 의한 열로 발생하지만 고체에서 혼합에 의한 열량변화는 반응열보다는 거의 모두 결합에너지 변화에 기인하기 때문이다. 따라서 금속의 합금과 같은 혼합과정에서 내부에너지 변화는 엔탈피의 변화와 동일한 것으로 간주한다.

$$\triangle \text{Emix} \fallingdotseq \triangle \text{Hmix}$$

위의 ③식에서 Ⓐ－Ⓑ 결합의 수 PAB를 Ⓐ, Ⓑ 원자의 몰분율로 나타내면 다음과 같다.

$$\text{PAB} = \frac{N_A \cdot Z}{2} \times 2\text{XAXB} = \text{NA} \cdot \text{Z} \cdot \text{XAXB}$$

이에 따라 규칙용액의 내부에너지 변화 혹은 혼합 발생열량 △Hmix는 아래와 같다.

$$\triangle \text{Hmix} = \text{NA} \cdot \text{Z} \cdot \text{XAXB} \cdot \{\text{EAB} - \frac{1}{2}(\text{EAA} + \text{EBB})\} = \Omega \cdot \text{XAXB} \cdots ④$$

$$\Omega = NA \cdot Z \cdot \{ EAB - \frac{1}{2}(EAA + EBB)\}$$

위의 ④식에서 $\Omega > 0$ 조건이면 $EAB > \frac{1}{2}(EAA + EBB)$이다. 이것은 두 원자가 혼합될 때 △Hmix가 0보다 큰 흡열과정이 발생하는 것으로, Ⓐ−Ⓐ 및 Ⓑ−Ⓑ의 평균적인 결합이 Ⓐ−Ⓑ 결합보다 강하고 안정적인 것을 의미한다.

이에 따라 Ⓐ, Ⓑ 원자의 혼합시 이종원자의 혼합보다는 동종원자끼리 서로 분리되려는 경향성을 갖는다. 또한 $\Omega < 0$ 조건이면 $EAB < \frac{1}{2}(EAA + EBB)$이다.

이것은 두 원자가 혼합될 때 △Hmix가 0보다 작은 발열과정이 발생하는 것으로, Ⓐ−Ⓑ 결합이 Ⓐ−Ⓐ 및 Ⓑ−Ⓑ의 평균적인 결합보다 강하고 안정적인 것을 의미한다. 이에 따라 Ⓐ, Ⓑ 원자의 혼합시 이종원자끼리 혼합하려는 경향성을 갖는다.

규칙용액의 Ⓐ, Ⓑ 두 원자 혼합에 따른 발생열과 엔트로피 증가 요인은 깁스에너지 변화의 종합적인 모습으로 정리된다.

$$\triangle Gmix = \triangle Hmix - T\triangle Smix$$

$$= \Omega \cdot XAXB + RT(XA \ln XA + XB \ln XB) \cdots\cdots\cdots\cdots ⑤$$

⑤식에서 △Gmix에 영향을 미치는 △Hmix와 △Smix는 Ω값과 온도에 대하여 그림 8−8과 같이 변화한다.

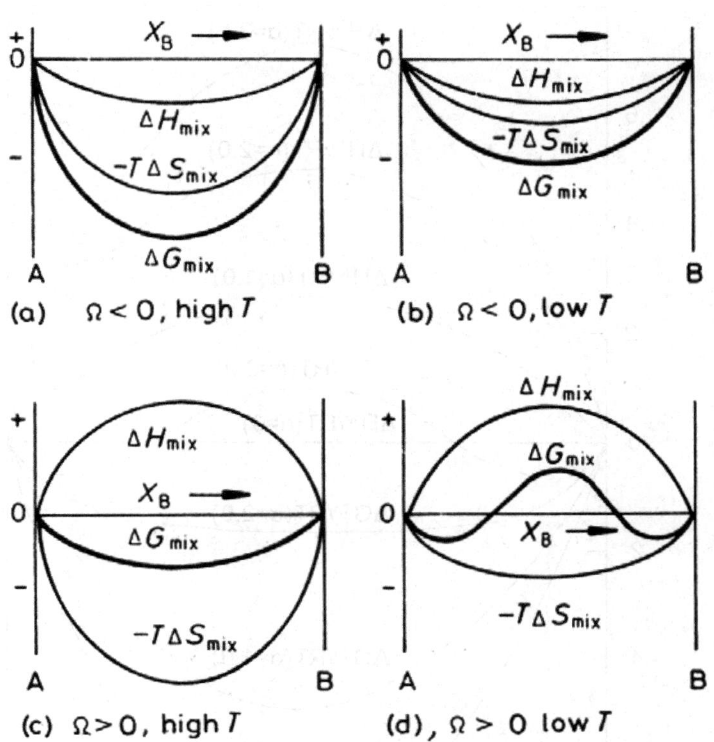

[그림 5-8] △Gmix에 미치는 △Hmix와 온도의 영향 [Porter p 20]

(2) 깁스에너지의 초과량

이상용액과 규칙용액의 깁스에너지에서 차이를 갖는 △Hmix는 깁스에너지의 초과량 △GXS 라고 불리며 이 값은 다음과 같다.

$\Delta G_{mix,\ ideal} = RT\ (X_A \ln X_A + X_B \ln X_B)$

$\Delta G_{mix,\ regular} = \Omega \cdot X_A X_B + RT\ (X_A \ln X_A + X_B \ln X_B)$

$\Delta H_{mix} = \Omega \cdot X_A X_B = \Delta G^{XS} = RT \cdot \alpha \cdot X_A X_B$

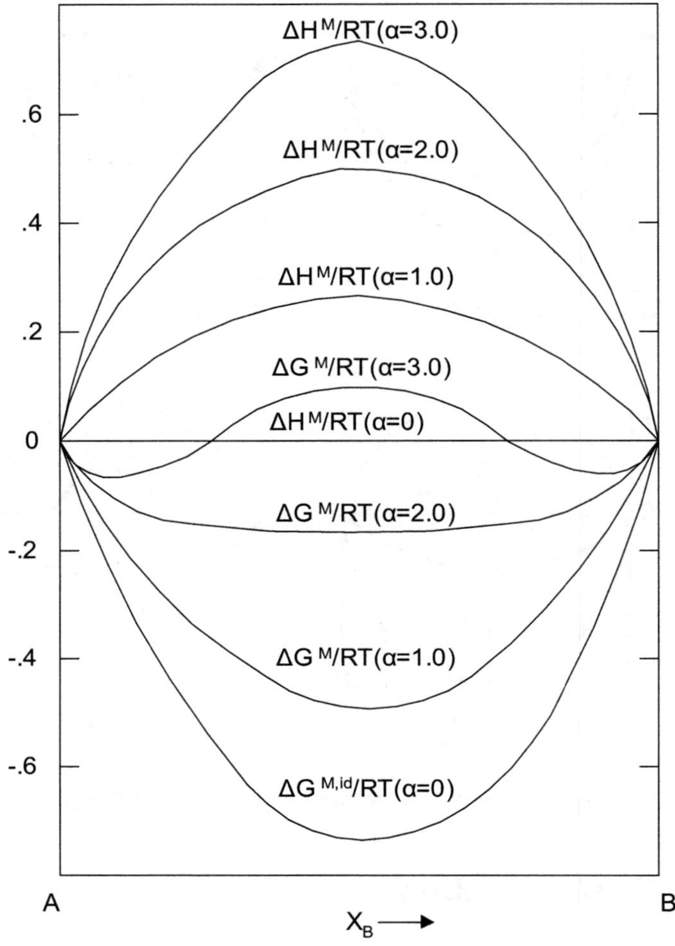

[그림 5-9] α 값 변화에 따른 △Gmix 변화 [Gaskell]

△GXS가 포함하는 α 값에 따라 용액의 △Gmix가 변하는데 $\alpha = 0$에서 이상용액이 되며, α 값이 증가하여 $\alpha = 2$에 이르면 △Gmix 형태는 두 원자의 혼합과정에서 변곡점을 갖는 W형을 이루기 시작한다. 그림 8-9에서 $\alpha = 3$에 이르면 비교적 명확하게 구분

되는 두 변곡의 형태가 △Gmix 곡선 상에 발생하는 것을 알 수 있다.

α 값이 더 커지면 변곡점을 중심으로 기울기는 더욱 급해지며 Ⓐ 원자를 많이 포함하는 α 상과 Ⓑ 원자를 많이 포함하는 β 상의 영역으로 상분리가 일어난다.

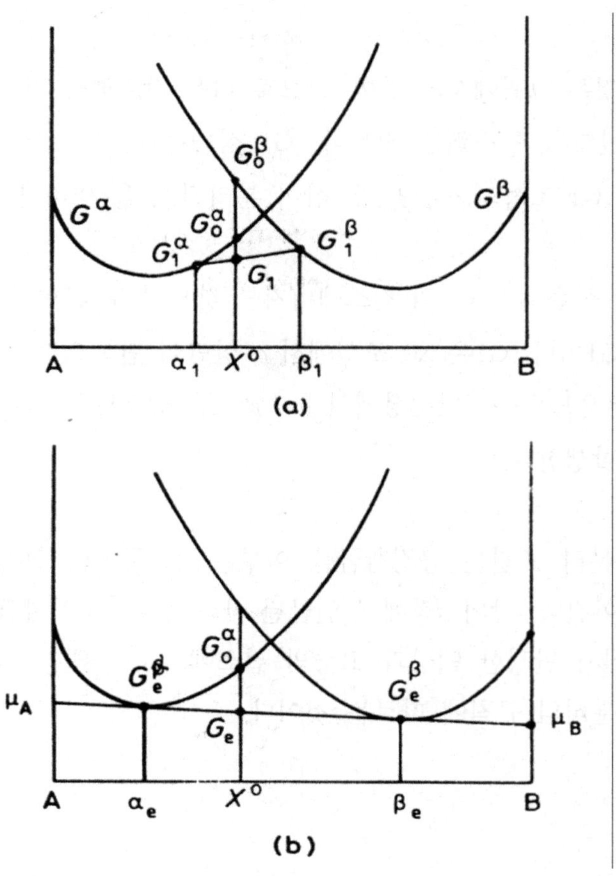

[그림 5-10] Alloy Xo가 갖는 (α 1+β 1) 혼합상태에서의 깁스에너지, G1 [Porter p 31]

그림에서 XB가 0 ~ C1 조성일 경우 α 상의 깁스에너지가 β 상보다 낮아 α 상이 안정하며, XB가 C2 ~ 1 조성일 경우 β 상의 깁스에너지가 α 상보다 낮아 β 상이 안정한 것을 알 수 있다. 그런데 XB가 C1 ~ C2 사이에 있는 X0인 경우 β 상보다 낮은 α 상의 깁스에너지 G_0^α가 우선적으로 주어진다.

그러나 이것은 그림에서와 같이 G1으로 더욱 감소해야 안정화될 수 있는 상변화의 구동력을 갖는다. G1 상태는 G_0^α의 α 단일상이 아니고 C1과 C2 조성의 α , β 두 상이 분리된 것을 의미한다.

이때 α , β 상은 G_1^α, G_1^β의 깁스에너지를 갖으며 두 혼합상의 평균에너지는 G1이다. G1은 X0 조성에서 α 상만이 단독으로 존재하는 G_0^α보다 낮으므로 α 단일상에서 α , β 두 상으로의 상분리는 자발적으로 발생한다.

이러한 상분리 조건은 공정합금을 이루는 두 금속의 고체상태 혼합에서 얻어진다. 앞의 4장에서 언급된 바와 같이 공정합금계에서 각 온도에서 안정한 액상과 고상의 깁스에너지 형태는 이러한 상혼합과 상분리의 규칙에 따르는 것이다.

Review and Study Questions

1. 엔트로피를 통계학적으로 정의하는 "S = k ln Ω" 식에서 이것이 양자물리의 가정에 근거하여 각 입자가 갖는 에너지 레벨로부터 유도되는 과정을 다시 한번 정리해보시오.

2. 열의 전도와 온도의 규정에 있어서 엔트로피의 통계학적인 정의와 열역학적인 정의가 서로 연결되는 것을 보이시오.

3. 두 원소의 혼합에서 반응열이 발생하지 않는 이상용액, 혹은 금속 합금에서의 전율고용체가 섞이는 과정을 고려할 때, 혼합 배열방법의 수 변화에 따르는 엔트로피 및 Gibbs 함수의 변화를 들고 이에 의한 상의 안정성을 설명하시오.

4. 두 원소의 혼합에서 반응열이 발생하는 규칙용액, 혹은 금속 합금에서의 공정합금계가 섞이는 과정을 고려할 때, 혼합 배열방법의 수 변화에 따르는 엔트로피 및 반응열의 엔탈피 그리고 Gibbs 함수의 변화를 들고 이에 의한 상의 안정성을 설명하시오.

5. 엔트로피를 통계학적으로 정의하여 유도되는 Gibbs 함수와 열역학적으로 정의하여 유도되는 Gibbs 함수는 서로 동일한 것을 보이고, 이것이 갖는 물리적인 의미에 대하여 생각해보시오.

II 물질의 구조

VI. 양자역학 이야기

VII. 원자의 구조와 결합

VIII. 결정구조와 전자의 회절

물질의 구조를 알아내고자 하는 것은 고대 그리스 과학자들로부터 추구되어온 의문이었다. 근, 현대의 물리와 화학자들에 의해 실제에 근접한 모델이 제시되고 있으나 아직 입자 물리학자들은 물질의 근원을 이루는 미지의 소립자들을 찾아내려고 노력하는 중에 있다.

II부에서는 물질이 구성된 원리를 다루고자 하였다. 이것을 파악하려면 "빛"에 대한 이해가 가장 우선된다. 빛은 뉴턴이 정립한 고전물리로는 해석의 한계를 갖으며, 양자물리 혹은 양자역학이라고 불리는 현대물리의 한 이론을 도구로 하여 체계화된다.

다음에는 양자역학을 기초로 한 물질의 구성원리를 토대로 원자의 구조와 결합을 언급하였다. 물질의 구조와 결합에 대한 물리적 해석이 가장 잘 적용되는 곳은 빛과 결정의 회절 혹은 산란(diffraction, scattering) 현상이 될 수 있다. 회절현상은 특히 결정의 재료에서 결정구조의 분석에 유용한 방법으로써 X선 회절기와 투과전자현미경의 중요한 기능이다. 회절의 현상과 기능은 재료를 전공하는 이들에게 양자역학과 원자 및 결정구조의 원리를 가장 구체적으로 제시할 수 있는 부분으로 생각되어 따로 한 장을 구성하였다.

I부에서 다룬 자연의 현상과 II부에서의 물질의 구조는 유기적인 관련성을 갖는다. 열역학적으로 해석한 자연의 현상에 자연의 법칙이 적용되었다면 이러한 법칙들은 물질의 구조를 해석하는 이론에도 예외 없이 적용되어야할 것이다. 반대로 물질의 구조를 해석하는 이론과 가정들은 자연현상의 해석규칙에도 전혀 모순 없이 끼워 맞추어져야 한다.

이러한 I부의 자연의 법칙과 II부 물질 구조의 결합은 통계열역학에서 어느 정도 이루어지지만, 모든 현상과 이론들이 쉽고 명쾌하게 연결되는 것은 아니다. 단지 거시적인 자연현상의 해석에는 열역학 법칙을 고려하는 I부의 이론을 근거로 하고, 미시적인 입장에서 물질의 구조를 해석하는 것에는 양자론을 근거로 한 II부의 흐름을 토대로 하는 것이 전체적인 자연의 윤곽을 이해하기에 유리하다.

과학자들뿐만 아니라 철학자, 신학자 또는 세상의 모든 사람들이 자연의 진리를 알고자 노력한다. II부는 우주의 생성과 생명의 창조 그리고 생물의 진화까지 담을 수 있는 그릇을 제시한다.

이러한 이론들이 과연 진리일 것인가, 혹은 만물의 창조주를 부정하는 것인가에 대한 의문에 대해서는 굳이 이 책에 담고자 하지 않는다. 단지 재료공학도로서 내가 이 이론들에 접했을 때 이것들이 물리나 화학에만 적용되는 것이 아니고 내가 만지고 연구하는 재료들에 직접적으로 관련되는 것에 놀랐던 것이며, 이러한 느낌으로 여러 학자들의 생각들을 내 나름대로 정리한 것에 불과한 것이 그 이유라고 하겠다.

"신은 우주를 가지고 주사위 놀이를 하지 않았다." 라고 한 아인슈타인 말에서와 같이 물리학적인 이론이 곧 자연의 모든 것을 설명할 수는 없다. 밝혀지지 않은 많은 것들이 점점 과학적으로 밝혀지고 해석되겠지만 그 이면에 숨은 절묘함은 무엇으로 설명할 수 있을까? 기본 색들의 배합을 통해 또는 기본음들의 조화를 통해 아름다운 미술과 음악의 작품들이 만들어지는 것은 과학이 자연의 모든 것은 아닐 것이라는 느낌을 대변한다.

chapter VI 양자역학 이야기

양자론은 현대물리학의 한 이론적인 가설일 뿐이다. 그런데 이것을 "물질의 구조" 첫머리에 놓은 것은 몇 가지 이유에서이다. 먼저 양자론은 원자 혹은 원자의 결합정도 이하의 스케일에서만 적용될 수 있는 한계에도 불구하고 재료의 구조를 설명하는데 탁월한 논리성을 갖기 때문이다. 또한 양자론적인 접근은 자칫 대하기 힘든 현대물리학을 한쪽 편에서 이해하게 할 수 있다는 것에 다른 이유가 있다.

양자론은 물질을 세분하여 자를 수 없는 덩어리로 놓는 것으로부터 시작한다. 이 덩어리는 에너지의 단위이며 질량과 동일하게 취급되고 환산된다. 물질의 생성으로부터 결합에 이르기까지 양자론은 고전물리에서 설명할 수 없는 현상들을 재미있게 해석하며, 여기에서 원자 이하의 미시적인 세계에서 볼 수 있는 특이한 현상들을 만날 수 있다.

1. 우주와 빛의 생성

우주의 생성이 양자론과 특별한 관계를 갖는 것은 아니지만 우주 생성과정 중에 발생하는 입자들과 빛은 양자물리의 기본 덩어리가 되므로 이를 먼저 언급하였다.

• **우주의 팽창**

빅뱅(big bang)의 우주라고 불리는 우주의 팽창은 우주와 우주에 속한 물질 생성원리를 설명한다. 우주가 팽창하고 있다는 것은 별의 스펙트럼으로부터 해석할 수 있는 도플러 효과에 의해 파악된다.

즉 파동이 가까이 다가오면 진동수가 높은 파장 (적→백)으로 변하는데 비하여, 파장이 멀어지면 낮은 진동수의 파장 (백→적)으로 변하는 도플러효과를 별빛의 관측에 이용하였다. 별빛을 관측하면 지구주위 별들의 운동을 알 수 있는데 별들은 대부분이 지구의 위치로부터 멀어지는 것이 확인된다. 특히 멀리 있는 별들일수록 지구로부터 더욱 빨리 멀어지는 사실이 발견되었다.

빅뱅의 우주를 간단히 이해하기 위해서 아래와 같이 공기가 없는 풍선에 점 몇 개를 찍고 풍선을 불어보자. 풍선을 크게 불수록 흑색점인 지구의 위치를 기준으로 하여 멀리 있는 A 별이 가까이 있는 B 별이 더 빨리 멀어지는 것을 알 수 있다.

이것이 간단한 빅뱅의 우주이며 이로부터 우주는 지금도 팽창하고 있음을 추정하는 근거가 된다.

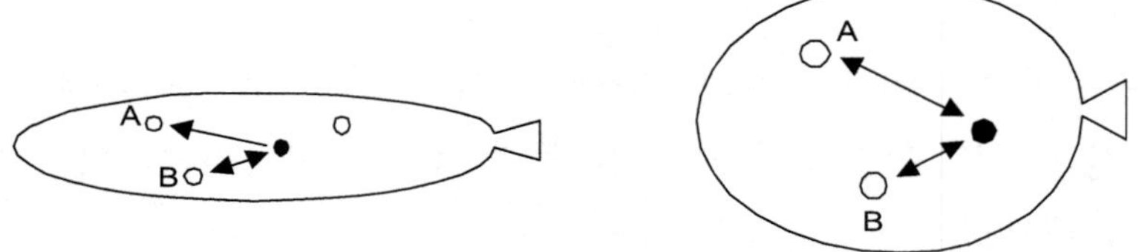

[그림 6-1] 빅뱅의 풍선

그렇다면 팽창하기 이전에 우주는 어떤 모습이었고 어떤 과정을 거쳐 지금의 모습으로 이루어졌을까? 물론 빅뱅의 우주가 우주생성의 참 모습을 보여준다고 단언할 수는 없지만 관측된 천체의 경험으로 여러 과학자들은 우주팽창에 의한 우주생성론을 주장한다.

아주 옛날 쪼그라들은 풍선과도 같이 우주는 큰 밀도의 한 덩어리로 뭉쳐 있었을 것을 가정한다. 우주가 왜 엄청난 크기의 밀도로 밀집된 물질로 구성되었는지, 그리고 이러한 우주물질 바깥에는 무엇이 존재하는지 빅뱅의 우주로는 상상할 수 없다. 다만 수 천억 도의 불덩어리 우주는 아주 작은 공간 안에 너무 많은 물질들이 밀집되어 물질은 서로 심하게 부딪혀서, 원자나 전자의 형태조차 알 수 없게 깨어져 물질은 고운 가루와 같이 존재하였다고 한다.

이때 우주의 물질은 아마 현대의 물리학자들이 찾고자 하는 소립자의 국물과도 같았을 것으로 상상이 된다. 당시에 좁은 공간에 모인 소립자들의 충돌은 상당히 높은 광에너지를 방출하며 이것이 불덩어리라는 말에 해당한다.

그리고 어떤 이유에서인지 이런 우주는 팽창을 시작하였다. 우주가 팽창을 시작한 이유나 우주의 바깥은 상상할 수 없지만, 단열의 계로 가정한 우주가 팽창을 하였을 때 계인 우주의 온도가 감소하는 것을 예상할 수 있다.

우주의 단열팽창으로 온도가 감소하며 혼돈상태의 소립자들은 점점 더 정형화된 소립자를 형성한다. 팽창후 10-36초 후에 쿼크라는 입자가 그리고 10-11초 후에 전자와 뉴트리노가 형성되어, 이때의 우주는 쿼크, 전자, 뉴트리노, 소립자로 구성된 1 cm 크기의 공으로 구성되었을 것으로 추정한다.

우주의 팽창후 10-5초 후에 우주는 지름 1 km의 구를 이루며 온도는 더 내려가고 쿼크들이 서로 엉겨 붙어 양성자와 중성자를 만든다. 이때 전자기파 범위의 빛이 생성되는데 빛은 아직 우주의 밀도에 묶여 자유롭지 못한 상태이다.

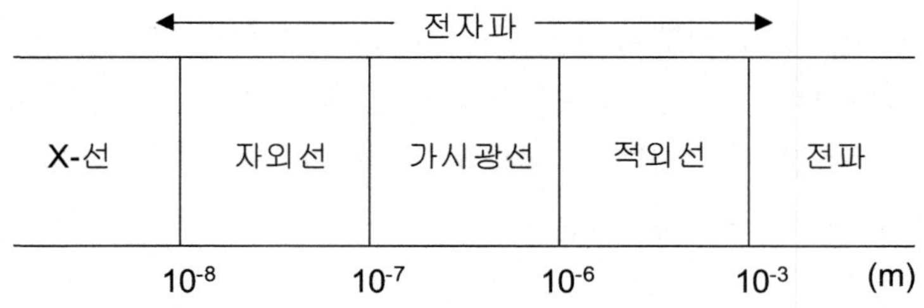

[그림 6–2] 전자기파의 파장범위

우주 팽창후 1초에서 3분이 지나면 우주의 크기가 108km의 지름으로 커지며 온도는 1억도 정도로 감소한다고 한다. 이때 양성자와 중성자가 비교적 찬 온도에서 충돌하며 헬륨을 형성한다. 이러한 헬륨은 우주에서 만들어진 최초의 원자이며 학자들은 이것을 우주의 오래된 화석이라고 부른다.

30만년이 지나고 우주는 1019 km의 지름으로 커지며 양성자는 전자와 함께 수소 원자를 만들고 헬륨의 원자핵은 전자를 끌어당겨 완전한 헬륨 원자를 형성한다. 드디어 전자들이 원자들에 속하게 되는 것이다. 우주가 커지게 됨에 따라 소립자들의 혼돈상태가 사라지고 빛은 더 이상 구속받지 않고 맑아진 우주를 달리게 된다.

지금도 지구는 주위의 모든 방향에서 낮은 에너지의 전파라는 파동이 도달되고 있는 것이 감지된다. 이것이 바로 이 시기에 생성된 빛이 아직 살아남아 우주의 모든 공간에 고르게 퍼져 있기 때문으로 해석하는데, 과학자들은 이러한 전파를 또 하나의 우주의 화석으로 칭한다.

시간이 지나며 우주는 훨씬 크게 팽창하며 우주의 온도는 낮아진다. 이에 따라 더욱 정형화된 원자가 만들어지는데 양성자와 중성자 그리고 전자들은 원자를 만드는 원료로 사용된다. 그리고 계속되는 팽창과 폭발의 과정으로 지금에 이르는 우주가 형성되었다는 가정이 빅뱅의 우주이다.

빅뱅이 우주 안에는 아직 팽창이 덜 되었거나 소립자가 밀집된 지역이 부분적으로 존재한다. 이것은 풍선을 불 때 부분적으로 팽창이 되지 않는 지역이 남는 것과 일치한다. 이곳의 밀도는 다른 지역보다 훨씬 커서 주위의 물질뿐만 아니라 자유로운 빛마저 흡수하는 큰 중력장을 발휘하는 곳이다. 이것을 블랙홀이라 하며 세 번째의 우주화석이다.

우주가 생성되는 과정을 이와 같이 정확한 시간과 크기로 제시하는 것에는 다소 무리가 있을 수 있다. 그러나 우주를 이루는 몇 가지의 정황과 우주의 화석들을 고려하면 빅뱅의 우주는 우주생성의 연속성을 그나마 잘 설명하는 가설로 보여진다.

• **빛에 대하여**

정체 모를 불덩어리에서 시작한 우주가 일반적으로 알려진 전자기파의 빛을 발하기까지 빛은 우주의 근원을 이루는 물질이다. 양자론은 빛을 포함한 모든 물질들을 에너지의 단위로 간주하는 것으로부터 시작한다.

우주의 생성 시에 입자의 충돌과 결합에 의해 발생했던 에너지는 빛 혹은 광자라는 무형의 광주리에 담겨져 공간으로 방출된 것이다. 스스로 빛을 발하는 행성인 태양에서 수소의 핵융합 에너지가 빛이라는 매개를 통해 지구로 따뜻하게 전해지는 것도 에너지를 담은 광주리 개념의 양자, quantum을 나타내는 것이다.

무형의 그릇에 에너지가 담겨져 빛이라는 물질로써 빛의 속도로 공간에 전파되는 것은 매우 순간적인 일이지만 과학자들은 그 순간을 확률적인 개연성으로 설명한다. 즉 어느 순간에 갑자기 일정한 방향성을 갖는 반응이 발생한 것이다. 그러나 여기에는 엔트로피의 증감이 없다.

이것은 어느 날 느닷없이 김씨 성을 갖은 학생들이 강의실 한쪽편에 일렬로 앉아 있는 경우나, 100개의 동전을 던졌는데 모두 앞면이 나올 수 있는 것과 같이 단지 그럴 수 있는 확률적 분포에 근거하기 때문이다. 이때부터 빛은 에너지인 질량을 잠시나마 업을 수 있고 광자인 보손(Boson) 입자로 분류된다.

광자가 갖는 에너지의 크기는 그 입자가 갖는 진동수에 비례하며 연속적인 값을 갖는 것이 아니고 에너지 그릇 몇 개씩으로 묶여지는 불연속적인 집단으로 명시된다. 에너지 그릇의 크기는 진동수가 결정하며 진동수가 클수록 빛의 에너지 단위인 그릇의 크기가 커진다.

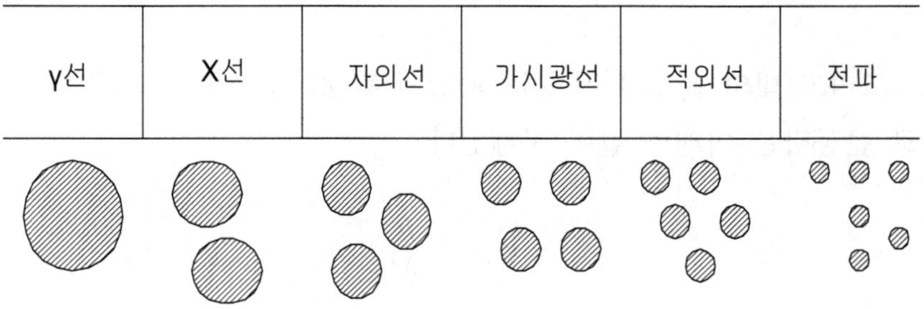

γ선	X선	자외선	가시광선	적외선	전파

그림 6-3 각 파장이 갖는 에너지 그릇 크기

이러한 에너지 단위의 영향성은, 적은 수의 r, X선이라도 단위 에너지가 커서 인체에 손상을 미칠 수 있지만 아무리 많은 양의 전파라도 에너지 단위가 워낙 작아서 인체에 큰 영향을 미치지 못하는 것에서 그 예를 찾을 수 있다.

2. 양자, Quantum

양자론이 빛을 비롯한 모든 물질이 일정량 단위의 배수에 해당하는 에너지를 갖는 것을 근거로 할 때, 그 일정량의 에너지 단위를 양자, quantum이라 한다. 양자의 단위 에너지는 입자의 진동수에 비례하며 비례상수로써 Planck 상수가 주어진다.

$E = h\nu$, (h : Planck 상수, 6.626×10-34 J/sec, ν : 진동수, /sec)

에너지보다는 운동량을 선호하는 양자의 세계에서 운동량은 다음과 같이 유도된다.

$$P = \frac{E}{c} = \frac{h\nu}{c}$$

그리고 빛의 속도와 진동수, 파장의 관계는 $c = \nu\lambda$ 로 주어지므로 운동량은 아래와 같이 구해진다.

$$P = \frac{h}{\lambda}$$

● 아날로그와 디지털의 차이

고전물리에서 에너지란 연속된 양으로 무한히 쪼갤 수 있지만 양자역학의 세계에서 에너지는 어느 단위 이하로 쪼갤 수 없고 그 단위의 n배에 해당하는 거래만이 존재할 뿐이다.

즉 에너지는 연속이 아니고 존재의 영역이 분별되는 양으로 주어지는데, 실제 전자 정도 크기의 입자에서 이러한 에너지의 분리를 쉽게 관찰할 수 있어 양자역학이 갖는 에너지의 개념이 틀리지 않은 것이 입증된다.

다음 장에서 언급될 회절과 전자현미경이 분석에도 기본적인 양자론의 원칙이 적용된다. 회절현상에 X선의 가상입자를 이용한 X선 회절기로부터 출력되는 X선들은 각 진동수에 따라 묶여지는 에너지의 덩어리로 해체된다.

즉 n1, n2, …, nn개의 ν 1, ν 2, …, ν n 진동수 입자들의 에너지는 아래와 같이 분별화되며 이 에너지들이 회절각도로 분산됨으로써 결정구조의 분석에 이용되는 것이다.

$$E = E1 + E2 + \cdots + En = n1\nu\ 1 + n2\nu\ 2 + \cdots + nn\nu\ n$$

주사전자현미경에서 미세조직의 성분을 분석하는 EDS(energy dispersive spectroscope) 시스템에는 구체적인 양자의 원칙이 적용된다. 시료를 구성하는 각 원소에서 발생하는 특성 X선인 Kα , Kβ 및 L1, L2 등을 이용하는 EDS에서 센서는 특정한 진동수를 갖는 특성 X선의 에너지 덩어리가 몇 개의 광자로 구성되었는지를 그 개수를 셈으로써 구성원소의 비율을 측정하는 것이다.

에너지가 진동수에 비례적으로 양자화하는 논리는 에너지에 대한 사고의 개념을 연속적인 아날로그 형태로부터 한 개, 두 개, 세 개로 셀 수 있는 분별화된 디지털로 전환하는 것이다.

● 입자의 종류

에너지를 양자화할 수 있는 입자는 크게 두 종류로 나눈다. 하나는 정지된 상태에서 질량이 없는 보헤미안 입자이고, 다른 하나는 정지된 상태에서도 질량을 갖는 페르미온 입자이다. 여기에서 보헤미안이란 보헤미아 지방의 집시들에서 유래한 것으로 가진 것 없는 집단을 일컫는다. 또한 페르미온은 페르시아의 왕자와 같이 부자를 뜻하는 것으로 재산 또는 자체 에너지의 유무에 따라 이렇게 부르는 것이다.

가진 것 없는 보헤미안 입자는 정지상태에서 질량이 없는 무형의 광주리이지만 이것이 양자요동에 의해 광주리 크기에 해당하는 에너지를 업을 때 빛의 속도로 달리게 되고 비로소 질량을 얻는다. 여기에서 양자요동이란 앞에서 언급한 바와 같이 국부적으로 일정한 방향성을 갖는 질서화가 이루어지는 것으로부터 유발하는 것을 일컫는다. 보헤미안 입자의 대표적인 것은 빛 혹은 광자라고 불리는 가상입자인데 이것은 아인슈타인이 제시한 에너지-질량 관계식으로부터 자체 진동수에 해당되는 질량을 갖는다.

$$E = mc2 = h\nu \ , \quad m = \frac{h\nu}{c^2}$$

다시 말해서 보헤미안 입자는 아래 그림과 같이 에너지를 담고 무척 빨리 달리는 그릇으로 간주하면 된다.

이것이 양자요동으로 그릇 크기 만한 $h\nu$ 의 에너지를 업고 빛의 속도로 달리게 되면 m의 질량을 얻는 것이다. 실제 에너지인 질량을 업은 별빛의 광자가 큰 질량을 갖은 태양의 중력에 의해 휘어지는 현상이 관찰되고 이로 인해 빛이 질량을 가졌음이 입증되었다.

보헤미안 입자에는 대표적인 빛 혹은 광자 외에도 전자기파가 있다. 또한 전달의 매개로써 보손입자가 여기에 속하는데 물질 상호간의 힘에 관련하는 전자기력, 중력(gravitation), 글루온 등이 이것에 속한다.

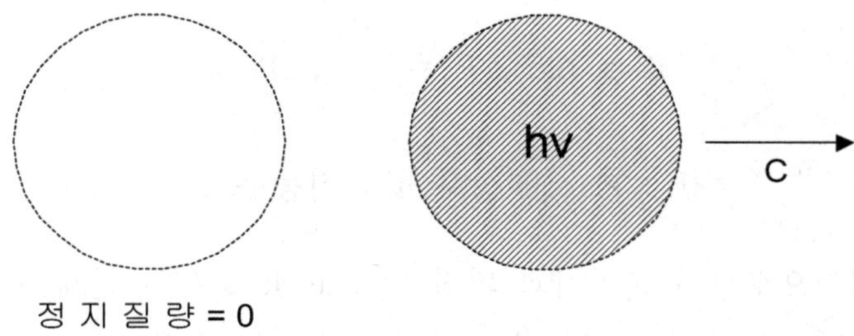

[그림 6-4] 에너지 광주리에 에너지를 담고 달리는 보헤미안 입자

정지질량의 재산을 갖는 부자인 페르미온 입자로써 대표적인 것은 전자, electron이다. 전자는 필라멘트에서 튀어나오는 자유로운 전자와 물질의 원자에 구속된 전자들의 유형으로 나뉜다. 어떤 전자이건 이것은 고유의 질량과 크기를 갖는 페르미온 입자이다.

광자로 대표되는 보헤미안 입자와 전자로 대표되는 페르미온 입자의 차이는 정지질량의 유무 외에도 그 행동양식에 있다. 집시와 같은 보헤미안들은 서로 모이려는 성향을 갖는데 비하여, 귀족적인 페르시안들은 독립적으로 행동하려는 개인주의적인 성향을 지닌다. 이러한 행동의 양식이 물질의 구성과 구조를 이루는 대원칙으로 작용한다.

● Heisenberg의 불확정성 원리

Heisenberg의 불확정성 원리는 양자론의 세계에서 보통 가장 먼저 언급될 정도로 특이하고 흥미로운 해석이다. 양자론의 기본 가설인 일정한 에너지 단위로써의 입자 에너지와 운동량은 앞에서 언급한 바와 같다.

$$E = h\nu, \quad P = \frac{h}{\lambda}, \quad P \cdot \lambda = h$$

(h : Planck 상수, ν : 진동수, λ : 파장)

이것으로부터 운동량과 파장 및 Planck 상수의 관계는 위와 같이 운동량×거리가 일정한 값, h와 동일하다는 것을 기본 개념으로 하여 운동량과 위치의 변화량이 아래와 같이 새롭게 표현된다.

$$\triangle P \cdot \triangle x = h$$

이것이 Heisenberg의 불확정성 원리의 기본 식이다. 위 식에서 어떤 입자의 운동량의 변화 $\triangle P$와 위치에 대한 변화량 $\triangle x$ 값은 서로 의존적일 수밖에 없다는 것을 알 수 있다.

즉 두 값의 곱은 Planck 상수, h를 유지해야 하는데 여기에 입자의 운동량으로 대변되는 입자의 속도와 입자의 위치는 동시에 정확하게 정할 수 없다는 Heisenberg의 불확정성 원리의 의미가 담겨 있다.

다시 말해서 입자의 속도가 낮아서 $\triangle P$가 적을 경우 입자의 위치 변화량인 $\triangle x$가 확산해서 그 위치를 확정할 수 없다.

$$\triangle P \text{ or } v \rightarrow 0, \ \triangle x \rightarrow \infty$$

또한 입자의 속도가 상당히 커서 $\triangle P$가 굉장히 크면 입자의 위치 변화량인 $\triangle x$ 범위가 좁혀져서 그 위치를 한 지점에 결정할 수 있는 것이다.

$$\triangle P \text{ or } v \rightarrow \infty, \ \triangle x \rightarrow 0$$

이와 같이 Heisenberg의 불확정성 원리는 입자의 운동량 혹은 속도와 위치를 동시에 정확하게 명시할 수 없음을 보여주는 것이다. 여러분들이 만일 아주 작아져서 양자의 세계로 초청되면 여러분은 분주히 뛰어 다니는 페르미온의 전자들과 보헤미안의 광자들을 만날 수 있을 것이다.

신나게 뛰어 다니는 한 전자를 붙들고 인사를 하려고 하면 전자는 여러분 앞에서 매우 큰 폭으로 흩어지게 되어 도저히 그 위치를 알 수 없게 확산될 것이다. 급하게 뛰어 다니는 전자일수록 순간적인 제 위치를 뚜렷하게 확인해 볼 수 있다. 즉 전자는 속도를 낮출수록 흐릿하게 확산된다. 전자가 차지하는 공간이 작을수록 더 빨리 움직여야 하는 것이다. [Ref]

불확정성의 논리가 옳은 것인지 잘못된 것인지 구체적으로 확인할 방법이 없다. 단지 양자론의 논리상 이 원리가 틀리지 않다는 것이 그 가설을 뒷받침하는데, 전혀 새로울 것도 없는 하나의 식으로부터 입자 현상의 원리를 유추한 것에서 Heisenberg의 천재성이 엿보인다.

● 양자요동과 불확정성 원리

Heisenberg의 불확정성 원리는 광자와 같은 가상입자가 에너지를 업고 생성되었을 때 그것이 유지되는 기간을 설명한다. Heisenberg의 식은 $E = h\nu$ 의 양자역학 기본 식에서 유도된 것이며 이것으로부터 다음의 양자유동 관계식이 얻어진다.

$$\Delta E \cdot \Delta t = h$$

ν 는 진동수로써 1/sec의 단위를 갖는다. 따라서 에너지의 변화량과 시간의 변화량을 곱한 값이 프랑크 상수, h로 주어지는 것이다. 이 관계식은 가상입자가 그 에너지의 크기에 따라 존재하는 시간이 반비례하는 것을 나타낸다.

입자간의 충돌이나 융합에 의해 발생한 에너지나 열에 의한 복사에너지 등은 순간적으로 양자 진동수($\nu = c/\lambda$)로 진동하며 이것을 담을 수 있는 가상의 무형 광주리에 담겨 빛의 속도로 전달된다. 광주리의 크기는 $h\nu$ 에 비례하는데 물론 발생하는 에너지의 능력에 따라 제일 큰 광주리의 크기가 제한된다.

핵의 분열과 융합에서 발생되는 에너지는 낮은 진동수로부터 감마선 이상영역의 진동수를 갖는 다양한 크기의 에너지 광주리에 담겨 양자요동을 하고 이것이 빛의 속도로 달리게 된다. 그러나 큰 에너지 폭의 양자요동을 담은 광주리는 위의 관계식으로부터 존재 시간의 폭이 짧게 된다.

태양에서 수소 핵이 융합하여 발생한 에너지가 지구에 다다를 때, 여기에 생명체에 치명적인 방사선이 포함되지 않는 것은 X선, Υ선처럼 큰 에너지를 담은 광주리는 지구에 도달하기 이전에 이미 그 수명을 다하기 때문이다.

태양으로부터 지구에 전해오는 에너지의 형태는 비교적 작은 광주리에 담겨 양자요동을 한 자외선, 가시광선, 적외선 그리고 전파에 이르는 파장이 상당히 긴 수명을 갖고 지구까지 전해지는 양자의 종류인 것이다.

앞장에서 우주 화석의 일종으로 불리는 전파가 지구의 모든 방향에서 감지되는 것은, 전파가 지닌 에너지의 크기가 (△E) 워낙 작아서 존재의 시간이 (△t) 무한대로 길어져서 몇 백억 년이 지난 아직까지 살아남아 그것의 실존을 알리는 것이다.

입자 물리학에서 가속전자가 핵과 충돌할 때 핵 내에서 수많은 소립자가 튀어나온다고 한다. 그런데 어떤 소립자의 경우 핵보다 무거운 질량을 업은 에너지 형태가 존재할 수도 있다고 한다. 다만 존재시간이 너무 짧아서 확인하기에 어려움이 있을 뿐이라고 하는데, 양자의 세계는 믿기 어려운 현실이 많이 있다.

● 터널 효과

아직 빛을 입자와 파동 중 무엇으로 간주할 것인가에 대한 혼란이 남는다. 양자론의 입장을 첫머리에 실은 이 책에서는 빛을 입자로 간주하는데 비중을 두지만 빛이란 가상입자에 양자요동이나 진동과 파장의 성격을 함께 고려한 것이라고 볼 수 있다. 즉 빛은 양자요동(진동수 ν , 파장 λ) 하며 빛의 속도로 달리는 단위 엔지 덩어리의 집단체로 보는 것이 양자물리의 입장이다.

터널효과는 빛을 파장으로 간주하는 고전물리에서도 주의 깊게 관찰되었고 해석된 구체적인 현상이다. 거울의 유리로 입사되는 파장의 빛은 유리 뒤에 입혀진 수은막에 막혀 반사를 한다. 그러나 수은막이 빛의 파장길이보다 얇을 경우 빛은 거울을 투과할 수 있다. 이렇게 빛이나 파동이 막힌 벽을 통과할 수 있는 현상을 마치 벽에 구멍이 뚫린 것과 같다 하여 터널효과라 하며 고전물리에서도 이미 이 현상이 관찰되었다.

그러나 터널효과는 터널의 벽이 자기 파장보다 훨씬 높은 경우에도 발생하여 고전물리의 해석으로는 한계에 부딪힌다. 즉 입자나 파동이 자신이 뛸 수 있는 에너지보다 훨씬 더 높은 에너지 장벽에 갇힌 경우에 고전물리에서 그 물질은 절대로 장벽을 넘을 수 없는 것으로 간주할 것이나, 실제 이 경우에서도 터널효과는 발생하며 이러한 이상한 현상을 양자물리는 확률에 의거하여 해석한다.

아래 그림에서 여러 입자들이 높은 에너지 장벽에 갇혀 그 안을 일정한 진폭과 진동수를 가지고 돌아다닌다고 가정하자. 이러한 작은 입자들이 따르는 존재와 행동의 양식은 철저히 확률분포에 의하는데, 그 대부분은 장벽 안에 존재하지만 벽 바깥에 존재할 수 없다고 단정지을 수는 없다. 조금 모호한 표현이겠지만 양자의 세계에서는 100% 옳다고 단정할 것은 아무 것도 없다.

모든 현상에는 아주 작은 입자들이 수적으로 굉장히 많은 양으로 여기에 참여하기 때문이다. 즉 어떤 현상에서 우리가 일반적으로 인정하고 예측할 수 있는 경우는 이것의 확률이 가장 높은 경우에 해당하는 것이다.

이외에도 어마어마하게 많은 빈도가 현상에 참가한다면 별별 경우가 발생할 수 있는 여지가 충분하며, 벽 속의 입자가 높은 에너지 장벽을 넘어 마치 벽에 구멍이 뚫린 듯 벽 바깥에 존재하는 것도 하나의 별별 경우이다.

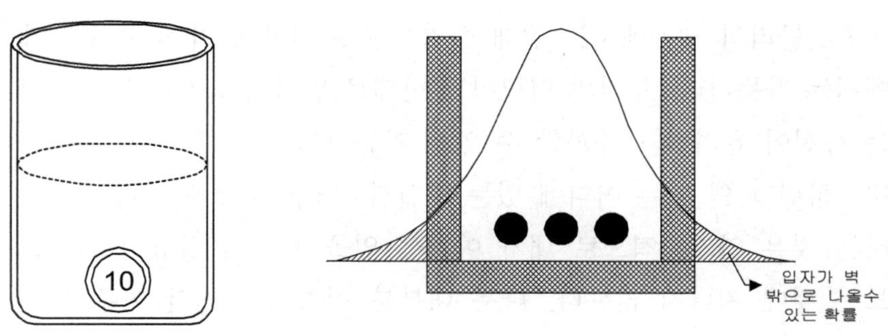

[그림 6-5] 터널효과

이와 같이 양자역학에서 입자들의 행동은 확률분포에 따라 결정된다. 이것을 Fermi-Dirac 확률분포라고 하는데, 입자들의 자유로운 혹은 임의적인 행동은 이 확률분포 테두리 안에서 발생한다. 페르미-디락의 확률분포는 참가하는 입자들의 수만큼이나 넓은 범위를 갖는다. 즉 에너지 벽에 갇힌 입자들은 그 대부분이 벽안에 존재하는 확률을 갖지만 벽밖에 입자의 존재확률이 0인 것은 아니다.

양자역학에서 다루는 입자의 개수는 1010 이상의 범위이며 이 많은 수의 입자들이 벽을 탈출하려고 시도할 경우 고전물리의 상식으로는 상상할 수 없는 도전 성공의 경우가 발생할 수 있는 것이다. 이것이 양자역학에서 터널현상을 설명하는 논리이다.

마술사가 위의 그림과 같이 유리컵 속에 10원 짜리 동전을 넣고 천천히 흔든다. 이때 10원 짜리 동전은 절대로 컵 높이의 반 이상을 넘을 수 없는 운동량으로 유리컵 안에서 떨고 있다. 이 동전은 과연 유리컵 바깥으로 나올 수 있을까?

고전물리의 세계에서는 절대 불가능한 이러한 일이 양자의 세계에서는 가능하다. 동전의 떨림이 무한대로 반복된다고 하면 언젠가는 동전이 유리벽을 통과할 수 있는 가능성이 있는 것이다. 논리를 비약하면 과연 나는 어디에 있는 것일까? 내가 지금 여기에 있다고 하는 것은 양자론적으로 내가 여기에 있을 확률이 상당히 높다고 보는 것에 지나지 않는다. 나는 대부분 여기에 있지만 아주 작은 확률로 미국에 가 있거나 달나라에 있을 경우도 있을 수 있다는 것이 양자물리의 궤변이다.

양자물리의 궤변은 작은 입자세계에서 궤변으로 그치지 않고 실제 현상에 부합된다는데 사실성이 있다. 전자, electron에 있어서 터널현상은 실제 반도체의 원리에 적용된다.

반도체에서 원자핵의 원자가 전자대(valence electron band)에 묶인 전자들이 상당히 높은 에너지벽(forbidden band)을 넘어서 전도 전자대(conduction electron band)로 이동할 수 있는 것은, 전자들의 Fermi- Dirac 확률분포가 원자가 전자대에만 갇혀 있지 않고 전도대까지 확산되어 있기 때문이다. 이로 인해 전자들은 원자가대로부터 에너지 벽을 뚫고 전도대로 옮겨가는 터널현상을 겪는 것이다.

● 입자 존재의 확률분포

입자의 존재를 확률분포로 정하는 양자의 세계에서는 터널현상과 같이 비현실적인 것 같은 궤변도 포용한다. 이러한 경우로 다음의 또 다른 이상한 현상을 들 수 있다.

아래 그림과 같이 전자총으로 상자 속으로 단 1개의 전자를 쏜다. 상잔에는 단 두 개의 출구밖에 없으며 각 출구로 전자가 빠져나올 확률은 50 %로 서로 동일하다고 한다. 과연 전자는 어느 구멍으로 빠져 나올 것이며, 그 출구 밖에서는 무슨 일이 일어날까?

고전물리는 "전자는 둘 중의 한 출구로 전자가 빠져 나올 것이다"라는 단순한 답을 제시할 것이다. 그러나 확률분포에 의해 그 존재를 결정하는 양자물리는 "각 출구에서 전자가 빠져 나올 확률은 각각 50 %, 50 %이고 전자는 각 출구에서 이 만큼씩 감지된다." 라는 답을 제시한다. 고전물리와 양자물리의 답 중에서 어느 것이 옳은 것인가?

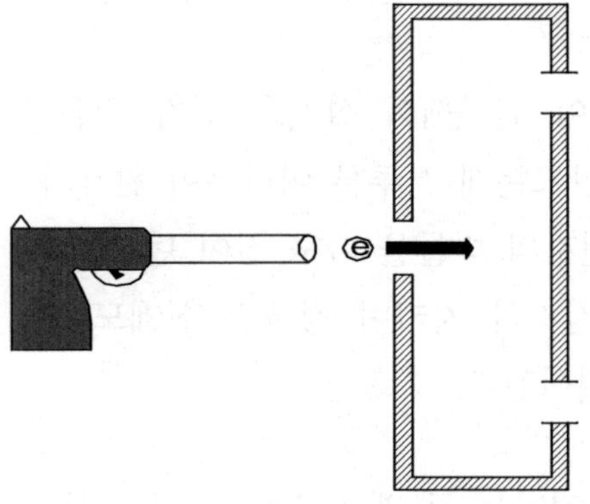

[그림 6-6] 한 개의 전자 총알을 구멍이 두 개인 상자속으로 쏜다.

권총의 총알로 위의 실험을 한다면 발사된 총알은 단단한 상자 속에서 이리저리 튕기다가 A 혹은 B의 두 구멍 중에 한 곳으로 빠져나올 것이다. 쪼개질 수 없는 총알 하나가 A와 B 모두로 빠져 나온다는 것은 상상할 수 없다. 그러나 총알이 전자정도의 작은 입자로 대치된다면 결과는 바로 고전물리에서 상상할 수 없었던 것으로 귀착된다.

실제로 단 1개의 전자가 쏘아진 전자총 실험에서, A와 B의 모든 출구로부터 전자의 출현이 감지된다. 그 감도는 반개의 전자에 해당하는 것인데, 출구 바깥에서 관측할 수 있는 전자의 파동간섭 효과인 회절현상이 이것을 입증한다. 물론 모든 과정에서 전자가 반으로 쪼개질 수는 없다. [Ref]

양자의 세계에서 입자가 존재할 수 있는 확률분포는 그 폭이 매우 넓으며 터널현상도 이것 때문에 발생한다고 했다. 그러나 어떤 입자들의 확률분포는 놀라울 정도로 규칙적이다. 원자 속에 갇힌 페르미온족의 전자들이 대표적인 예인데 전자는 절대적으로 원자핵의 전기장이 제시하는 설계도면에 따라 존재하는 분포를 갖는다.

만일 여러분이 원자핵이 살집을 전자 벽돌을 가지고 짓는다고 해보자. 집을 만드는데 서투른 여러분이 원자의 설계도면과 상관없는 방향으로 전자의 벽돌을 마구 집어 던져도, 이 벽돌들은 다음의 Pauli 원칙을 철저히 지키며 정해진 설계도대로 차곡차곡 쌓이는 이상한 일이 벌어진다.

"페르미온의 전자는 두 개 이상이 절대로 동일한 상태에 놓일 수 없다."

동일한 상태의 두 전자가 원자핵 내에서 공존할 수 없다는 파울리의 대원칙하에 전자들은 원자핵의 정해진 설계도상에 존재하게 되는 것이다. 이러한 전자 존재의 확률분포가 바로 다음 장에서 다루어질 전자궤도, 오비탈의 개념인데, 이것은 Schrödinger 식을 통해서 구해진다.

● 드브로이파

드브로이는 원자핵 주위에 전자들이 존재하는 설계도를 아주 간단하고 의미 있게 제시하였다. 즉 드브로이는 원자에 속한 전자들의 운동을 파악하는 과정에서, 정지질량을 갖는 전자라는 입자에 파동성을 부여하는 물질파의 개념을 정립하고 이를 원자 설계도에 대입하는 천재성을 발휘하였다.

원자핵 주위를 도는 전자를 단순한 질량 덩어리가 아니고 파동성을 갖는 입자로 가정한다면 전자의 파동성은 정해진 규칙을 따라야 한다. 즉 출발점에서 핵주위의 한 궤도를 λ 파장의 전자가 돌 때, 전자가 한바퀴 돌아서 새로 시작하는 파장이 출발위치에 다시 놓이지 않으면 이 전자궤도는 파장 서로의 간섭에 의해 소멸될 수 밖에 없다. 그러나 궤도를 한바퀴 돌은 전자가 다시 전자의 출발위치에 놓이면 전자는 안정적으로 계속해서 궤도를 돌 수 있는 것이다.

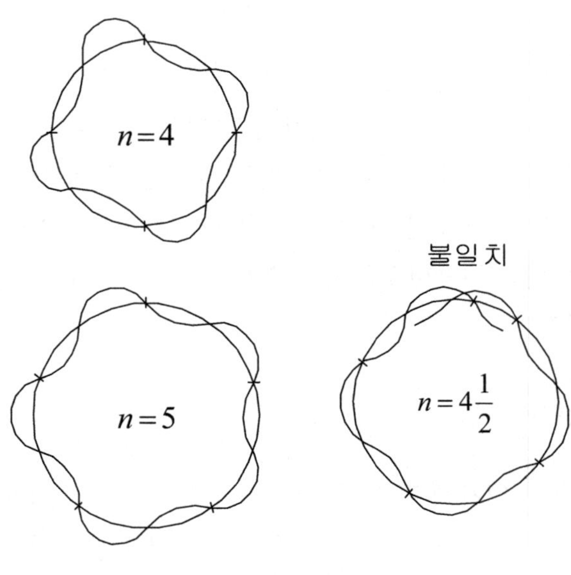

그림 6-7 드브로이파

여기에서 전자가 원자핵 주위에 존재하는 정해진 규칙은 파장의 양자화이다.

$$n\lambda = 2\pi r$$

(n : 정수, λ : 전자의 파장, r : 궤도반지름, $2\pi r$: 원주길이)

즉 전자의 파장에 대한 정수배가 궤도 원주의 길이와 같은 경우, 다시 말해서 n값이 1, 2, 3, …으로 정수의 양자화할 경우에 원자핵 주위에 전자궤도가 존재하는 규칙이 성립하는 것을 의미한다.

핵주위의 전자궤도인 오비탈은 드브로이가 제시한 물질파 개념의 기본 설계와 파울리의 원칙을 전제로 하여 얻어진다. 이러한 궤도에 대한 구체적인 궤적은 Schrödinger의 관계식을 통하여 구해진다. 또한 최외각 전자들간의 결합관계를 함수화하여 양자의 세계가 원자구조뿐만 아니라 원자간 결합 및 결정의 구조에까지 영향을 미치는 것을 예상하게 한다.

● 핵폭탄의 원리

핵폭탄 혹은 원자로는 아인슈타인이 제시한 한 줄의 식으로부터 시작되었다.

$$E = mc2$$

이것은 질량 m의 입자가 광속으로 달리는 경우의 에너지를 나타내는 것인데, 실제에 있어서 물질의 질량이 양자론에서 언급된 바와 같이 양자요동의 에너지로 전환되는 것을 일컫는다.

질량이 에너지로 전환되는 좋은 예는 정지질량을 갖은 전자와 양전자가 서로 충돌하고 결합하며 소멸할 때, 그 소멸되는 질량에 해당하는 에너지가 감마선으로 발생하는 것으로 들 수 있다.

이것은 전자와 양전자의 두 입자 질량이 에너지로 전환하는 것을 보여준다. 그런데 이 반응은 가역적이어서 감마선은 거꾸로 전자와 양전자의 두 입자로 전환이 가능하다. 이것은 에너지가 질량을 만들 수 있다는 것을 의미한다.

석탄 한 덩어리의 질량이 모두 양자요동을 하는 에너지의 덩어리로 바뀐다면 이것을 가지고 지구를 한바퀴 도는 비행기 연료가 될 수 있다고 한다. 이처럼 적은 양의 질량도 엄청난 에너지로 전환되는데, 대부분의 경우에 물질은 안정적으로 구성되어 쉽게 에너지로 변화할 수 없다.

즉 석탄은 질량 자체가 에너지로 전환하기보다는 산소와 결합하여 연소열의 에너지를 발생하는 것이 훨씬 자연스럽다.

질량이 에너지로 변환하는 물질에는 우라늄이나 프로토늄과 같은 중금속의 원자가 속한다. 이러한 변환과정은 불안한 이들의 원자핵이 분열하며 질량을 손실하는 과정에서 질량손실 량이 에너지로 전환되는 것이 자연에서 볼 수 있는 일반적인 현상이다.

질량손실 량은 에너지 관계식에 의해 에너지 변화량으로 구해지는데, 가령 1 g의 물질에서 단 1 %의 질량감소만으로도 빛의 속도 제곱 항에 의해 어마어마한 양의 에너지 발생이 유발된다.

이것이 핵분열과 핵융합의 질량감소에 의해 막대한 에너지가 발생하는 이유이다.

$\triangle E = \triangle m \cdot c2$

$= (1g \times 1\%) \cdot (3 \times 105km/sec)2 = 10\text{-}5kg \times 9 \times 1016m2/sec2$

$= 9 \times 1011\ kg \cdot m2/sec2$

$= 9 \times 1011\ Joule$

● 핵분열 에너지

우라늄에 중성자가 조사되어 크립톤과 바륨으로 핵분열 되는 과정은 다음과 같다.

$$U^{235}_{92} \rightarrow Kr^{85}_{36} + Ba^{140}_{56}$$

1개의 우라늄원자가 핵분열할 때 얻어지는 질량은 수소원자질량단위(AMU)로 환산하여 아래와 같이 구해진다.

235 − (85 + 140) = 10 AMU (1 AMU = 1.66×10-27 kg)

이때 10 AMU 질량 감소분이 에너지로 전환되는 에너지 양은 다음과 같다.

△E = △m · c2 = 10×1.66×10-27 kg×(3×108 m/sec)2 = 1.5×10-9 Joule

즉 단 1개의 우라늄 원자가 핵분열하여 발생하는 질량감소분이 양자요동을 일으켜 광자의 에너지를 방출하는 에너지량이 1.5×10-9 Joule에 이른다. 그렇다면 우라늄 1몰인 우라늄 원자 6×1023개의 235 g이 핵분열할 때 발생하는 에너지는, 6×1023×1.5×10-9 Joule = 9×1014 Joule에 이르르며, 우라늄 1 g이 반응한다고 해도 아래와 같은 상당한 양의 에너지를 얻을 수 있다.

1/235 × 9×1014 Joule = 3.8×1012 Joule

이것이 우라늄의 핵분열을 통한 핵 폭탄의 원리이다. 핵분열의 반응을 서서히 발생하도록 제어할 수 있는 제어 봉을 투입하여 에너지를 장시간에 걸쳐 얻어내면 인간생활에 유용한 에너지로 창조

될 수 있다.

이것이 원자로의 원리인데 원자로에서 얻어지는 열량은 터빈을 회전하는 일로 전환되고, 터빈의 회전 일은 전기에너지로 바뀌어 이용된다.

● **핵융합 에너지**

수소와 리튬, 헬륨의 가벼운 원자핵이 반응하여 새로운 원자핵이 만들어지며 질량의 결손이 발생할 때 얻어지는 에너지를 핵융합 에너지라 한다.

$$Li^{7}_{3} + H^{1}_{1} \rightarrow He^{4}_{2} + He^{4}_{2}$$

외견상으로는 질량의 변화가 없지만 각 원소의 정밀한 원자량을 비교하면 다음의 질량결손이 발생한다.

$$(7.0102 + 1.0081) - (2 \times 4.0039) = 0.0105 \text{ AMU}$$

이만한 질량의 감소가 가상입자의 광주리에 담겨 양자요동을 통해 에너지로 전환된다.

△E = △m · c2 = 0.0105×1.66×10-27 kg×(3×108 m/sec)2

= 2.24×10-12 Joule

리튬과 수소원자 1개씩의 반응에서 이 정도 에너지가 얻어진다. 리튬 1몰인 3 g과 수소 1몰인 1 g의 원자들이 반응하게 되면 아래의 막대한 에너지가 방출된다.

2.24×10-12Joule/개 × 6×1023개 = 1.3×1012 Joule

핵분열과 핵융합으로부터 얻어지는 막대한 양의 에너지는 반응의 속도를 제어함으로써 핵폭탄이 아닌 원자로의 핵발전에 사용된다. 핵분열에 가장 많이 쓰이는 플로토늄은 사용 후에도 방사능을 갖게 되어 폐기물처리에 큰 문제점을 지닌다.

이에 비해 핵융합은 무궁무진한 자원과 유해한 폐기물을 남기지 않아 동력원으로써 지구환경에 아주 적합하지만 반응속도의 제어가 어려워 아직 이용되지 못하고 있다.

3. 고전물리로 풀 수 없는 세 가지 현상

양자물리에서는 다음의 세 가지 현상을 들어 고전물리의 한계를 두각시킨다. 광전효과, 흑체복사 및 Compton 효과가 대표적인 예인데, 이것은 고전물리 학자와 양자물리 학자간에 현상을 보고 해석하는 시각 차이에 기인한다.

바다에 이는 파도를 보고 두 학자들이 관심을 갖는 부분이 바로 고전과 양자물리의 근본적인 차이를 보여준다. 서핀보드를 즐기는 고전물리 학자들은 파도를 보며 파도의 높낮이인 파고에만 신경을 쓴다. 이에 비해 양자물리 학자들은 파도의 높이 외에도 파도가 1분 동안 몇 번 철썩거리겠는가에도 관심이 있다.

이를 비교하면 고전물리에서는 파동의 세기를 단지 양적인 높이만 고려하는 실수를 범하고 있음을 알 수 있다. 즉 파동이란 양자물리에서 고려하는 바와 같이 $E = h\nu$ 의 진동수가 매우 중요한 부분이며 이것에 의해 에너지 크기가 결정된다. 작은 입자의 세계에서 는 파동의 파고보다 오히려 파장이나 진동수를 고려하는 것이 더욱 중요한 요인이 된다.

1원짜리 동전 100개는 양적으로 100원 동전 1개와 동일하겠지만 1원 동전과 100원 동전은 엄연히 다르다는 것을 감지하지 못한 면에서 고전물리 학자들의 오류가 있다. 어린아이가 작은 주먹으로 나를 수천 대 때려도 내가 느끼는 타격은 안마를 받는 정도의 수준이겠지만, 핵 이빨 타이슨이 어린이가 내게 가한 에너지의 총합을 가지고 나를 단 한 방만 때린다 해도 아마 나는 케이오 당할 것이다.

에너지는 양적인 크기에만 의존하는 것이 아니다. 진동수와 같이 에너지를 결정하는 질적인 것에도 그 차이는 확실히 존재하는데, 이것을 양자물리에서 구별하며 고전물리에서 설명 못하는 입자의 행동을 해석하는 것이다.

● 광전효과

광전효과는 1897년에 Thomson에 의해 처음 발견되었다. Thomson은 구리의 금속표면에 빛을 쬐어 주면 금속표면에서 전자가 튀어나오고 전류가 흐르는 것을 확인하였다.

광전효과는 공기와 같은 다른 입자들의 간섭효과를 적게 하기 위하여 진공에서 실험한다. 이 실험에서 특이한 것은 광양극인 구리 표면에 가시광선 범위의 350 nm ~ 600 nm 파장을 아무리 많은 양을 강하게 쪼여줘도 광전자의 방출이 발생하지 않는데 비하여, 이것보다 짧은 파장 영역의 자외선인 100 nm 정도의 파장을 조사하면 아무리 조사 양이 적은 약한 빛에도 광전자가 방출하고 전류계의 바늘이 움직이는 현상이다.

이것은 에너지를 단순히 양으로만 결정하는 고전물리에서는 해석하기 어려운 현상이다. 작은 크기이지만 전체적으로 많은 양을 조사했는데 구리에서 광전자가 방출하지 않은 것은 고전물리에서 인정할 수 없는 사실인 것이다.

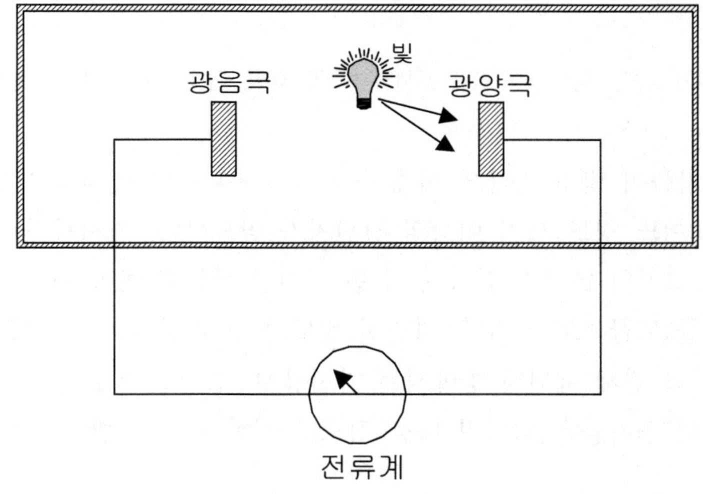

[그림 6-8] Thomson의 광전효과

양자역학에서 광전효과에 대한 해석은 적절하다. 먼저 구리에 조사되는 빛을 양자인 광자로 간주하면 빛의 광자가 갖는 에너지의 크기는 진동수에 비례하고 파장에 반비례한다.

$$E = h\nu = \frac{hc}{\lambda}$$

즉 파장이 긴 가시광선에서 개개의 광자 크기는 작으며, 파장이 짧은 자외선에서 광자의 크기는 이것보다 크게 된다.

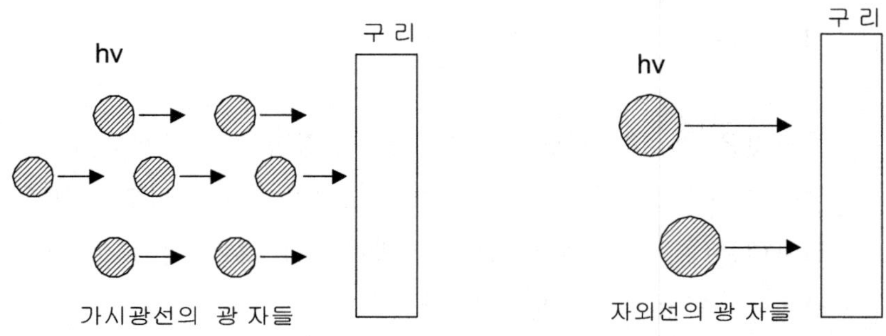

[그림 6-9] 광양극 구리에 조사되는 서로 다른 진동수의 빛 에너지 광자들

광자들이 빛의 자극에 의해 구리에 구속된 표면전자들을 방출하려면 어느 정도 세기 이상의 강펀치가 필요하다. 가시광선과 같은 작은 크기의 에너지 잽이 수십 번 구리를 두들겨 봐야 구리에 붙은 전자들은 꿈쩍도 않지만, 자외선 정도의 한 두 주먹이 구리를 두들기면 그 전체 에너지 양에서는 가시광선 양보다 작다고 해도 구리 표면의 전자들은 떨어져 나갈 정도로 심한 충격을 받는 것이다.

광전효과는 에너지를 단위로 하는 양자론의 가설을 가장 쉽고 명료하게 보여주는 사례이다. 이것은 일기예보관과 파도타기 선수가 파도를 단순히 파도의 높이만으로 맞는 반면에, 양자의 세계에서 파도는 파도의 파장 혹은 진동수가 오히려 중요한 변수임을 보여준다.

긴 파장 혹은 낮은 진동수의 파동에 해당하는 작은 에너지단위의 광자들이 수많이 모여 있으면, 큰 에너지단위 한, 두 개 광자보다 에너지 양이 더 클 수 있으나 각각의 에너지가 물질에 미치는 영향은 다르게 나타난다.

태양으로부터 전해오는 빛과 전파는 우리가 평생을 쬐는 만큼 아무리 그 양이 많다고 해도 우리 몸에 큰 영향을 미치지 않는다. 그러나 원자로에서 유출된 높은 에너지단위의 방사선이 약간 양만 인체에 피폭되더라도 치명적인 영향을 받는 것이 이러한 이유 때문이다. 아인슈타인은 Thomson이 발견한 광전효과를 양자론 입장에서 설명하여 그의 첫 번째 노벨상을 수상하였다.

● **흑체복사(black body radiation)**

열이라는 에너지가 전달되는 기구에는 복사, 전도, 대류가 있다. 전도는 격자나 원자 결합의 떨림으로 열에너지를 전하는 것이고, 대류는 열에너지를 갖은 중간매체가 직접 이동하여 그 에너지를 전달하는 형태이다. 복사는 전도, 대류와는 달리 중간의 매질이 없어도 열에너지가 전달되는 형태를 갖는다. 오히려 복사는 매질이 없는 진공의 공간에서 에너지 전달이 용이한 특성을 지닌다.

복사(radiation)는 양자론으로 잘 설명되는 자연현상이다. 태양의 빛이 거의 진공이라고 할 수 있는 우주공간을 어떤 체계를 밟고 지구까지 도달하는 것인가? 더욱이 유리창으로 막힌 교실 안까지 그 따뜻함 빛의 에너지는 어떠한 방식으로 전달되는 것일까?

복사는 새로이 규정되는 특별한 현상이 아니다. 수소의 핵융합으로 발생되는 질량감소와 이것에 의한 에너지 생성량이 양자요동에 의해 그 진동수에 해당하는 가상입자의 에너지 광주리에 담기고 ($E = h\nu$), 이러한 광자집단이 공간으로 달리는 것이다. 큰 에너지의 광자들은 수명이 짧아서 일찍 수명을 다하고 ($\triangle E \cdot \triangle t = h$), 빛의 속도로 7분쯤 거리에 있는 지구에는 생명체에 해가 거의 없는 진동수를 갖는 파장의 양자만이 (자외선~전파) 도달하는 것이다.

이러한 광자집단의 공간에서 전달이 복사현상이다. 에너지 단위의 양자인 광자가 유리창과 같은 방해물에 부딪혀 더 이상 전파가 불가능해도 벽 다른 편에 전달되는 에너지는 또 다른 광자를 만들고 에너지를 전하게 된다.

물질을 가열하면 물질은 열에너지를 받고 빛을 발한다. 특히 금속과 같은 규칙적인 결정구조를 갖는 물질은 흡수한 열에너지의 양, 즉 온도의 상승에 따라 고유의 빛 색깔을 발하는 특성을 보인다. 이와 같이 가열된 금속이 흡수한 열에너지에 의해 특정 범위의 파장을 갖은 광자들을 방출하는 현상은 복사에 해당한다.

흑체복사(black body radiation)는 흑색의 금속인 흑은이 코팅된 금속을 그림과 같이 한쪽 구멍이 뚫린 공동으로 만들고 열을 가함으로써 구멍을 통해 관측되는 복사현상을 일컫는다.

금속 덩어리를 그냥 가열해도 복사의 파장을 관측할 수 있지만 그림과 같이 흑체의 가열과 구멍을 통한 파장의 측정이 가열온도에서 방출되는 빛의 파장을 정확하게 측정할 수 있는 장점이 있다.

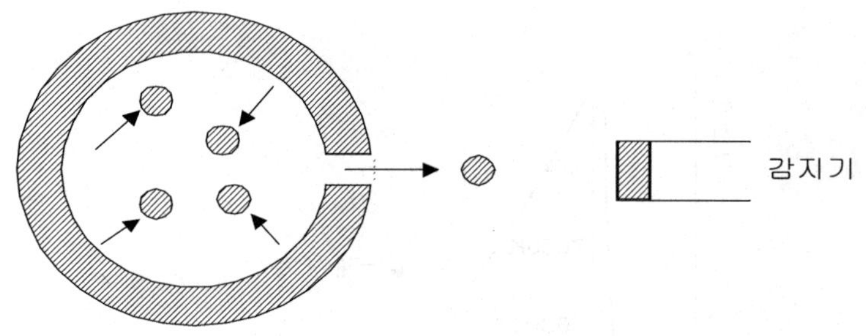

[그림 6-10] 흑체복사 실험

흑체의 금속은 가열과 온도의 상승에 따라 붉은 색, 노란 색, 파란 색 그리고 하얀 색에 이르는 파장의 빛을 흑체 구멍 밖으로 방출하는데, 각 파장의 양을 온도별로 스펙트럼을 통해 측정하였다.

고전물리 이론으로는 가열된 금속에서 방출되는 빛은 온도에 관련하며 금속이 녹기 전까지는 가열온도의 상승에 따라 점점 더 짧은 파장이 연속적으로 발생할 것으로 추정되었다.

즉 이들은 어떤 온도에서 발생되는 빛은 그 온도에 이르는 가장 짧은 파장의 최대강도와 이보다 긴 파장들의 연속분포로 구성될 것으로 예상하였다. 그러나 흑체복사의 실제 스펙트럼 측정결과는 아래 그림에서와 같이 그 온도에서 최대강도를 갖는 파장의 피크는 방출되는 가장 짧은 파장과 다른 것을 보였다.

특정온도에서 최대강도를 갖는 특정한 파장(λ peak)은 최단파장과 일치하지 않는다. 즉 λ peak보다 짧은 파장의 영역에서는 빛의 세기와 양이 오히려 급격히 감소하고 최단 파장을 그림과 같이 형성한다.

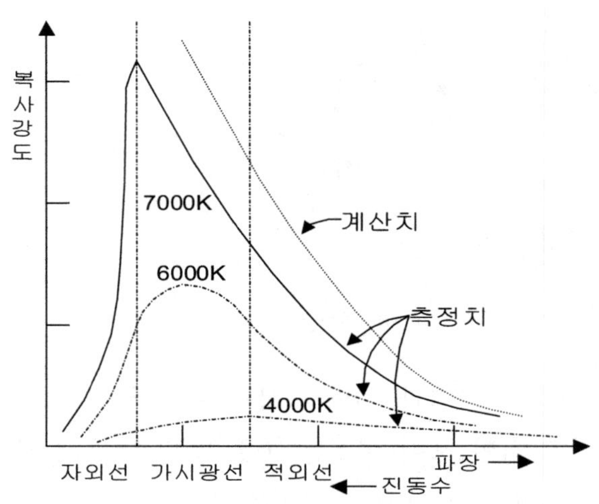

[그림 6-11] 흑체복사에서 측정되는 복사에너지의 파장범위와 강도 [Atkin]

이와 같이 고전물리로 해석할 수 없는 복사에 관한 현상을 양자물리에 적용하면 쉽게 설명이 된다. 어느 온도에서 가열된 금속이 열을 받고 방출하는 에너지는 그 온도의 가장 대표적인 에너지 그릇에 가장 많이 담기고, 가장 강한 세기의 복사강도를 형성한다. 고전물리에서는 여기까지의 파장이 존재할 것으로 예측했지만 실제 이것보다 짧은 파장의 존재가 측정된다. 일정 온도에서 금속이 발하는 빛이 긴 파장 영역부터 최대강도를 갖는 파장(λ peak)까지 존재한다면 이것보다 그 양이 적어서 강도는 약하겠지만 더 짧은 파장의 영역이 존재하는 것이 오히려 자연스럽다.

스펙트로미터를 통해 각 파장에서의 에너지 세기 (강도)를 측정하면 양자론에서 제시하는 에너지 단위로써의 양자 에너지, $E=h\nu$ 조건에 잘 일치하는 것이 입증된다. 아래 그림에서 λ 1, λ 2, λ 3, …의 각 파장이 갖는 양자화된 에너지 단위는 ○, ○, ○, …과 같이 파장이 길어지고 진동수가 감소함에 따라 점점 감소한다.

아래의 그림을 예로 들어 흑체복사에서 얻어지는 가열금속이 방출하는 빛의 파장과 세기의 관계를 나타내면 다음과 같이 구해질 수 있다. 가령 최단파장의 λ 1 양자가 1개이고 λ 2가 3개 그리고 최대강도의 파장 λ 3가 8개 그리고 λ 4, λ 5의 양자개수가 각각 10개, 8개라고 하면 이에 해당하는 에너지 합이 곡선을 이룬다. 이러한 에너지는 각 파장의 개수에 따라 λ 1, λ 2, λ 3, λ 4, λ 5에서 각각 hν 1, 3hν 2, 8hν 3, 10hν 4, 8hν 5으로 정해진다.

이렇게 복사강도를 이루는 곡선에서 파장을 분별하고 그 파장이 갖는 에너지를 다시 개수를 세는 양자단위로 분별하여 곡선의 강도값을 계산하면 실제 값과 유사한 결과를 얻는 것에 양자론의 강점이 있다. 물론 위의 곡선은 실제와 다른 한 예에 불과하지만 빛의 곡선 자체가 각 파장에서 이루는 양자들의 n개 집단에 의해 형성된다는 양자론적 입장을 잘 보여주는 것이다.

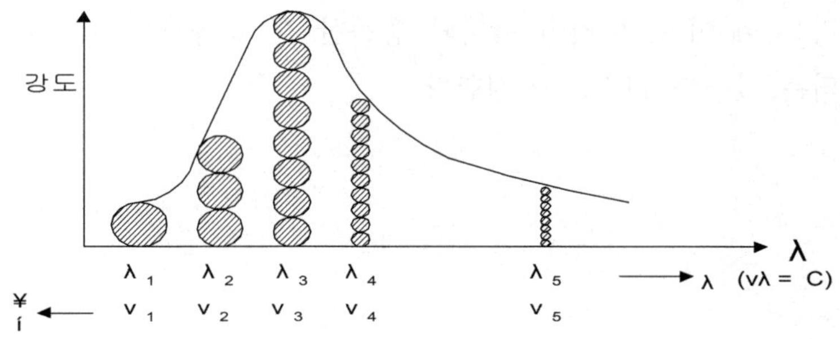

그림 6-12 복사에너지의 강도를 광자의 파장과 진동수단위로 명시

● **컴프턴 효과(Compton Scattering)**

하얀 당구공이 어느 각도로 빨간 당구공을 때렸을 때 두 당구공이 어떤 각도로 튀어 나갈 지에 대해서는 고전물리에서도 잘 계산할 수 있는 현상이다. 즉 고전물리에서 당구공이 튀는 방향은 운동하는 두 당구공의 운동량과 각도를 측정하여 운동량 보존과 에너지 법칙에 적용하면 쉽게 구할 수 있다. 그러나 당구공 크기가 작아져서 양자물리에 등장하는 광자와 전자의 크기에 이르면 고전물리에서 해석한 결과는 잘 맞지 않게 된다.

아래 그림과 같이 광자를 조사하여 정지된 전자와 충돌시키면 두 입자의 충돌전후의 행동은 고전물리적인 해석보다는 양자물리의 가설에 따르는 것이 컴프턴에 의해 입증되었다.

조사되는 광자의 운동량과 에너지를 P1, E1이라 하고 충돌후 산란된 광자의 운동량과 에너지를 P2, E2라 한다. 또한 정지된 전자의 질량은 mo이며, 이것이 광자와 충돌한 후 운동량을 획득하고 갖게 되는 질량을 mf라고 가정한다.

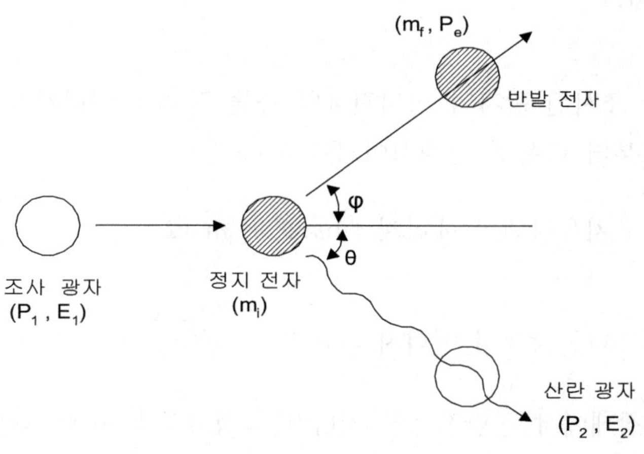

[그림 6-13] 컴프턴 효과

조사된 광자와 정지전자의 충돌 전후에 대한 운동량은 보존되는 것으로부터 아래의 관계식이 유도된다.

$$P1 = P2 + P3$$

$$Pe = P1 - P2$$

$$|P_e|^2 = (P1 - P2) \cdot (P1 - P2)$$

양변에 빛의 속도의 제곱을 곱해주면,

$$c2|P_e|2 = c2\,|P_1|2 + c2|P_2|2 - 2\ c2\ P1 \cdot P2$$

$P1 = \frac{E_1}{c} = \frac{h\nu_1}{c}$, $P2 = \frac{E_2}{c} = \frac{h\nu_2}{c}$ 이므로

$c2|P_e|2 = (h\nu\ 1)2 + (h\nu\ 2)2 - 2h2\,\nu\ 1\nu\ 2\ \cos\theta$, θ 는 P1과 P2

의 사잇각

또한 조사된 광자와 정지전자의 충돌 전후에 에너지가 보존되는 것으로부터 다음의 관계식이 유도된다.

처음상태의 에너지 : hν 1 + moc2

나중상태의 에너지 : hν 2 + $\sqrt{(m_o c^2)^2 + (P_e \cdot c)^2}$

나중상태에서 산란전자의 에너지는 정지질량 mo에 대한 에너지 moc2과 운동가속에 의한 에너지 Pe、c에 대한 기하평균값을 갖는다.

hν 1 + moc2 = hν 2 + $\sqrt{(m_o c^2)^2 + (P_e \cdot c)^2}$

hν 1 − hν 2 + moc2 = (moc2)2 + (Pe、c)2

(hν 1 − hν 2)2 + 2moc2(hν 1 − hν 2) + (moc2)2

= (moc2)2 + (Pe、c)2

(Pe、c)2 = c2 $|P_e|$2

= (hν 1)2 + (hν 2)2 − 2h2 ν 1ν 2 + 2moc2 (hν 1 − hν 2)

운동량보존과 에너지보존으로 유도된 두 관계식을 등식으로 연결하면 다음과 같이 정리된다.

$-2h^2\nu_1\nu_2\cos\theta = -2h^2\nu_1\nu_2 + 2m_oc^2(h\nu_1 - h\nu_2)$

$h\nu_1\nu_2(1 - \cos\theta) = m_oc^2(\nu_1 - \nu_2)$

$$\frac{v_1 - v_2}{v_1 v_2} = \frac{h(1-\cos\theta)}{(m_o c^2)}$$

$$\frac{1}{v_2} - \frac{1}{v_1} = \frac{h(1-\cos\theta)}{(m_o c^2)}$$

$$\frac{\lambda_2}{c} - \frac{\lambda_1}{c} = \frac{h(1-\cos\theta)}{(m_o c^2)},\quad \nu\lambda = c \text{ 이므로}$$

$$\lambda_2 - \lambda_1 = \frac{h(1-\cos\theta)}{(m_o c)}$$

컴프턴의 계산에 의하면 조사된 광자의 파장 λ_2와 산란된 광자의 파장 λ_1의 파장차이는 산란각 θ 에 따라 위의 식에 의존한다. 처음과 나중상태의 파장차이가 클수록 $(1 - \cos\theta)$ 항이 증가하는 것인데, 이것은 $\cos\theta$ 항이 감소하는 것을 즉 산락각 θ 가 증가하는 것을 의미한다. 산란각 θ 가 클수록 광자의 파장 혹은 진동수차이가 크고 에너지 상실량이 큰 것을 알 수 있으며, 이것은 실제의 실험결과와 잘 일치한다.

Review and Study Questions

1. 뉴튼의 고전물리와 양자물리의 차이점을 들어보시오.

2. 양자물리를 통해 볼 수 있는 새로운 세계를 말해보시오.

3. 양자물리가 물질 혹은 금속의 구성과 결국 어떻게 연관되어질지에 대해 예상해보시오.

4. I부에서 다룬 열역학과 여기에서의 양자물리는 어떠한 측면에서 서로 비교가 되겠는지 설명하시오.

chapter VII 원자의 구조와 결합

양자물리에 대한 기초 이야기는 겨우 마쳤지만 양자의 미시적인 세계를 거시적인 자연의 확대해야 하는 어려움이 남았다. 여기에는 양자론을 원자 구조의 해석에 도입하는 것으로부터 시작하여 원자간 결합과 결국에는 거시적인 자연의 현상을 양자론적 입장으로 구축해야 하는 과제가 있다.

1. Schrödinger의 고양이

Schrödinger는 방정식과 파동함수를 써서 양자론을 원자의 세계와 거시적 현상에 적용하였다. Schrödinger는 자신의 식을 상자 속의 고양이에 비유하여 표현하였다.

"고양이 한 마리가 철제 상자에 갇혀 있다. 이곳에는 작은 폭발물이 설치되어 있는데 시간이 지날수록 이것이 터질 확률이 높아지다가 한시간이 지나면 50%에 이른다고 한다. 폭발물이 터지면 청산가리가 담긴 병이 깨지고 목이 마른 고양이는 이것을 마시고 죽는다고 한다. 그렇다면 한시간이 지난 후에 철제 상자 안의 고양이는 어떻게 되었을까?"

별일이 아닌 것으로 무척 당연하게 받아들여질 사건일 듯한데 Schrödinger의 고양이를 다루는 방법론은 토론과 논쟁의 불씨가 되었다. 우리가 상식적으로 상상할 수 있는 뉴턴의 고전물리적인 견해로는, 철장 속의 고양이는 한 시간 후에 죽었던지 살아 있던지 둘 중의 한 경우일 것이며 특별히 이상한 사건은 아닐 것이다.

Schrödinger 고양이의 상황을 해석하는데는 뉴턴적인 견해 외에도 다른 여러 관점이 적용된다. 우선 가능성의 세계를 두 개 이상의 많은 경우로 갈라놓는다. 대표적으로 한 세계에는 고양이가 완전히 살아 있고 또 하나의 세계에서는 고양이가 죽어 있다. 이외에도 고려할 수 있는 세계는 무한정으로 존재한다.

시간이 한 시간이 지나고 1분이 경과했을 때 고양이가 살아 있는 경우와 죽은 경우 두 가지 세계가 새로이 생기고, 이러한 가능성의 세계는 시간과 경우에 따라 무한대로 존재하는 것이다. 가능성의 세계들은 서로 동등하게 놓을 수 있으며 이것들에게 파동함수를 적용한다.

시간이 지날수록 고양이가 죽어있는 경우의 세계 숫자가 증가하고 반대로 고양이가 살아있는 경우의 세계 수는 줄어든다. 다시 말해서 고양이가 살아 있거나 죽은 경우를 파동함수와 관련한 확률적인 상황으로 판단하는 것이다.

그러나 통계적인 결과는 최종적인 결과로 사용할 수 없다. 단지 최종결과에 대한 가능한 정보를 제공한다. 더 많은 정보를 갖을수록 보다 진실에 접근하는 결과를 얻는다.

Schrödinger는 고양이의 상태를 양자론적인 방법으로 다루었다.

그의 방정식에 쓰이는 파동함수는 가능한 두 가지 결과에 대한 확률을 나타낸다. 고양이의 상태는 그의 파동함수로 표현되는데, 관측에 의해 한 상태가 사라지고 다른 한 상태만 결과로 남을 때까지 파동함수의 방정식은 혼재되어 있는 상태를 의미한다.

다시 말해서 Schrödinger의 방정식 안에서 고양이의 상태를 나타내는 파동함수가 양자론적 법칙에 따라 혼재한다고 할 때, 그 결과는 관측과 감지에 의해 결정되는 것이다.

이것은 투수가 던진 공을 야구 심판이 판정하기까지 스트라이크도 볼도 아닌 이상한 상황과 동일하다. 투수의 손을 떠난 공이 포수에게 받히게 되면 이미 결과는 스트라이크 아니면 볼 둘 중의 하나로 정해진 것이겠지만, 이 상태는 조금 후에 심판이 스트라이크 혹은 볼로 판정할 때까지는 두 경우의 가능성이 혼재되어 있는 아무것도 아닌 상태인 것이다. 단지 둘 중의 확률이 높은 상태로 결정될 가능성이 큰 것에 지나지 않는다.

Schrödinger의 고양이는 결국 관측자나 심판이 결정방정식에서 돌아다니는 상태의 파동함수를 끄집어내어 무엇으로 결정할 것인가에 따라 정해지는 확률에 의존한다.

철창 속에 갇힌 고양이 한 마리를 가지고 지난 한 세기동안 많은 논쟁이 있었다. 그만큼 입자의 세계에서 우리에게 주어진 현상과 방대한 해석의 장은 쉽게 이해할 수 없다. Schrödinger가 이것을 완전하게 풀었다고 할 수는 없지만, 그의 방정식은 주어진 현상에서 양자론적인 관측자 입장으로 원하는 결과를 얻게 한다.

Schrödinger의 방정식은 복잡하고 이해하기 어려운 개념의 방정식이지만 거시적인 현상과 논리의 세계를 미시적인 원자나 입자의 세계로 연결하는 양자론적 규칙을 정립한 것에 큰 의미가 있다. 이것은 장 (field)에 대한 식이며 확률이 식을 지배한다. 원자핵 주위를 도는 전자의 궤도와 핵간의 인력 또는 전기장, 자기장, 중력장 그리고 온도와 색깔 같은 물리적인 장들도 이러한 양자론적 이론으로 해석된다.

뉴턴 이후 새로이 도입된 물리적 관점들은 원자 이하의 입자에 대한 미시적인 세계와 힘을 다루는 장의 세계에 관한 것이다. Schrödinger의 고양이와 같이 이들은 끊임없이 거시적인 현실의 세계를 이것들과 연결하려고 노력하였다. 양자론에서 Planck 상수 h를 0으로 가정한다면 또는 상대성 이론의 방정식에서 빛의 속도를 대치한다면 이러한 물리적 관점들은 고전물리 현상에 접근한다.

양자론을 바탕으로 Schrödinger의 방정식을 통해 얻어지는 파동함수를 가지고 원자의 구조와 결합 그리고 장에 대한 현상을 해석하는 것은, 자연현상을 완벽하게 이해하기에는 부족하지만 현대물리의 중요한 줄기를 이해하는 시작을 의미한다.

- **Schrödinger의 방정식**

Schrödinger는 고양이의 상태를 파도함수로 표현하였다. 다음은 일차원에서 평면파를 기술하는 파동함수이다.

$$\Psi(x,t) = Ae^{i(kx-\omega t)} \quad (k = \frac{2\pi}{\lambda},\ \omega = 2\pi\nu)$$

파동함수 Ψ는 1차원의 거리 혹은 위치인 x와 시간 t에 대한 함수로 주어진다. Schrödinger가 물질의 상태를 파동으로 생각한 것은 빛이나 전자와 같은 입자들의 행동을 일단 파동의 특성으로 간주한 것이고, 그 다음에 방정식의 풀이를 통하여 관측자 입장에서 단위화된 에너지의 양자화를 주장하고자 하는 포석에 해당한다.

파동함수는 일반적으로 cosine, sine 함수로 대표된다. 위의 식에서 k는 $2\pi/\lambda$ 로써 파장에 관련한 것이고 ω 는 $2\pi\nu$ 로 파동의 진동수를 나타내는 것이다. 일반적인 파동의 함수 꼴을 표현하고자 cosine과 sine함수를 조합하였으며, sine 함수는 허수화하여 오일러 꼴을 만들고 이것을 미분방정식에 적용하기 쉽도록 조형하였다.

이러한 파동함수는 아래와 같은데 이것은 결국 위의 파동함수와 동일한 것이다.

$$\Psi(x,t) = A\{\cos(kx-\omega t) + i\sin(kx-\omega t)\}$$

Schrödinger는 파동함수를 양자론의 가설에 적용하고자 하여 파도함수의 k와 ω 를 양자론의 기본 물성인 운동량 P와 에너지 E로 표현하였다.

$$P = \frac{h}{\lambda},\quad \lambda = \frac{2\pi}{k},\quad P = \frac{h}{(2\pi/k)} = k\cdot\frac{h}{2\pi}$$

$P = \hbar k$ ($\hbar = h/2\pi$, h: 프랑크 상수)

$$E = h\nu\ ,\quad \nu = \frac{\omega}{2\pi},\quad E = h \cdot \frac{\omega}{2\pi}$$

$$E = \hbar\omega$$

따라서 파동함수의 k와 ω 는 P, E로 대치된다.

$$\Psi(x,t) = Ae^{i(Px - Et)/\hbar}$$

위의 파동함수를 가지고 만들 수 있는 관계식은 고전물리에서도 만족하는 아래의 에너지와 운동량의 관계가 이용되었다.

$$E = \frac{P^2}{2m} \quad (E = \frac{1}{2}\ mv2,\ P = mv)$$

즉 파동함수에서 E와 P2의 항목을 도출해내면 위의 관계식을 가지고 새로운 파동방정식이 꾸며지는 것이다. 파동함수에서 E를 꺼내고자 한다면 파동함수를 시간, t에 대해 한번 편미분하면 된다.

$$\frac{\partial\Psi}{\partial t} = Ae^{i(Px - Et)/\hbar} \cdot \frac{iE}{\hbar},$$

$$E = \frac{1}{\Psi} \cdot \frac{\partial\Psi}{\partial t} \cdot \frac{-\hbar}{i} = i\hbar \cdot \frac{1}{\Psi} \cdot \frac{\partial\Psi}{\partial t}$$

또한 파동함수에서 P2을 유추하려면 파동함수를 x에 대해서 두 번 편미분하면 된다.

$$\frac{\partial\Psi}{\partial x} = Ae^{i(Px - Et)/\hbar} \cdot (-i)\frac{P}{\hbar}$$

$$\frac{\partial^2\Psi}{\partial x^2} = A\ e^{i(Px-Et)/\hbar} \cdot (-1)\frac{P^2}{\hbar^2}$$

$$P2 = -\hbar 2 \cdot \frac{1}{\Psi} \cdot \frac{\partial^2\Psi}{\partial x^2}$$

위에서 유도된 E와 P2은 E = P2/2m의 관계식으로 서로 엮어지므로 아래의 방정식이 유도된다.

$$i\hbar \cdot \frac{1}{\Psi} \cdot \frac{\partial\Psi}{\partial t} = -\frac{\hbar^2}{2m} \cdot \frac{1}{\Psi} \cdot \frac{\partial^2\Psi}{\partial x^2}$$

윗식을 간단히 하면 파동함수, Ψ의 x에 대한 2차 미분과 t에 대한 1차 미분이 허수인 상수와 연결되는 형태를 갖는다.

$$\frac{\partial^2\Psi}{\partial x^2} = i\,C\frac{\partial\Psi}{\partial t}$$

이러한 미분방정식의 일반 해는 다시 아래의 파동함수가 되는 순환성을 지닌다. 파동함수가 허수항을 갖는 이유가 여기에 있다.

$$\Psi(x,t) = Ae^{i(kx-\omega t)} = Ae^{i(Px-Et)/\hbar}$$

Schrödinger 방정식의 일반적인 식을 유도하고자 아래의 과정이 더해진다. 먼저 에너지는 입자의 운동량에 의한 것외에도 위치에 의한 포텐샬 에너지, V가 존재함으로 이것이 보완된다.

$$E = \frac{P^2}{2m} + V$$

이 식의 양변에 파동함수를 곱하면 아래의 등식이 주어지며,

$$E\Psi = \frac{P^2}{2m}\Psi + V\Psi$$

여기에 위에서 구한 E와 P2의 파동함수 꼴을 대입하여 정리하면 1차원 상에서 대표적인 Schrödinger의 방정식이 구해진다.

$$i\hbar \cdot \frac{\partial \Psi(x,t)}{\partial t} = -\frac{\hbar^2}{2m} \cdot \frac{\partial^2 \Psi(x,t)}{\partial x^2} + V(x)\Psi(x,t)$$

이것을 3차원의 공간으로 확장하면 일반적인 Schrödinger의 방정식이 아래와 같이 구해진다.

$$i\hbar \cdot \frac{\partial \Psi(x,,y,z,t)}{\partial t} = -\frac{\hbar^2}{2m} \cdot \frac{\partial^2 \Psi(x,,y,z,t)}{\partial x^2} + V(x)\Psi(x,y,z,t)$$

이를 대표적인 Schrödinger 방정식 형태로 표현하면 아래와 같다.

$$E\Psi = -\frac{\hbar^2}{2m}\nabla 2\Psi + V(r)\Psi,\quad \nabla 2 = \frac{\partial^2}{\partial x^2} + \frac{\partial^2}{\partial y^2} + \frac{\partial^2}{\partial z^2}$$

모든 물질의 상태는 이 방정식에 혼재되어 있으며 주목하는 결과가 양자론적 견해로 도출된다. 고양이의 상태를 대변하는 파동함수가 존재하는 확률은 파동함수를 실수화하기 위하여 Ψ에 Ψ를 곱하여 주어진 범위에서 적분하는 값으로 정한다.

$$P = \int \Psi \cdot \Psi \, dx,\quad P : \text{probability}$$

이러한 확률로부터 파동함수는 물리적인 의미를 부여받는다. Schrödinger 방정식의 유용성에 대해서는 다음에 전자궤도와 원자결합 현상에 적용하여 언급하였다.

2. 원자핵 주위의 전자궤도

상자 속의 입자(1차 전자궤도에 대하여)

관측자 입장에서 가능한 모든 상태가 녹아 있는 Schrödinger의 방정식을 가지고 어떤 결과를 유추해볼 것인가? 이것의 가장 간단한 예는 깊은 상자 속에 갇힌 미세한 입자의 운동을 파악해 보는 것이다. 이는 원자핵 주위의 1차궤도에 있는 전자들의 운동과 동일한 것이다.

다음 그림과 같이 높은 에너지 벽에 갇힌 입자 하나가 L 거리를 반복적으로 이동하고 있다. 이때 입자의 질량을 m이라 하고 입자의 위치에너지는 없음을 가정한다.

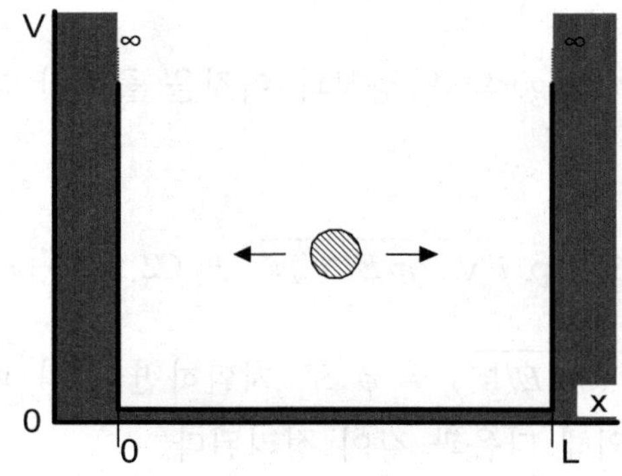

[그림 7-1] 무한대 높이의 에너지 벽속에 갇힌 입자

여기에 적용되는 일차원의 Schrödinger 방정식은 아래와 같은데,

$$i\hbar \cdot \frac{\partial \Psi}{\partial t} = -\frac{\hbar^2}{2m} \cdot \frac{\partial^2 \Psi}{\partial x^2}$$

시간을 고정하고 입자의 행동을 거리 x의 변수로만 가정하면 방정식은 아래와 같이 정해진다.

$$E\Psi = -\frac{\hbar^2}{2m} \cdot \frac{d^2\Psi}{dx^2}$$

이러한 x에 대한 2차 미분방정식은 파동함수를 y로 치환할 때(Ψ = y), 미분방정식의 꼴과 일반해는 다음과 같다.

by'' + ay = 0 (a, b 〉 0), y

$$= C1 \ \exp \ i\sqrt{(a/b)x} + C2 \ \exp -i\sqrt{(a/b)x}$$

따라서 Schrödinger의 방정식과 이것을 풀이한 파동함수의 해는 아래와 같다.

$$\Psi(x) = C1 \ \exp \ i\sqrt{(2mE/\hbar^2)x} + C2 \ \exp -i\sqrt{(2mE/\hbar^2)x}$$

여기에서 $\sqrt{(2mE/\hbar^2)} = \phi$ 로 치환하면 위의 파동함수는 오일러의 공식에 의해 다음과 같이 정리된다.

$$\Psi(x) = C1\ \{\cos(\phi x) + i\sin(\phi x)\} + C2\ \{\cos(-\phi x) + i\sin(-\phi x)\}$$

$$= (C1 + C2)\cos(\phi x) + i\,(C1 - C2)\sin(\phi x)$$

$$= P1\cos(\phi x) + P2\sin(\phi x),\ (P1 = C1 + C2,\ P2 = C1 - C2)$$

위의 파동함수에서 정해야 할 것은 P1과 P2의 상수이다. 이것은 상자 속을 운동하는 입자의 경계조건을 가지고 정해진다. 이러한 경계조건은 입자의 파동성에 의하는데, 질량 m의 입자가 상자 속에서 파동의 특성을 가지고 행동한다면 파동의 보존을 위해서 드브로이파에 적용되어야 하는 전제조건이 경계조건이 된다.

상자 속 입자 파동의 드브로이파는 상자 벽인 x = 0와 x = L에서 반드시 마디의 조건을 만족해야 한다. 마디란 그림에서와 같이 각벽에서 파동함수가 0이 되는 것을 일컫는다.

이러한 드브로이의 물질파 조건을 파동함수 해의 경계조건으로 이용하면 아래의 물리적인 의미가 얻어진다.

$$\Psi(x) = P1\cos(\phi x) + P2\sin(\phi x), \quad \phi = \sqrt{(2mE/\hbar^2)}$$

상자 속 입자의 경계조건에 따라 x = 0, L에서 Ψ = 0이므로,

$$\Psi(0) = P1\ \cos 0 + P2\ \sin 0 = 0, \quad P1 = 0$$

$$\Psi(L) = P1\cos(\phi L) + P2\sin(\phi L) = 0, \quad P2\ \sin\sin(\phi L) = 0$$

즉 P2 $\sin(\phi L)$이 0이 되는 것이 경계조건으로부터 Ψ 함수에 주어진다. 이것은 sine 함수의 각인 ϕL이 아래조건에 만족하는 것을 의미한다.

$$\phi L = 0, \pm\pi, \pm 2\pi, \pm 3\pi, \cdots, n\pi \quad (\text{n은 정수})$$

또한 $\phi = \sqrt{(2mE/\hbar^2)}$이고 $\hbar = h/2\pi$이므로 이들 관계를 정리

하면, 상자 속의 질량 m 입자의 에너지는 아래와 같이 표현된다.

$$(\phi L)^2 = \frac{2mE}{\hbar^2}L^2 = n2\pi2, \quad \hbar = \frac{h}{2\pi}$$

$$E = \frac{n^2h^2}{8mL^2}$$

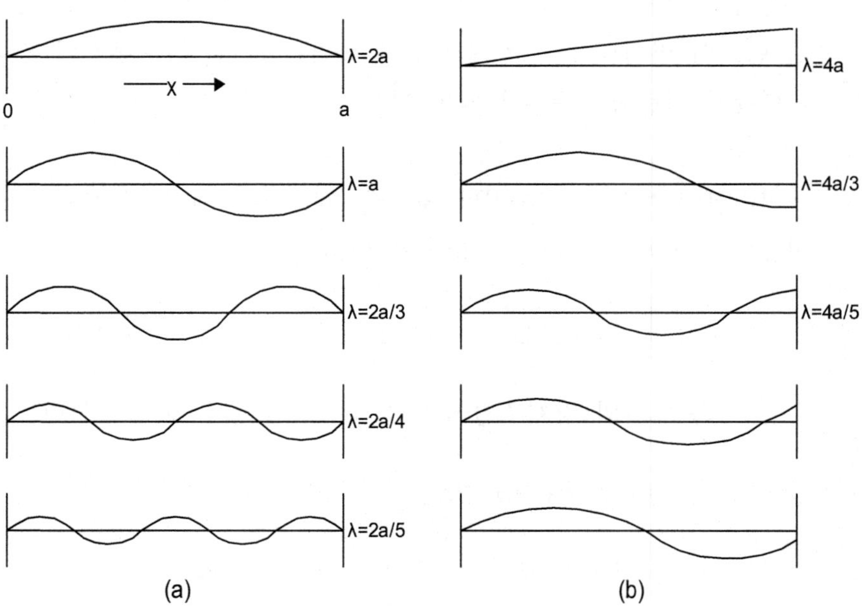

[그림 7-2] (a) 허용되는 정상파, (b) 허용되지 않는 정상파 (a는 현의 길이)

이것은 Schrödinger 방정식을 풀이하는 과정에서 얻게 되는 일종의 부산물이다. 하지만 부산물치고는 상당한 물리적 의미를 갖고 있는 전리품인데 이에 대해서는 Schrödinger의 방정식을 마저 풀고 언급하겠다.

상자 속 입자의 Schrödinger 방정식에서 입자의 파동함수를 유도하려면 입자의 존재확률 범위를 이용한다. 앞에서 언급된 바와 같이 입자 혹은 파동의 존재확률은 학자들이 허수로 얻어지는 파동함수에 물리적 의미를 부여하고자 정한 방법에 따른다. 즉 입자 혹은 파동의 존재확률은 주어진 범위에서 파동함수, Ψ와 보함수인 Ψ를 곱한 것으로 정의되며, 주어진 구간의 적분을 통해 존재확률이 얻어진다.

$$\text{Probability (x)} = \Psi \cdot \Psi = |\Psi 2| = \text{P22}\ \sin 2\ (\phi x)$$

이것을 x의 전 범위에서 적분하면 입자의 존재확률은 1이 된다.

$$1 = \int_{-\infty}^{\infty} \Psi \cdot \Psi\ dx = \int_{-\infty}^{\infty} \text{P22}\ \sin 2\ (\phi x)\ dx$$

$$= \text{P22} \int_{-\infty}^{\infty} \sin 2\ (\phi x) dx$$

그런데 상자의 구간은 x의 0 ~ L 이므로 이를 적분구간에 적용하고, sine 제곱의 항을 cosine 법칙에 의해 1차항으로 전환하여 적분을 풀이하면 아래와 같다.

$$1 = \text{P22} \int_0^L \frac{1-\cos 2\phi x}{2} dx = \text{P22}\ [x/2 - \sin \phi x]_0^L$$

$$= \text{P22} \cdot \left(\frac{L}{2} - \sin \phi L \right)$$

여기에서 $\sin\phi L$은 경계조건으로부터 0이므로 파동함수의 상수값 P2는 아래와 같이 결정된다.

$P2 = \sqrt{(2/L)}$

이것과 앞에서 결정된 P1 = 0와 $\phi L = n\pi$의 값을 파동함수에 대입하여 정리하면 상자 속의 질량 m 입자의 파동함수는 다음과 같다.

$$\Psi(x) = P1\cos(\phi x) + P2\sin(\phi x) = \sqrt{(2/L)}\sin\frac{n\pi}{L}x$$

상자 속에서 운동하는 입자 m의 파동함수는 이상과 같이 x = 0, L의 벽에서 입자는 마디를 이루고 주양자수로 불리는 n수에 따라 마디 수는 증가한다는 드브로이 물질파의 조건에 만족한다. 또한 입자가 상잔에서 발견될 확률이 1임을 고려하여 $\sqrt{(2/L)}$의 상수가 구해지며, n 양자수에 따라 입자의 에너지, E는 n2h2/(8mL2)로 써 n2에 비례하는 경계조건을 갖는 것이 이 식에서 얻을 수 있는 물리적 의미이다.

1차원 상자 속 입자의 에너지가 파동함수의 경계조건으로부터 n2에 비례하는 것으로 구해지는 결과는 중요한 의미를 내포한다. 즉 에너지가 n2 형태인 1, 4, 9, 16, …에 해당하는 에너지 단위로 양자화되는 것이다.

이와 같이 입자의 에너지, E가 n2에 비례하는 에너지의 양자화는 원자핵의 전기적 인력에 구속되어 핵주위를 돌고 있는 전자들의 운동성과 관련한다. 이것이 바로 핵주위를 도는 전자들의 여러 궤도 중에서 주양자각이라고 하는 궤도에 해당하는 것이다.

주양자수 n이 1, 2, 3, 4, …에 해당하는 k, l, m, n각의 에너지는 1, 4, 9, 16, …에 비례하며 이것을 에너지축과 드브로이의 물질파에 비교하면 그림과 같은 입자의 행동을 추정할 수 있다.

각 전자각의 오비탈(orbital)인 s 궤도함수는 3차원 상에서는 구상의 궤적을 형성하며 n = 1, 2, 3, 4, …의 증가에 따라 물질파의 주기가 증가하는 형태로 운동한다. 이때 각각의 에너지는 1, 4, 9, 16, …, n2 배에 해당하는 에너지 단위의 양자를 이룬다.

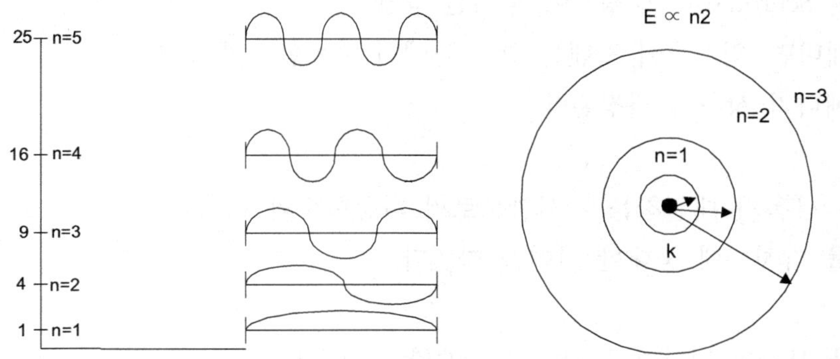

[그림 7-3] 드브로이파의 파동주기, 에너지 크기 및 주양자수

- **주양자수**

포텐샬 상자 속에서 질량 m의 입자가 운동하고 있는 것은 원자핵의 포텐샬에 구속된 질량 m의 전자 파동운동과 일치한다. 질량 m인 전자의 운동은 위에서 유도된 바와 같이 Schrödinger의 파동방정식 $E\Psi = -\hbar^2/2m \cdot d^2\Psi/dx^2$에 의하여 파동함수 $\Psi(x) = \sqrt{(2/L)}\sin\frac{n\pi}{L}x$로 구해진다.

또한 전자의 에너지, E가 양자수 n에 대하여 n2에 비례하는 꼴을 갖는다. 이러한 n값에 해당하는 양자수를 주양자수(principal quantum number)라고 하며 핵주위에 n = 1, 2, 3, 4, …에 대해 K껍질, L껍질, M껍질 등의 이름을 갖는 주양자각을 형성한다.

주양자각의 에너지는 1, 4, 9, 16, …에 해당하는 배율로 증가하며 이것은 드브로이의 물질파 개념을 경계조건으로 하여 파동방정식에서 얻어지는 부산물이다. 핵주위 주양자각에 존재하는 전자들의 상태를 Schrödinger 방정식에 혼재된 상황으로부터 관측자 입장에서 구해내면, 입자들이 포텐샬 상자 안에서 파동함수의 구체적인 형태와 에너지 상태가 결정된다.

Pauli는 다음의 대원칙을 제시함으로써 파동함수와 더불어 원자의 구조를 밝히는데 중대한 기여를 하였다.

"동일한 상태의 전자가 동일하게 존재할 수 없다."

기차의 객실을 비유한 핵주위의 전자 운동을 고려하면 핵 주위의 주양자각에는 그 파동함수에 해당하는 s 오비탈의 궤도함수가 구형의 궤적을 그리며 회전하고 있는데, 기차 한 칸에는 동일한 상태의 전자가 공존할 수 없다는 Pauli의 원칙에 따라 각 기차 칸에는 up, down의 단 두 개의 전자만이 승차하여 핵주위를 여행하는 것이다. 이러한 전자들의 운동을 고려하여 대략적인 원자 모델을 구상하면 아래 그림과 같이 각 주양자각에 s궤도함수에 승차한 두 개의 전자가 파동의 운동성을 갖고 원자핵 주위를 동그란 구형의 궤적으로 존재하는 것을 상상할 수 있다.

• 전자의 회전운동

앞에서 핵주위의 주양자수에 놓인 전자쌍, s 궤도함수는 회전운동을 하는 것으로 밝혔다. 이와 같이 핵 주위 전자들의 원운동을 가정한 가설은 Schrödinger 방정식의 새로운 양자수를 도출한다.

반경 r의 원운동을 하는 질량 m의 입자를 고정된 시간축과 x의 1차원적인 거리에서 Schrödinger의 방정식을 표현하면 아래와 같다.

$$i\hbar \cdot \frac{1}{\Psi} \cdot \frac{\partial\Psi}{\partial t} = -\frac{\hbar^2}{2m} \cdot \frac{1}{\Psi} \cdot \frac{\partial^2\Psi}{\partial x^2}$$

$$E\Psi = -\frac{\hbar^2}{2m} \cdot \frac{d^2\Psi}{dx^2}, \quad \frac{2mE}{\hbar^2}\Psi + \frac{d^2\Psi}{dx^2} = 0$$

여기에 새로운 경계조건을 적용하기 위하여 $2mE/\hbar2$이 항상 0보다 큰 것을 가정하여 이것을 m_l^2으로 치환한다. 이 값은 항상 0보다 같거나 큰 범위에 있다. 이것으로 치환된 2차 미분방정식과 해는 다음과 같다.

$$\frac{d^2\Psi}{dx^2} + \frac{2mE}{\hbar^2}\Psi = 0, \quad \Psi(x) = P1e^{im_l x} + P2e^{-im_l x}$$

여기에 순환성 원운동의 경계조건을 적용하면 파동의 끝마디가 만나야 하는 드브로이파의 조건에 따라 위의 파동함수는 아래의 관계로 정리된다.

$$\Psi(\theta) = \Psi(\theta + 2\pi)$$

$$\Psi(\theta) = P1e^{im_l\theta} + P2e^{-im_l\theta}$$

$$\Psi(\theta+2\pi) = P1e^{im_l(\theta+2\pi)} + P2e^{-im_l(\theta+2\pi)}$$

위의 관계에 따라 일정각 θ 와 입자가 한바퀴 회전한 후의 각 θ +2π 에서 파동함수가 일치하는 조건은 아래와 같이 구해진다.

$$e^{im_l\theta} = e^{im_l(\theta+2\pi)}$$

$$e^{im_l(\theta+2\pi)} = e^{im_l\theta} \cdot e^{im_l 2\pi}$$

$$e^{im_l 2\pi} = 1$$

$\exp(im_l 2\pi)$ 는 오일러 공식에 의해 다음과 같이 전개되며 이 값이 1이 되기 위해서는 $\boldsymbol{m_l}$ 값에 대한 새로운 양자화 조건이 구해진다.

$$e^{im_l 2\pi} = \cos m_l 2\pi + i\sin m_l 2\pi = 1$$

윗 식이 성립하기 위해서는 우선 허수항의 계수인 $\sin m_l 2\pi$가 0이어야 한다. 이것으로부터 m_l은 정수값으로 정해진다. 또한 실수항 $\cos m_l 2\pi$가 1이 되기 위해서는 $\boldsymbol{m_l}$이 마찬가지로 0을 포함한 음, 양의 정수이면 된다.

$$m_l = 0,\ \pm 1,\ \pm 2,\ \cdots$$

• **각운동량 양자수**

전자의 회전운동을 1차원에서 3차원으로 확장하면 Schrödinger

방정식과 이로부터 구해지는 파동함수는 아래와 같다.

$$E\Psi = -\frac{\hbar^2}{2m} \cdot \nabla 2\Psi + V\Psi$$

입자의 파동함수를 3차원의 구 표면에 나타내면 아래 그림에서와 같이 반지름 r 거리에 놓인 θ 와 ψ 의 각도 변수로 주어진다. 또한 이에 대한 파동함수는 아래와 같다.

$$\Psi = f1(\theta) \cdot f2(\psi)$$

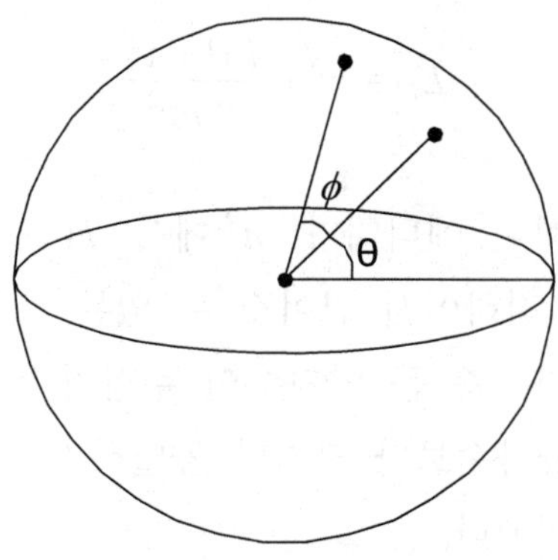

그림 7-4 3차원 공간에서 파동함수

위의 파동함수에 대하여 파동의 순환성 경계조건을 고려하면 Legendre의 쉽지 않은 풀이과정을 통하여 또 하나의 양자수 l 이 정해진다. l 은 0을 포함하는 자연수인데 m_l 과 다음의 관계에 있다.

$$l = 0,\ 1,\ 2,\ 3, \cdots,\quad m_l = 0,\ \pm 1,\ \pm 2,\ \cdots,\ \pm l$$

주양자수 n에서 정해지는 에너지는 $E_n = n^2\hbar^2\pi^2/(2mL^2)$으로 유

도되는데 입자가 회전운동하는 것을 고려하면 상자 속의 길이 L은 반원지름, π r에 해당한다.

$$E_n = \frac{n^2\hbar^2}{2mr^2}$$

그런데 3차원 회전운동의 Schrödinger 방정식 풀이과정에서 인용된 Legendre 식으로부터 이미 양자수가 $n^2 \rightarrow l(l+1)$로 놓이기 때문에 새로운 에너지의 양자화는 이러한 부양자수 l에 따라 아래와 같이 주어진다.

$$E_l = \hbar^2 \cdot \frac{l\,(l+1)}{2mr^2}$$

이와 같이 단위화된 에너지가 n^2 에서 $l(l+1)$로 대치되는 것은 n×n의 꼴 바로 직하에서 얻어질 수 있는 모든 양자의 경우 수를 나열한 개념이다. 즉 큰 양자수인 주양자수는 그 하부 단위인 부양자수의 작은 양자수보다 크거나 동일하기 마련으로 아래와 같은 부등식으로 표현된다.

$$n^2 \geq l\,(l+1)$$

이 부등식은 n 값에 따라 ℓ 의 값이 다수 정해질 수 있는 부정방정식으로써 다음의 해 집합이 구해진다.

n = 1일 때, l = 0

n = 2일 때, l = 0, 1

n = 3일 때, l = 0, 1, 2

n = 4일 때, l = 0, 1, 2, 3

n = n일 때, l = 0, 1, 2, 3, …, n-1

따라서 부양자수 l은 주양자수 n에서 1을 뺀 값 이하의 모든 자연수 (0을 포함)를 포함한다.

$$0 \leq l \leq n-1 \quad (l\text{은 정수})$$

원자핵 주위를 운동하는 전자의 드브로이 경계조건과 회전운동까지에서 정해지는 양자수들은 주양자수(principal quantum number, n)와 각운동량 양자수(ngular momentum quantum number, l)를 들 수 있다.

그리고 각운동량 양자수는 회전의 특성에 따라 이에 해당하는 자기양자개수(m_l)를 갖는다. 이들은 서로를 종속적으로 구속하는데 핵주위를 도는 전자들의 확률적인 궤도인 파동함수를 지정하기 위해서는 큰 양자수로부터 작은 양자의 순서로 분류하는 체계가 필요하다.

각 양자수가 대변하는 전자들의 궤적은 주양자수가 먼저 E∝n2에 해당하는 부분에 대략적인 전자들의 존재영역을 마련하는 것으로부터 머릿속에 그려볼 수 있다. 이 궤적은 공모양의 모습으로 아직 명쾌하게 분별되지 않은 전자궤도의 희미한 구름형태로 그려진다.

n각의 주양자수는 0에서부터 1, 2, 3, …, (n-1)에 이르는 각운동량 양자수를 가지고 있으며 이들에게는 s, p, d, f, …라는 궤도함수의 이름이 각각 붙여져 있다. 이와 같이 각 주양자각에 속한 여러 종류의 각운동량 양자수는 그 궤도함수 이름에 걸맞은 궤적을 그린다.

물론 궤도 각운동량에 해당하는 모든 행동은 철저히 그것이 속한 주양자각의 궤적 한계 내에서 결정된다.

또한 회전의 모습에 따른 l의 각운동량 양자수에는 회전의 궤도를 함께 하는 전자 궤도의 개수가 정해진다. 여기에 속한 양자의 개수는 m_l로 표현되며 이것은 각운동량 양자수 l에 종속되어 그 개수는 0을 포함하여 ±l에 이른다.

가령 각운동량 양자수 l이 0인 s 궤도함수의 경우에 궤도의 개수 m_l은 0인 1개만이 존재하고, 각운동량 양자수 l이 1인 p 궤도함수의 경우 $m_l = 0$, ±1의 3개에 이르는 궤도 개수를 포함한다. 또한 각운동량 양자수 l이 2인 d 궤도함수의 경우 $m_l = 0$, ±1, ±2의 5개에 이르는 궤도 개수를 갖고, 각운동량 양자수 l이 3인 f 궤도함수의 경우 $m_l = 0$, ±1, ±2, ±3의 7개에 이르는 궤도 개수를 포함한다. 즉 각운동량 양자수의 궤도 개수 m_l은 각운동량 양자수 l에 따라 아래와 같이 일반화되며, 그림의 표로 정리된다.

$$m_l = 0, \ \pm 1, \ \pm 2, \ \cdots, \ \pm l. \quad m_l = 2 \cdot l - 1$$

주양자수(n)	각운동량 양자수(l)	자기양자수(m_l)	궤도함수 갯수	궤도함수 총갯수	전자수
1	0	0	1	1	2
2	0 1	0 0, ±1	1 3	4	8
3	0 1 2	0 0, ±1 0, ±1, ±2	1 3 5	9	18
4	0 1 2 3	0 0, ±1 0, ±1, ±2 0, ±1, ±2, ±3	1 3 5 7	16	32

[그림 7-5] n, l, m_l **양자수와 궤도함수 개수**

주양자수에 해당하는 전자들은 대략적인 공모양의 구름 띠를 형성한다고 했다. 각운동량 양자수는 이러한 대략적인 입자들의 존재범위를 보다 구체적으로 분리하는데, 자신의 궤적을 구분하고자 하는 전자 입자들의 궤도 모양은 각 궤도함수인 s, p, d, f 등의 오비탈 종류에 따라 다음 그림과 같이 표현된다.

각 부양자수에 포함된 0, ±1, ±2, ⋯ , ±l 까지의 양자 개수 m_l은 그림과 같은 궤도를 갖으며 분별화된 존재 및 에너지 영역을 차지하는 것이다. 이와 같이 궤도를 달리는 최종의 궤도 함수를 오비탈이라고 하며 이것은 마치 기차의 방 한 칸과 같다.

오비탈로 불리는 이 방에는 다음에서 결정될 up, down의 스핀 양자수에 해당하는 두 개의 전자가 함께 타고 있다. Pauli의 원칙에 따라 이 방에는 서로 동일한 상태의 전자가 동승할 수 없으므로 절대 다른 또 하나의 전자가 함께 할 수 없는 것이다.

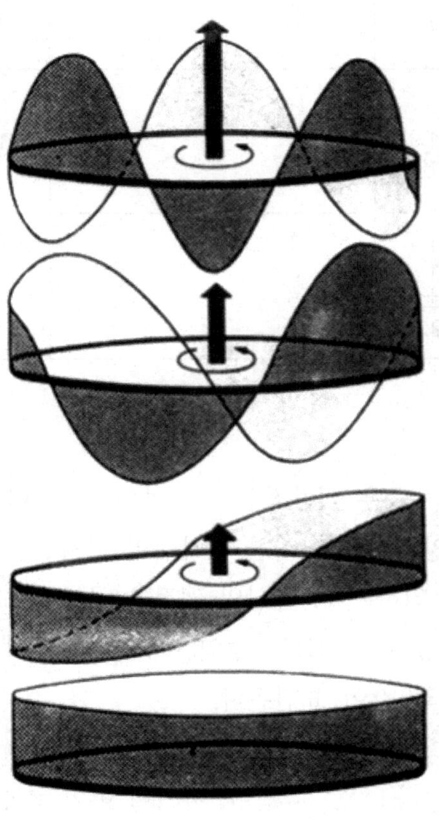

$m_l = +3$

$m_l = +2$

$m_l = +1$

$m_l = 0$

[그림 7-6] 각 운동량 [Atkins]

● 스핀 양자수

스핀 양자수는 전자 자체의 자전에 의해 결정되며 $m_s = \pm1/2$로 표현된다. 전자가 스스로 회전하는 방향을 구분함으로써 정해지는 새로운 양자수는 자전 방향에 따라 up과 down의 방향으로 구분한다.

이러한 스핀 양자수를 언급함으로써 원자핵 주위를 돌고 있는 전자들의 운동모양인 파동함수를 모두 결정할 수 있다. 이는 핵주위의 전자들의 존재 여건에 적합한 경계조건을 Schrödinger 방정식에 적용함으로써 얻어지는 것인데, 결국 모든 전자들의 행동인 궤적과 운동 모습에 대한 분포상황은 관측자 입장에서 관측자 입장에서 양자론적 논리로 결정되었다.

스핀 양자수를 고려한 전자들의 운동 모습을 전자들의 회전방향을 정대축으로 하는 정대면으로 하여 그려보면 아래 그림과 같이 분별된다.

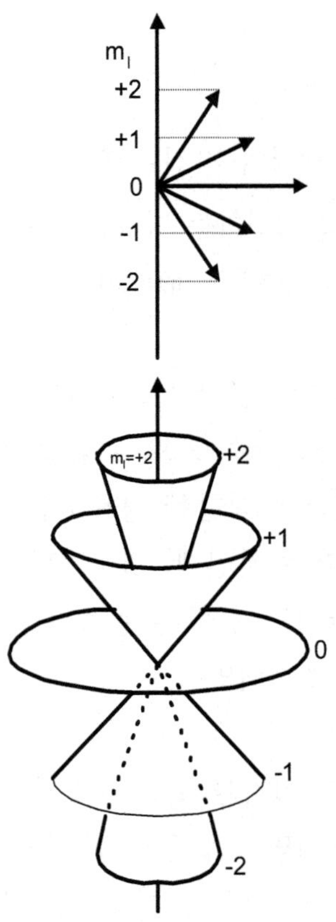

[그림 7–7] 스핀 양자수

● 에너지 준위

각 양자수와 오비탈 그리고 전자가 담긴 것까지를 표로 정리하면 아래와 같이주양자수인 n 외에도 각 궤도에 존재하는 오비탈은 새로운 에너지 등급으로 분별화된다.

즉 앞에서 언급된 주양자수, n에 대한 에너지는 E ∝ n2에 해당하는 에너지로 분별화하는데, 각 주양자수 내에서도 각운동량 양자수에 따라 새로운 에너지의 차별이 발생하는 것이다. 이것을 그림으로 나타내면 다음과 같다.

원자핵 주위의 전자들은 먼저 낮은 에너지 준위에 있는 궤도 함수를 채우며 위로 올라간다. 전자는 먼저 1s 오비탈에 두 개, 2s에 두 개 그리고 2p 오비탈에는 여섯 개의 전자가 채워진다. 또한 3s에 두 개, 3p에 여섯 개의 전자가 채워진 후에는 3d보다 4s 오비탈이 오히려 낮은 에너지 상태가 되므로 4s를 먼저 채우게 된다.

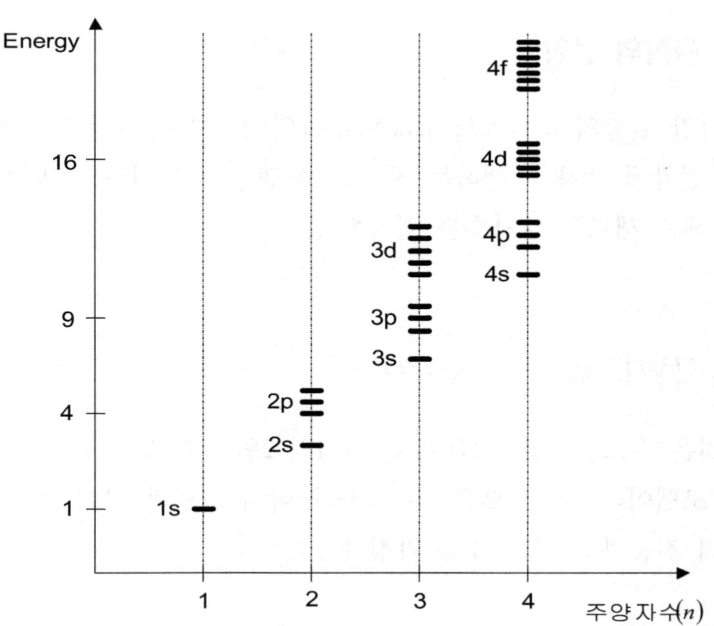

[그림 7-8] 주양자수와 각운동량 양자수의 에너지 준위

3d와 4p 궤도함수의 에너지 준위는 서로 비슷하여 이 부분까지만 전자들이 채워질 경우 최외각 전자들은 주양자수 3과 4인 M 및 N껍질에 서로 혼재되어 특별한 구분 없이 전이전자로 행동한다. 이러한 특성의 최외각 전자를 갖는 원소들은 대부분 금속의 특성을 나타낸다.

핵주위에 전자가 채워지고 가장 외각에 존재하는 전자들에 의해 대부분의 원자 결합 특성이 결정되며 이온, 공유, 금속, 분자간 결합 등의 종류로 나뉜다.

3. 원자의 결합

원자간 결합의 해석에도 Schrödinger의 방정식이 이용되었다. 식에는 결합에 의해 발생하는 새로운 포텐샬이 도입되고 방정식의 결과 해는 새로운 양자수를 결정한다.

• 조화진동자(harmonic oscillator)

이것은 수소분자인 H2와 같은 H-H의 2원자 분자의 결합에 적용되는 모델이다. 이 모델은 두 원자가 아래 그림과 같이 스프링에 매달려 진동하고 있는 것을 가정한다.

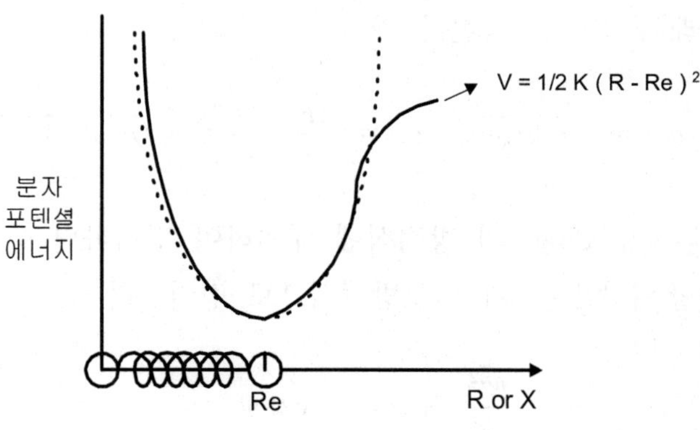

[그림 7-9] 조화진동자 모델

두 원자 사이의 결합을 이루는 에너지는 원자간의 평형거리, Re에서 최소를 이루고 원자간 거리가 이 보다 가깝거나 멀어진다면 포물선의 형태로 증가하는 것을 예상할 수 있다. 결합에너지인 포텐샬은 원자간 결합을 구속하며 다음과 같이 거리 R의 함수로 표현된다.

$$V = \frac{1}{2} k (R - Re)2$$

위의 포텐샬에서 k 값이 클수록 두 원자간의 결합력이 큰 것을 의미하며 포물선의 중심인 Re를 중심으로 좁고 가파르게 된다.

포텐샬의 거리 (R - Re)를 x로 치환하여 Schrödinger 방정식에 대입하면 아래와 같다.

$$E\Psi = -\frac{\hbar^2}{2m} \cdot \frac{d\Psi^2}{dx^2} + \frac{1}{2}kx2\,\Psi$$

이 방정식에 혼재된 결합의 파동함수 Ψ를 결정하는 과정으로

식을 아래와 같이 변형한다.

$$\omega = \sqrt{(k/m)}, \quad \varepsilon = \frac{2E}{\hbar\omega}, \quad y = \sqrt{(m\omega/\hbar)} \cdot x$$

이것을 Schrödinger의 방정식에 대입하여 정리하면 아래와 같이 해를 구할 수 있는 2차 미분방정식으로 정리된다.

$$\frac{d\Psi^2}{dx^2} + (\varepsilon - y2)\Psi = 0$$

위 식의 풀이과정에서 ε 에 대한 새로운 양자화가 얻어지며, 이것에 의해 원자간 결합에서 에너지의 새로운 양자수가 다음과 같이 구해진다.

$$\varepsilon = 2N + 1, \quad E = \hbar\omega \ (N + \frac{1}{2})$$

즉 2 원자 결합의 분자는 진동에 의해 양자화된 새로운 에너지의 분리를 만들어내는 것이다.

조화진동에 의해 결정되는 파동함수 $\Psi(x)$는 이것의 존재확률인 $|\Psi(x)^2|$ 값으로 주어질 때 물리적 의미를 갖는다.

$$\text{Probability } (x) = \Psi \cdot \Psi = |\Psi^2|$$

그림은 진동 포텐샬 안에서 결정되는 파동함수와 존재확률을 보여주는 것이다. 결합분자는 진동에 의해 만들어지는 새로운 양자수에 의하여 각 양자수에서 존재의 마디를 형성한다.

n=0인 경우에 원자간의 가장 낮은 포텐샬을 갖는 평형위치에서 가장 높은 존재의 확률을 보이는 결합성을 보이는 반면에, n=1일 때는 오히려 이 평형위치에서 존재확률이 0인 마디를 형성한다. 존재의 마디를 갖는 이러한 현상은 n 값에 따라 다음 그림과 같이 진동자 내에서 서로 다르게 구성된다.

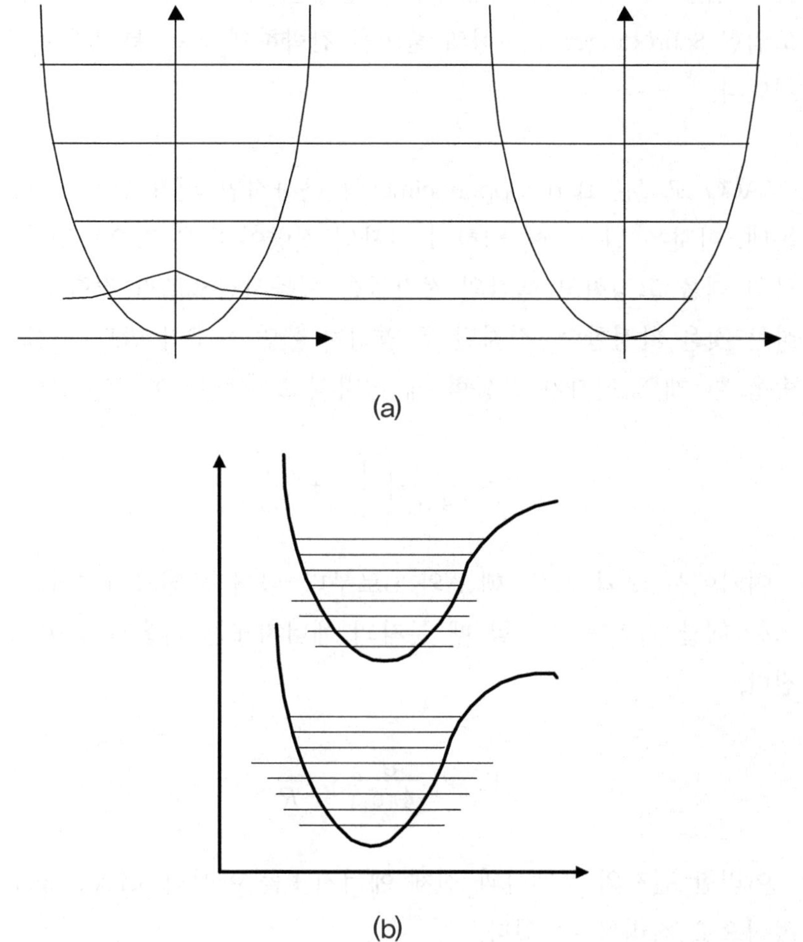

그림 7-10 포텐샬 에너지 곡선 [Atkins]

• 원자궤도 함수의 선형결합

LACO(linear combination of atomic orbital)로 불리는 원자궤도의 선형결합은 파동함수간의 결합을 단순한 선형으로 결합하는 가정을 도입함으로써 결합 파동함수의 형태를 단순화하고 또한 이것을 도입한 Schrödinger 방정식의 풀이를 간략하게 하는 특징과 목적을 지닌다.

LACO 모델은 Born-Oppenheimer의 근사적인 원자모델을 이용하는데, 이것은 원자핵에 비하여 전자의 질량이 매우 작으므로 두 원자의 핵을 고정하고 핵간의 전자들을 이동시킴으로써 결합을 유지하는 것을 가정한다. 정지된 두 양성자 핵인 A, B가 만드는 전기장 속을 한 개의 전자가 운동할 때 전자의 포텐샬은 아래와 같다.

$$V = \frac{-e^2}{4\pi\epsilon_o}\left(\frac{1}{r_A} + \frac{1}{r_B}\right)$$

여기에서 rA와 rB는 핵 A와 B로부터 떨어진 전자의 거리이다. 또한 핵간 거리를 R로 할 때 분자의 에너지 E는 다음과 같이 구해진다.

$$E = \frac{e^2}{4\pi\varepsilon_o} \cdot \frac{1}{R}$$

이러한 전자의 포텐샬과 전체 에너지 E를 아래의 Schrödinger 방정식으로 정리할 수 있다.

$$E\Psi = -\frac{\hbar^2}{2m} \cdot \nabla 2\Psi + V\Psi$$

Schrödinger의 방정식으로부터 얻을 수 있는 전자궤도에 대한 파동함수를 쉽게 꺼내고자 근사적인 원자 궤도함수의 선형결합(LCAO)을 이용한다.

LCAO는 두 핵에 구속된 한 개의 전자가 어느 한 핵에 매우 근접하여 있어서 다른 핵의 영향성에 대하여 독립적으로 행동하며, 이것이 각각의 핵에 적용될 때 두 핵에 관련된 전자의 영향성이 선형적으로 결합되는 것을 의미한다.

A핵에 인접한 전자는 그 거리에 있어서 rA ≪ rB이므로 포텐샬이 다음과 같이 근사된다.

$$V = \frac{-e^2}{4\pi\epsilon_o}\left(\frac{1}{r_A} + \frac{1}{r_B}\right) \cong \frac{-e^2}{4\pi\epsilon_o} \cdot \frac{1}{r_A}$$

또한 전자 입자의 파동함수 역시 A핵에 구속되며 아래의 형태로 가정된다.

$$\Psi(A) = \sqrt{(1/\pi a_o^3)} \cdot e^{-r_A/a_o}$$

이것은 핵 A에 전자가 근접할수록 (rA → 0) A핵에 의한 전자의 파동함수 의미가 커지며, A핵에서 전자가 멀리 갈수록 (rA → ∞) 전자의 파동함수 Ψ(A)가 소멸되는 물리적 의미를 지닌다.

마찬가지로 B핵 주위에 있는 전자의 포텐샬과 파동함수 Ψ(B)는 아래와 같이 주어진다.

$$V \cong \frac{-e^2}{4\pi\epsilon_o} \cdot \frac{1}{r_B}, \quad \Psi(B) = \sqrt{(1/\pi a_o^3)} \cdot e^{-r_B/a_o}$$

$\Psi(A)$, $\Psi(B)$가 핵 A, B에 영향을 받는 전자의 파동함수로 결정한 것은 위의 Schrödinger 방정식에 근거한 해를 근사적으로 유추한 것이다. LCAO 근사의 일반적인 해는 아래와 같이 두 파동함수의 선형적인 결합과 새로운 양자화 요소의 도입으로 결정된다.

$$\Psi = N\{\Psi(A) + \Psi(B)\}$$

원자 궤도함수의 선형결합으로부터 유도되는 근사적인 분자 궤도함수는 LCAO-MO(molecular)라고 하며 핵간의 연결축 주위로 대칭을 갖는 σ 궤도함수가 새로운 양자로 결정된다. 또한 이것이 1s 궤도함수에 적용될 때 1sσ 궤도함수라고 한다.

- **결합과 반결합**

원자간 궤도함수를 선형적으로 결합하여 분자간 궤도함수를 선형적으로 결합하는 방법에 있어서 결합과 반결합의 두 가지 선형적 방법이 택해진다. 이러한 두 파동함수의 결합은 $\Psi(A)$, $\Psi(B)$의 +적인 결합과 −적인 결합의 가장 간단하고 높은 가능성의 결합을 들 수 있다. 여기에서 +결합을 결합, −결합을 반결합이라 한다.

결합 궤도함수의 경우 파동함수와 이것의 확률밀도는 아래와 같이 주어진다.

$$\Psi = N\{\Psi(A) + \Psi(B)\},$$

$$|\Psi|^2 = N2\{|\Psi(A)|^2 + |\Psi(B)|^2 + 2\Psi(A)\cdot\Psi(B)\}$$

여기에서 $|\Psi(A)|^2$는 전자가 A의 궤도함수에만 속하는 경우의 확률밀도이고, $|\Psi(B)|^2$는 전자가 B의 궤도함수에만 속하는 경우의 확률밀도이다. 또한 $2\Psi(A)\cdot\Psi(B)$는 겹침의 밀도로써 두 궤도함수의 보강간섭을 나타낸다.

반결합 궤도함수의 경우 파동함수와 확률밀도는 아래와 같이 다르게 표현되는데, 두 파동함수의 선형결합과 겹침밀도에 있어서 그 부호가 "−"인 것에 차이를 갖는다.

$$\Psi = N\{\Psi(A) - \Psi(B)\},$$

$$|\Psi|^2 = N2\{|\Psi(A)|^2 + |\Psi(B)|^2 - 2\Psi(A)\cdot\Psi(B)\}$$

결합과 반결합 궤도함수는 선형결합의 부호와 겹침밀도에 의해 아래 그림과 같은 파동함수와 확률밀도를 구성한다.

그림에서 결합궤도 함수의 확률밀도는 $+2\Psi(A)\cdot\Psi(B)$의 겹침밀도로 인하여 두 원자가 결합할 때 전자가 속할 수 있는 궤도함수의 밀도를 증가시켜 A, B 핵 사이에 전자들의 겹침으로써 오히려 안정화되는 에너지 준위를 형성한다.

이에 비하여 반결합 궤도함수는 $-2\Psi(A)\cdot\Psi(B)$에 해당하는 반겹침밀도로 인하여 A, B 핵 사이에 어떤 전자도 담을 수 없는 즉 궤도함수 밀도가 0이 되는 마디가 존재하게 되는 것이다. 이에 따라 두 원자가 결합의 겹침밀도를 갖는 경우 서로 함께 하려는 경향을 보이는 반면에 반결합의 겹침밀도를 갖으면 서로 독립적으로 존재하려는 경향을 나타내는 것이다.

결합과 반결합 궤도함수에서 두 원자간의 결합력 세기는 결합 영역내의 전자밀도로 판단할 수 있다. 이것은 겹침밀도를 갖는 결합 궤도함수의 경우 동일한 체적 내에 고밀도의 많은 전자들이 각 궤도함수에 채워진 것을 의미하며, 반겹침밀도의 경우 확률밀도의 마디에는 전자간의 반발에 의해 전자밀도가 낮게 형성되는 것을 의미하기 때문이다.

결합과 반결합 궤도함수의 핵간 거리에 대한 에너지 변화는 그림과 같이 명시된다. 여기에서 반결합 궤도함수의 경우는 두 원자간에 전자를 담을 궤도함수의 그릇이 없기 때문에 두 원자의 거리가 가까워질수록 각 원자에 속한 전자들의 반발력이 강해지는 두 원자 궤도함수의 반겹침이 증가하여 결합의 포텐샬 에너지가 급격히 증가한다. 즉 여기에는 오직 핵간의 반발력만이 작용할 뿐이다.

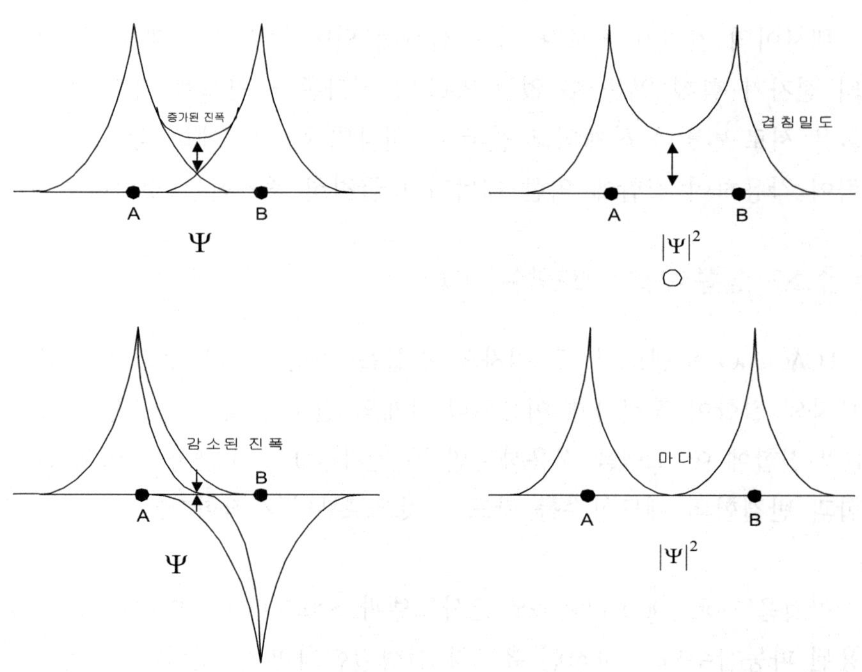

[그림 7-11] (a) 결합 궤도함수(σ)와 (b) 반결합 궤도함수(σ *)의 파동함수, 존재확률

이에 비하여 결합 궤도함수에서는 핵사이의 거리가 어느 정도 가까워질 때까지 결합에너지는 감소한다. 이것은 핵간 거리 감소에 따라 두 원자 궤도함수의 겹침밀도가 증가하기 때문이다.

즉 두 원자에 속한 전자들을 공유하는 겹침의 궤도함수가 많기 때문에 두 원자가 근접할수록 여기에 담긴 전자들이 보다 안정적인 에너지의 모습으로 존재하기 때문인 것이다. 그러나 핵사이의 거리가 더욱 가까워지면 핵 사이에 전자공간이 점점 협소해지고, 겹침밀도로 공유하는 전자들의 궤도함수가 꽉 채워진다.

핵사이의 거리가 이보다 더 근접하게 되면 동일한 상태에 두 개의 전자가 함께 있을 수 없는 Pauli의 전자존재 원칙에 따라 전자들은 서로 반발을 하게되고 결국 두 원자의 핵 사이에는 강한 반발력이 작용하여 결합에 의한 에너지가 급격히 증가하는 것이다.

• 수소와 헬륨분자의 궤도함수 결합

LCAO-MO 모델로써 두 원자의 결합을 설명하는데 수소와 헬륨분자의 결합이 적절하게 이용된다. 1개의 전자를 갖는 수소원자 A, B의 결합에 이 모델을 적용하자면 두 원자를 LCAO 근사에 의해 결합과 반결합의 궤도함수를 만드는 것으로부터 시작한다.

이것은 Born-Oppenheimer 근사모델과 Schrödinger 방정식에 적용된 파동함수의 근사적인 유도와 선형결합에 따른 것이다. 이것으로부터 얻어진 새로운 양자수의 궤도함수는 결합과 반결합의 형태로 얻어진다.

그림은 A핵의 1s 궤도와 B핵의 1s 궤도에 각각 1개의 전자를 갖은 수소 원자가 서로 접근하여 원자간 결합을 이룰 때 형성하는 결합과 반결합의 에너지를 보여주는 것이다.

두 원자가 접근함에 따라 그림에서와 같이 결합 및 반결합 궤도함수가 핵 사이에 형성되는데, 수소원자는 단 1개의 전자만을 가지므로 두 원자에 속한 두 개의 전자가 담기는 1sσ 의 결합 궤도함수는 독립적으로 존재하는 수소원자의 에너지보다 에너지를 낮추고 안정화를 이루는 것을 알 수 있다. 다시 말해서 수소원자는 두 원자가 서로 결합하여 1sσ 의 겹침결합 궤도함수에 담기려는 경향이 큰 것이다.

각 원자가 2개의 전자를 갖는 He의 경우 두 He 원자가 근접하여 결합한다고 하면 다음의 결합에너지 형태를 보인다. 그림은 두 원자에 속한 네 개의 전자가 결합 궤도함수에 채워지는 것을 나타내는 것이다.

이러한 네 개의 전자는 두 원자가 결합한다고 할 때 낮은 에너지의 결합 궤도함수 1sσ 에 두 개를 채우고도 두 개의 전자가 존재하여 반결합 궤도함수인 1sσ *로 에너지 준위를 높이며 채울 수밖에 없게 된다. 그런데 1sσ *는 독립적인 He 원자보다 에너지 준위가 높아서 불안정하기 때문에 이러한 결합은 자연계에서는 존재하지 않는다. 실제로 수소는 2원자 분자인 H2의 형태로, 그리고 헬륨은 1원자 분자인 He 형태로 자연에 존재한다.

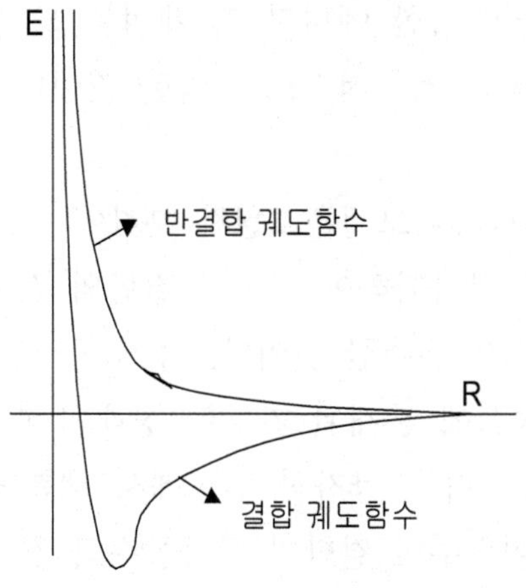

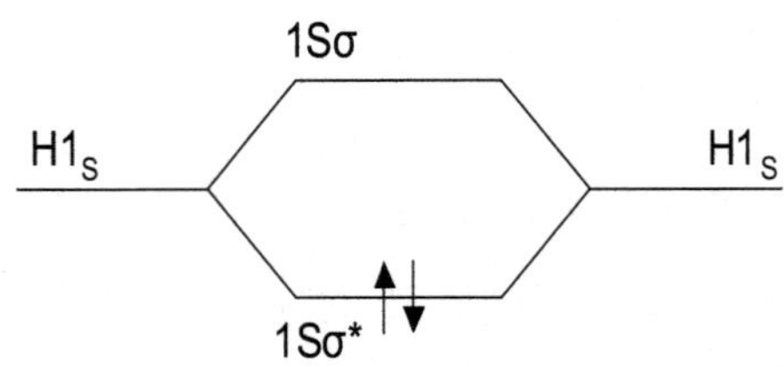

[그림 7-12] 수소 분자 (H_2) LCAO-MO 모델

σ 의 결합 궤도함수 외에도 LCAO-MO 모델에 의해 p 오비탈에 적용되는 π 의 결합 궤도함수가 존재하며, 이들로부터 질소, 산소, 불소 분자의 안정성 구조와 이보다 복잡한 분자구조의 해석을 꾀하게 된다.

- **원자 결합과 띠 이론(Band Theory)**

전자의 띠 이론은 수많은 원자들의 결합상태를 결합에 참여하는 전자들과 이것들이 속한 에너지 띠 개념을 도입한 것으로, 전자들의 집합적인 행동을 정성적으로 파악한 것이다.

조화진동자나 LCAO 모델은 2원자 분자에 속하는 원자들의 움직임을 궤도함수로 양자화하여 원자간 결합의 전자 파동함수와 이들의 존재 확률밀도를 유추한 것이다. 즉 조화진동자나 LCAO 모델은 Schrödinger 방정식에 혼재된 가능한 상태의 파동함수로부터 원자간 결합이라는 또 다른 양자적 입장에서 새롭게 차별화되는 양자수가 구해지며 이로부터 결합의 파동함수와 전자 밀도가 얻어지는 것이다.

파동함수로부터 비롯되는 Schrödinger의 양자론적 입장이 원자의 구조와 간단한 원자간 결합을 해석하는데 강력한 도구가 되고 실제 실험적인 관측결과와 잘 일치하는 강점을 지니고 있으나, 수많은 원자가 복잡하고 다양하게 결합된 일반적인 물질의 구조에 Schrödinger를 적용하는 것은 불가능에 가깝다.

이것은 2차 미분방정식으로 구성된 Schrödinger의 방정식에서 풀이 해인 파동함수와 에너지의 양자수를 구해내기 위해서는 최대한 단순화한 가정과 근사가 도입되어야 하기 때문이다.

즉 몇몇 간단하고 이상적인 기체 모델의 원자간 결합 외에 대부분의 재료물질에서 고려되어야 하는 미분방정식에서의 계수들은 수식적으로 표현하기에 부적합하다. 이에 따라 실제 물질에서 원자간 결합을 질서적으로 파악하기 위한 새로운 결합의 이론이 필요시 되었으며 이것이 띠 이론에 해당한다. 다음에는 이 이론이 등장하게 되는 배경과 논리 그리고 이들에 의해 꾸며지는 원자결합의 모델에 대해 언급하겠다.

• Pauli 배타원리

Pauli의 배타원리는 앞에서 여러 번 언급된 중요한 가설이지만 띠 이론을 구성하는데 다시 한번 언급되어야 할 사항이다. Pauli는 "전자에서 둘이 똑 같은 행동하는 것이 금지된다."라는 배타원리를 밝혔다.

이것은 자연계에 내재하는 대원칙으로써 정지질량을 갖는 전자와 같은 페르미온 입자들의 공통적인 특성이다. 이로부터 오비탈인 궤도함수 한 칸에는 최대로 스핀방향이 다른 두 개의 전자만이 채워질 수 있다. 그리고 이 원리로부터 결합에 의한 에너지 띠 모형이 그려진다.

전자들 사이에 작용하는 전기력은 원자들을 서로 결합시키는 역할을 한다. 이것이 쿨롱 (coulomb)의 힘이며 핵 주위에 전자들을 구속하는 강력한 힘이 된다. 그림에서 원자간 거리가 가까워질수록 에너지 준위가 낮아지고 강력하고 안정된 결합을 이루는 인력의 곡선이 이 힘을 나타낸다.

반면에 전자들의 전기력은 서로 떨어지게 하는 반발력으로는 결코 작용하지 않는다. 여러 교재에서 핵사이의 거리가 좁혀지면 양성자의 양전하가 반발력을 일으켜 척력의 곡선이 그려진다고 하는 것은 잘못된 설명이다. 이것은 핵 혹은 전자의 전기력으로는 절대 반발력이 유발되지 않기 때문이다.

그런데 왜 원자들은 언제나 서로 일정한 거리를 유지하며 결합되어 있는 것일까? 고체는 더 이상 압축시킬 수 없을까? 왜 원자들은 더 큰 원자들 속으로 끌어 당겨져 큰 질량의 원자로 변해가지 않을까? 이것은 전자들 간의 인력만을 인정하는 쿨롱의 힘만으로는 설명할 수 없는 부분이다.

Pauli의 배타원리가 이러한 의문들을 풀어준다. 원자들을 중첩시키려고 하면 원자 주위에 한정된 궤도함수의 밀도로 인해 동일한 상태의 전자가 원자핵 주위에 존재해야 하는 부정적인 압력을 받을 것이다. 이것은 더 들어갈 수 없는 비좁은 방에 동일한 또 하나의 전자를 밀어 넣으려는 행동과 같은 것이다.

그러나 자연계에서는 전자들이 한 원자 내에서 동일한 상태에 놓이는 것이 절대적으로 거부된다. 이때 원자들은 서로 일정한 거리를 유지하고자 하는 힘을 얻게되고 이것을 페르미 압력이라고 한다.

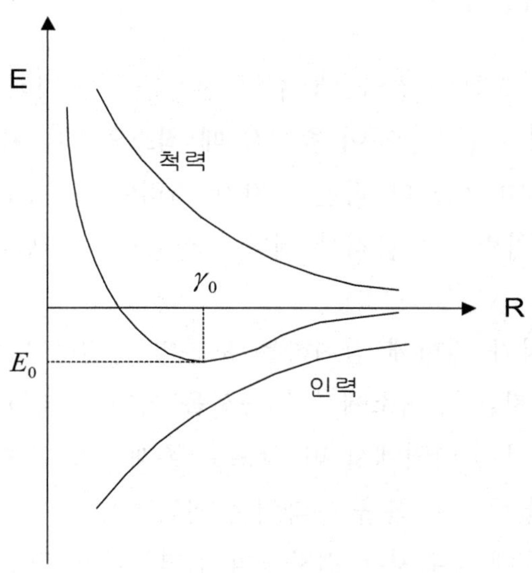

[그림 7-13] 원자간 척력, 인력 및 평형거리

위의 그림에서 원자간의 척력은 이러한 페르미 압력에 해당하는 것이다. 물질을 어느 이상 압축할 수 없는 것은 결국 페르미온족인 전자들의 강한 개인주의적 성격 때문인 것이다.

전자간 쿨롱 전기력의 인력과 페르미 압력의 척력을 더하면 원자간 결합에서 최소의 에너지(E_o)를 갖는 원자간 결합의 거리(r_o)가 정해진다. 보통 결합 영역 내에 전자가 존재하는 에너지 띠의 범위는 최소 에너지곡선과 척력곡선의 빗금친 부분인데 이것은 그림 7.14의 결합과 반결합의 궤도함수의 영역과 동일한 형태이다. 전자와 핵사이의 전기력과 Pauli의 원칙을 토대로 에너지 띠 모습이 정해진다.

• 띠 이론(band theory)

원자끼리의 결합은 결국 핵 주위 전자들의 전기적 결합에 의존한다. 많은 경우 원자간격이 좁아질 때 최소의 에너지를 갖는 원자간격이 정해지며 이보다 작은 원자간 거리에서는 Pauli 원리에 따르는 페르미 압력으로 급격한 에너지 상승이 나타난다.

수많은 원자가 결합에 참여하는 보통의 물질에 있어서 핵 사이에 수많은 전자들은 최소에너지 곡선을 아래의 영역으로 하여 이보다 높은 에너지 영역에서 띠 상으로 존재하기 마련이다. 여기에서 띠(band)란 에너지 폭을 나타내는 영역이지만 이것은 결국 이곳의 궤도함수들에 채워지는 전자들의 집합부분으로도 볼 수 있다.

두 원자가 멀리 떨어져 있으면 각 원자에 속한 전자들의 에너지 레벨은 양자화 논리에 의해 서로 예리하게 분별된다. 그런데 두 원자가 근접하게 되면 분자의 조화진동자 혹은 결합 궤도함수에서와 같이 에너지 띠를 이루게 된다.

실제 1 mg의 결정 속에는 1019개의 원자가 있고 이 원자의 최외각에 존재하는 전자수를 s 오비탈에 1개만 존재한다고 가정해도 최외각의 원자가 전자대(valence band)에는 1019개의 전자가 몰려 있는 것이다. 이러한 1 mg의 고체 결정에는 Pauli의 배타원리에 따라 절대로 동일한 상태의 전자가 함께 존재할 수 없으므로, 전자들은 서로 차별화되며 고체내의 최외각 전자들은 1019개의 등급으로 나뉘어 존재할 것이다.

가령 이러한 전자등급이 1 eV에 걸쳐 존재한다면 각 등급의 에너지 차이는 평균 10-19 eV의 전위차를 갖는다. 이 전위차는 너무 미세하여 전자들이 채워지는 에너지 레벨들이 마치 확산되어 있는 연속적인 띠 모양으로 보인다.

최외각 전자대에 몇 개의 전자를 갖는 원자들이 서로 근접하여 결합을 이루면 원자 자체에 에너지 레벨을 채우고 난 나머지의 외각 전자들은 이와 같이 확산된 외각의 에너지 띠에 차곡차곡 쌓인다. 이러한 에너지 띠에는 전자를 담을 수 있는 궤도함수들이 촘촘한 에너지 간격으로 쌓여 있어 외각 전자들을 담는 에너지의 큰 그릇이 된다.

- **Fermi 에너지**

원자의 결합에서 형성되는 전자들의 에너지 띠는 각 원자가 함유하는 전자들의 수에 따라 여러 가지 에너지 준위를 갖는 등급으로 나뉜다. 아래 그림에서와 같이 수많은 원자의 거리가 서로 가까워진다면 원자끼리 오비탈을 공유하는 에너지의 폭이 증가하며 이것이 에너지의 띠를 이룬다.

그런데 이러한 에너지 띠는 원자핵에 구속된 내부의 오비탈에서는 꽉 채워진 반면에, 최외각에 형성된 전자 띠는 원자의 종류에 따라 어느 정도까지만 채워지는 형태를 보인다.

N개의 원자로 구성된 결정에서 최외각의 원자가 전자대 에너지 띠(valence band)가 s 오비탈인 경우, 최외각에는 2N개의 분리된 에너지 레벨이 존재한다. 또한 p 오비탈인 경우에 최외각에는 6N개의 에너지 등급이 존재할 수 있다. N개 원자가 갖는 최외각 전자들은 이곳에 형성된 에너지 띠의 가장 낮은 에너지 레벨부터 차곡차곡 쌓이는데 전자가 에너지 띠에 쌓여서 최종적으로 만들어지는 에너지 표면을 Fermi 에너지라고 한다.

Fermi 에너지, Ef는 결정이 유지하고 있는 평형상태의 원자간격, ao에서 에너지 레벨에 전자의 에너지 덩어리를 쌓음으로써 쉽게 파악할 수 있다. 아래 그림은 위의 에너지 띠 모형에서 특정한 원자간격에서의 에너지 레벨, 특히 최외각에서 전자가 쌓여 있는 모습을 보여주는 것이다.

아래 그림에서 최외각에 존재하며 결합에 참여하는 전자들은 그 에너지 띠에서 최저의 레벨인 Eatomic부터 시작하여 Fermi 에너지, Ef까지 적층된다. 이와 같이 전자가 최종적으로 쌓여진 에너지 레벨을 Fermi 에너지 혹은 Fermi 표면(Fermi surface)라고 한다.

에너지 띠의 간격 중에서 전자가 채워진 Fermi 표면의 윗부분은 전자가 비어 있는 궤도함수의 영역이지만, 에너지 띠의 최상부인 Emax까지 최외각의 전자가 담길 수 있는 한계영역으로 정해진다.

또한 원자가 개별적으로 존재한다면 Fermi 레벨의 두 배에 해당하는 에너지 레벨에 최대의 에너지 경계가 그어질 수 있다.

하지만 고체의 결정에서 원자는 서로 인접하여 존재하며 이에 따른 궤도함수의 겹침밀도를 가지므로, 결정에서의 최대 에너지 레벨, Emax는 독립적인 원자가 갖는 에너지 레벨보다 낮게 형성되는 것이다.

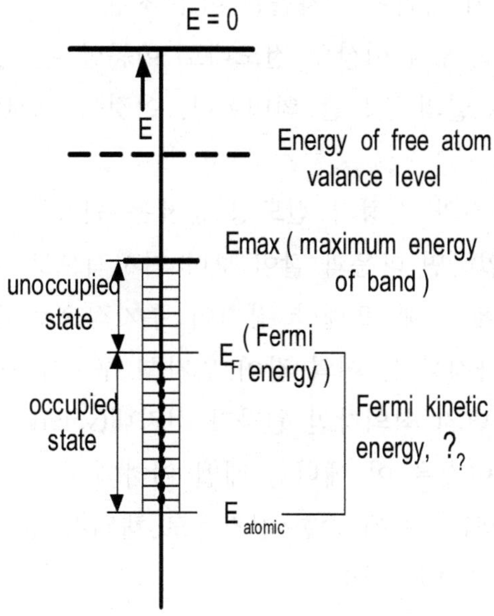

[그림 7-14] Fermi 에너지 혹은 Fermi 표면(Fermi surface)

Fermi 에너지는 결정의 물성에 중요한 인자로 작용한다. 물질의 열과 전기 전도성이 Fermi 에너지가 관련하는 대표적인 물성인데, 최외각의 에너지띠에 형성된 Fermi 에너지가 어디에 위치하는가에 따라 물질의 전도성을 쉽게 알 수 있다.

즉 Fermi 에너지가 원자가 전자대(valence band)의 최대 에너지 레벨 Emax에 도달하여 이곳에 전자가 꽉 채워진 상황이면 최외각의 전자들은 쉽게 움직일 수 없고 부도체의 특성을 갖는다.

그러나 Fermi 에너지, Ef가 원자가 전자대 중간에 존재하여 이곳에 Eatomic ~ Ef 영역의 일부에만 전자가 채워지고 상부의 Ef ~ Eo 에너지 레벨에는 전자가 없는 빈 공간으로 존재한다면, Fermi 에너지 레벨 이하에 채워진 전자들은 아주 작은 전기 혹은 열적 신호에도 쉽게 Fermi 레벨 이상의 전도대로 이동할 수 있으며 이것은 바로 전기 혹은 열의 전도를 의미한다. 이것이 도체의 특성이다.

Fermi 에너지와 결정의 전도성 문제는 원자들의 결정구조를 직접적으로 도입하면 다음과 같이 보다 가시적으로 표현된다. 그림과 같이 원자핵에 의해 포텐샬 장벽이 주기적으로 존재하는 원자의 결합구조를 가정한다. 이와 같이 원자핵 구조에 구속된 전자와 에너지 레벨은 단지 최외각인 원자가 전자대(valence band)만이 주로 고려되는데, 이것은 이 에너지 레벨 이하에 존재하는 에너지 띠에는 이미 개개의 원자에 속한 전자들로 채워져 있어 전도성에 영향을 주지 못하기 때문이다.

따라서 원자결합에 있어서 전자들은 최외각에 속한 것만이 고려되는데, 그림의 역포물선으로 배열된 것들은 각 원자핵이 갖는 포텐샬 장벽이며 그 사이에 최외각의 전자들이 적층된 것을 보여준다.

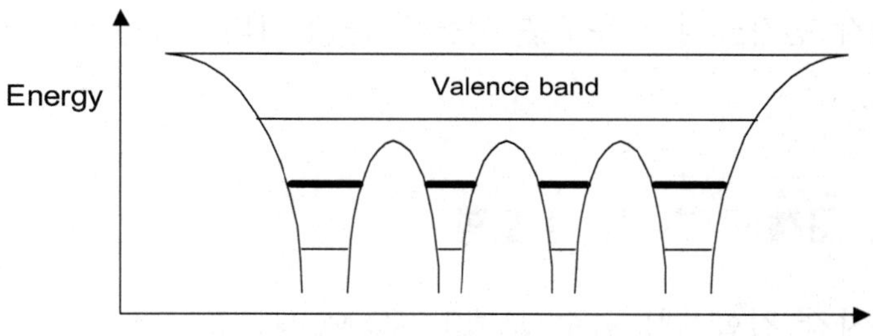

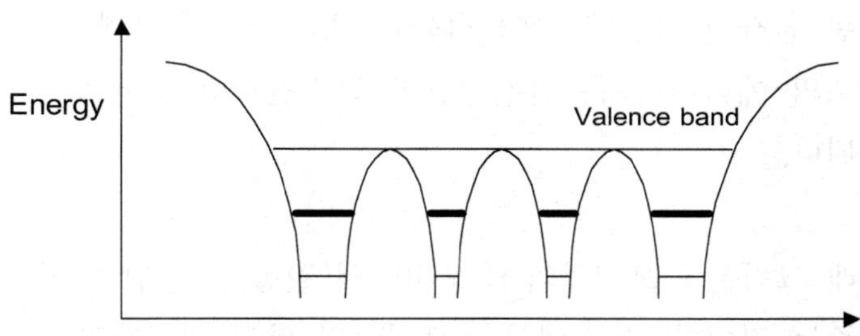

그림 7-15 주기적인 포텐샬 장벽으로 구성된 원자의 결합구조와 가전자 에너지 레벨 (a) 도체, (b) 부도체

그림 (a)에서 전자들이 최외각의 포텐샬 장벽 끝까지 채워져 있어서 Fermi 에너지가 이곳에 이르게 되면, 최외각 원자가 전자대의 에너지 띠에는 이미 각 원자에 속한 최외각 전자들이 꽉 채워져 있어 전자들은 더 이상 이동할 수 있는 공간이 사라지고 결국 물질의 전도성을 상실한다. 이것을 부도체라고 하며 이 물체에서 전도를 의미하는 전자들의 이동은 오직 터널효과로만 이동할 수 있다.

이에 비하여 Fermi 에너지가 원자가 전자대(valence band) 중간에 존재하면 그림 (b)에서와 같이 각 원자에 속한 최외각 전자들은 Fermi 레벨 이상의 빈 공간의 에너지대로 쉽게 이동할 수 있으며, 이때 전자들은 물체 내부를 자유롭게 움직인다. 원자들의 결합에서 최외각 전자들의 자유로운 이동은 곧 전기의 흐름, 전도성을 의미한다.

4. 고체의 에너지 띠 모형

분자간 결합 궤도함수 모델(LCAO-MO)과 같이 Schrödinger 방정식이 이용된 원자간 결합의 이론을 삼차원적으로 수많은 원자들이 배열된 원자의 결합에 굳이 적용한다면, 결합에 의해 형성되는 궤도함수의 에너지 폭은 완전결합과 완전반결합의 에너지 간격으로 결정된다.

아래 그림은 s 오비탈과 p 오비탈의 결합, 반결합의 에너지 띠를 보여주는 것이다. 여기에서 s 오비탈의 완전 반결합과 p 오비탈의 완전 결합 에너지 레벨은 원자 및 결정의 종류에 따라 서로 겹치는 경우가 있으며, 이러한 원자 결합의 구체적인 모습은 에너지 띠 이론으로 구체화된다.

• 금속의 에너지 띠

금속이라는 것은 다음에 구체적으로 언급하겠지만 주양자수가 n = 3, 4, 5, 6에 속하는 원자 그룹 중에서 가전자가 1, 2, 3개에 해당하는 원자들이 결합된 결정을 일컫는다. 또한 에너지 띠란 앞에서 밝힌 바와 같이 각 원자의 최외각에 존재하는 전자가 원자간 결합에 의해 서로 밀집됨으로써 개개의 원자가 갖는 원래의 에너지 레벨에서 확장된 에너지 폭을 갖는 것을 의미한다.

이에 따라 금속의 에너지 띠에 대하여 원자번호 11의 나트륨, 12

의 마그네슘 그리고 13의 알루미늄을 고려함으로써 금속결합의 대표적인 것을 다루게 된다.

원자번호 11의 나트륨을 금속결합의 예로 들면 다음과 같다.

11Na = 1s2, 2s2, 2p6, 3s1

나트륨은 핵 주위에 11개의 전자를 갖는데 n = 1, 2의 주양자각을 전자 10개로 채우고 n = 3각의 s 오비탈에 1개의 최외각 전자를 갖는 것으로 구성된다. 핵에 구속된 10개의 전자를 core 전자라 하며 이것은 웬만한 힘으로 분리할 수 없는 단단한 결합을 갖는다. 그러나 최외각에 존재하는 1개의 가전자(valence electron)는 상당한 자유를 지니며 이로 인해 원자간 결합의 특성이 주어지는 것이다.

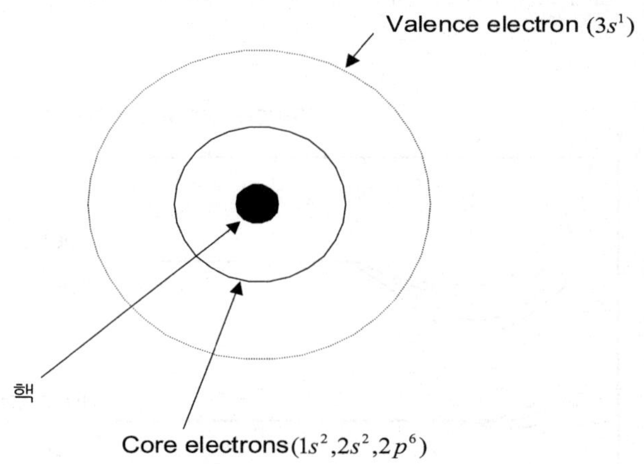

[그림 7-16] 나트륨 원자구조

나트륨 원자들이 서로 멀리 떨어져 있다면 각 궤도에 속한 전자들의 에너지 준위들은 서로 예리하게 분리되겠지만 원자들이 결합을 이루게 되면 전자들은 에너지의 띠를 이룬다. 특히 원자핵에 강하게 구속되지 않은 최외각 전자들의 에너지 띠 형성이 두드러진다.

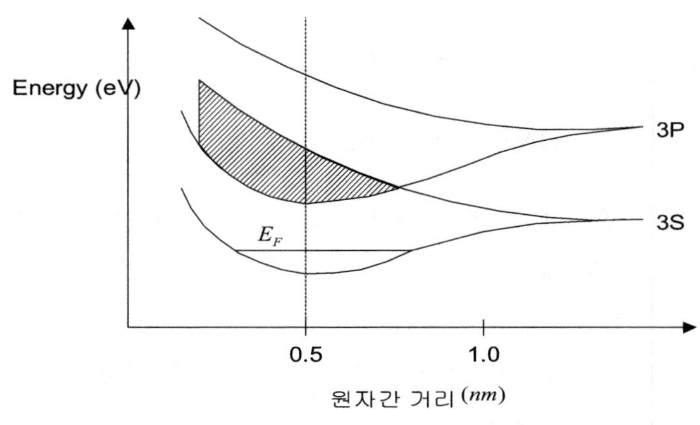

[그림 7-17] 원자결합에서 원자간거리에 따른 에너지 띠

이것을 원자간 거리에 대한 에너지 폭으로 나타내면 아래 그림과 같다.

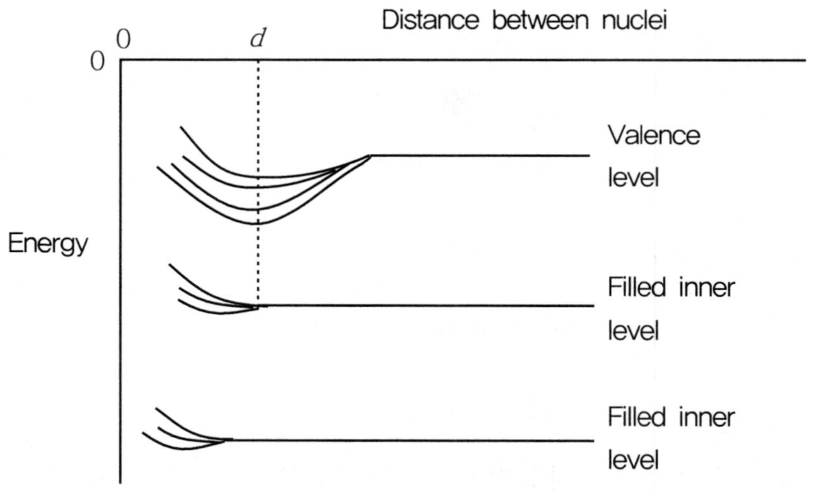

[그림 7-18] 원자간 거리에 대한 에너지 준위 [Rasmussen]

핵에 강하게 구속된 core 전자들의 에너지 띠를 고려하지 않은 것은 결정의 물성이나 화학반응성에 관련하는 것은 모두 최외각의 원자가 전자대(valence band)에 존재하는 가전자(valence electron)에 국한되기 때문이다. 즉 가전자에 따라 고체의 결합성과 이로 야기되는 모든 물리적, 화학적 성질이 결정된다.

N개 나트륨 원자의 결합은 최외각 에너지 띠인 3s 궤도함수들의 집합에 N개의 전자가 반쯤 채워지는 형태로 구성된다. Fermi 에너지 상부의 에너지 준위는 에너지 갭이 없어서 전자 이동이 충분히 용이한 전도 전자대 (conduction band)를 이룬다. 이것은 나트륨계 금속결합의 대표적인 예로써 큰 전도성질을 지닌다.

그림에서 평형상태의 원자간격, Re의 경우 3s와 3p의 에너지 띠가 빗금친 영역만큼 겹치는 것을 알 수 있으며, 이는 전도성을 갖는 새로운 금속결합이 존재할 수 있음을 시사한다.

- **3s와 3p의 겹침**

Na, Mg, Al 원자 겹침에 대한 도식적인 에너지 띠 모형을 다음에 제시하였다. 앞에서 언급했듯이 이 원자들의 3s와 3p 에너지 띠는 서로 겹치며 이에 따라 금속결합의 특성이 유발된다.

나트륨은 최외각에 3s1의 가전자를 갖으며 가전자는 s 오비탈에 반밖에 채워지지 않는다. 따라서 이 결합은 3s와 3p의 겹침과는 상관없이 Ef 위에 전자가 마음대로 다닐 수 있는 전도 전자대(conduction band)가 형성되어 전도성을 갖는다. 이와 비슷한 금속결합이 Cu, Ag, Au 등이다.

원자번호 12의 마그네슘은 최외각에 3s2 가전자를 갖게 되어 (12Mg = 1s2, 2s2, 2p6, 3s2) 3s의 궤도함수 에너지 띠를 2N개의 가전자로 꽉 채운다. 그러나 3s는 아래 그림에서와 같이 3p와 겹치므로 결국 3s2에 속한 가전자의 Fermi 에너지 위에는 3p에 해당하는 전자이동이 용이한 전도대가 형성된 것이다. 이에 따라 마그네슘의 금속결합은 좋은 전도성을 갖는 것이다.

원자번호 13의 알루미늄은 최외각에 3s23p1의 3개 가전자를 갖는데 (13Al = 1s2, 2s2, 2p6, 3s2, 3p1), 3N개의 가전자가 3s 에너지 띠 밑에서부터 채워져 3p와 겹친 부분에는 이중적으로 채워지고 결국 3p 에너지 띠 지역에 Fermi 레벨을 형성한다. 알루미늄 결정의 Fermi 에너지 역시 전도 전자대에 위치하여 이것이 알루미늄의 전도성을 좋게 한다.

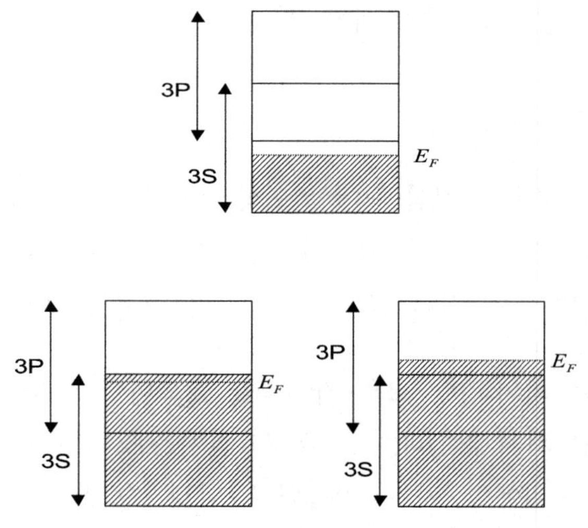

[그림 7-19] 금속결정의 3S, 3P 궤도함수 겹침과 에너지 띠 모델

(a) Na, (b) Mg, (c) Al 결정

일반적으로 금속이라고 불리는 원자 주기율상의 원자들이 이와 비슷한 결합 형태를 취하며 공통적인 금속의 특성을 보인다.

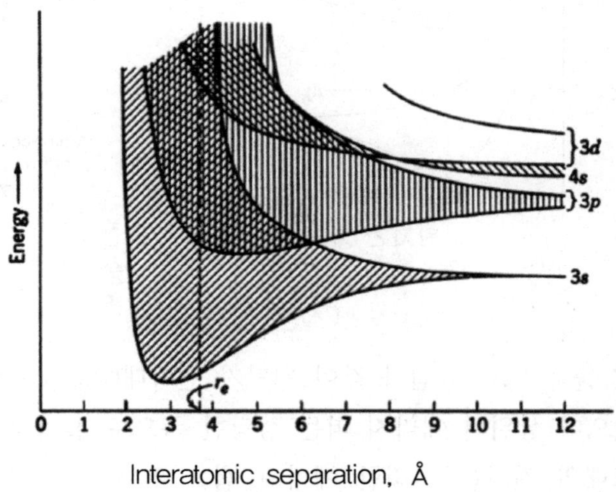

[그림 7-20] Na의 에너지 벤드 [Rasmussen]

- **절연체의 에너지 띠**

절연체의 가전자는 이온 또는 공유결합에 의해 결합 원자에 단단히 묶여져 있어 높은 에너지가 주어지지 않는 한 전도성을 가질 수 없다. 아래의 그림 7-21에서 원자간 결합에 의한 평형상태에서의 원자간격이 금속의 경우보다 커서 각 궤도에 대한 에너지 띠의 겹침이 없으며 에너지 띠 사이의 간격도 넓다.

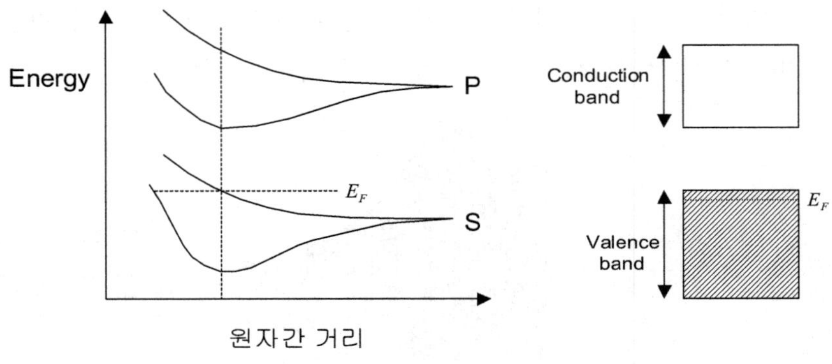

[그림 7-21] 절연체의 에너지 띠

가전자들은 위의 그림과 같이 원자가 전자대(valence band)에 채워져 있으며 상위의 에너지 띠는 상당한 폭으로 떨어져 있어 최외각 전도대의 전자는 이러한 에너지 갭을 뛰어 넘어 전도 전자대(conduction band)로 이동하기가 거의 불가능한 것을 전도체라고 한다.

• 가전자의 열적 활성화

원자가 전자대(valence band)의 가전자들은 열적인 활성화에 들뜨게 되는데, 열 혹은 온도에 의한 가전자들의 존재분포는 Fermi-Dirac 분포에 의존한다. 온도 0 K에서 최외각에 전자들은 차곡차곡 쌓여져 지금까지 언급된 것과 같은 그림 (a)의 일직선의 Fermi 에너지를 만든다.

그러나 이것은 온도가 0 K라는 가정 하에 얻을 수 있는 형태이며 실제 온도가 TK에 이르는 상황에서 Fermi 레벨은 전자들이 얻는 열적인 활성화에 의해 변화된다. 이러한 전자들의 열적인 여기(exciting)는 Fermi 레벨 이하의 점유 궤도함수에서 그 이상의 비점

유 궤도함수로 이동함으로써 그림 (b)과 같이 그려진다. 이에 따라 TK에서는 Fermi 에너지 이하에서도 전자들이 비어 있는 공간이 존재하며 이만큼의 전자들이 전도 전자대로 이동하는 양상을 보인다.

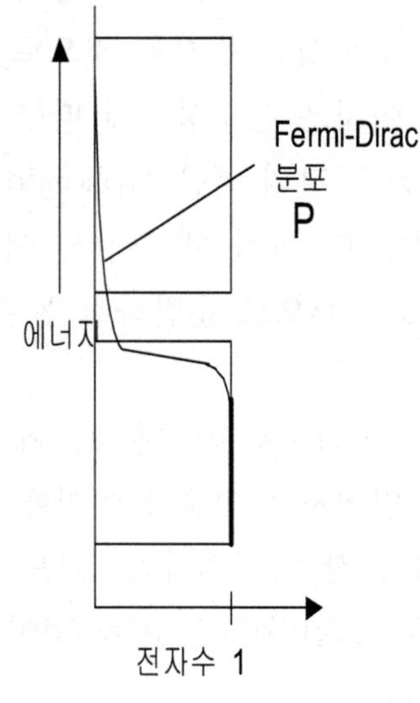

[그림 7-22] 온도 T에서 최외각 전자들의 Fermi-Dirac 분포 [Atkins]

이러한 점유 궤도함수의 전자밀도는 다음의 Fermi-Dirac 분포에 따른다.

$$P = \{ e^{(E-E_f)/kT} + 1\}^{-1} \cong e^{-(E-E_f)/kT}$$

Fermi-Dirac 분포는 온도에 따라 위의 그림에서와 같이 달라진다. 이것은 ε 에너지를 갖는 오비탈에 전자가 온도에 따라 채워지는 확률을 나타내는 것인데, 전체의 전자수는 일정한 것으로 가정한다.

• 초전도 현상

금속결정에서 온도가 높아지면 더 많은 전자가 빈 궤도함수로 들떠 올라가 전기 전도성이 증가할 것으로 보이지만 실제 전기 전도도가 감소한다. 이것은 온도상승에 따라 전자의 열적 활성화 효과보다는 원자 혹은 격자의 열운동(phonon)이나 전자와 원자 사이의 충돌효과가 훨씬 더 크기 때문이다. 이 때문에 높은 온도에서 전자들은 전하를 효과적으로 운반하지 못한다.

초전도 현상이 일반적으로 격자진동, phonon과 전자의 충돌효과가 적은 저온에서 얻어지는 이유가 여기에 있다. 즉 전자이동이 용이한 낮은 온도에서 작은 전위차만으로도 Fermi 표면으로부터 전자를 전도 전자대로 옮긴다면 큰 저항 없이 전기가 잘 흐르는 초전도 현상이 일어난다.

저항 없이 전기를 흐르게 할 수 있다면 전력의 절약뿐 아니라 강자성을 이용한 자기부상 열차등 공업적인 이용가치가 크다. 그러나 이 현상을 공업적으로 적용하기 위해서는 초전도 현상이 발생하는 온도를 상온까지 높여야 하는 현실적인 문제가 있다.

• 반도체의 에너지 띠

반도체의 에너지 띠는 금속처럼 겹치거나 전자를 에너지 띠에 반정도 담은 모습이 아니고, 절연체의 에너지 띠에서 에너지 갭이 작은 모습을 갖는다. 원자가 전자대(valence band)와 전도 전자대(conduction band)의 에너지 갭이 크면 가전자는 이 간격을 넘지 못하고 절연체가 되지만 이것이 작으면 원자가 전자대를 채운 전자가 전도 전자대로 뛰어 넘을 가능성이 있다.

가전자의 이동은 전기적 신호뿐만 아니라 열적 활성화에 의해서도 Fermi-Dirac 분포의 P만큼의 가전자들이 전도 전자대로 여기될 수 있는 것이다.

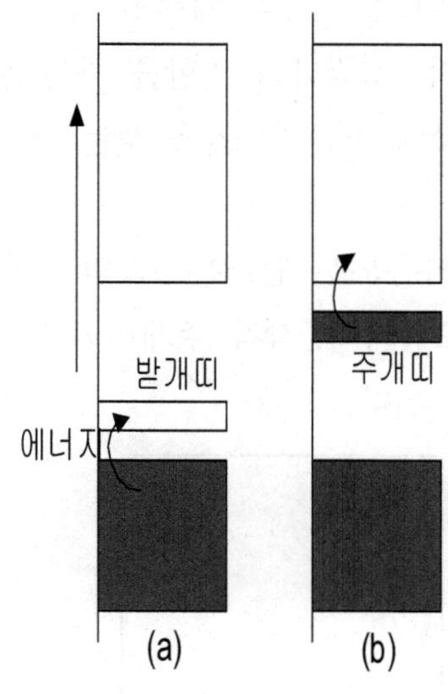

[그림 7-23] 반도체의 에너지 띠

반도체가 공업적으로 큰 의미를 갖는 것은 주어지는 열적 혹은 전기적 신호에 따라 규칙적으로 가전자가 원자가 전자대에서 전도 전자대로 옮겨가서 신호를 다음 체계로 전달하는데 있다. Fermi-Dirac 분포에 따라 온도를 조절하여 가전자를 이동시키는 것은 정밀하지 못하여 다른 방법이 강구되었다.

절연체에 불순물을 섞어서 절연체 에너지 갭 내에 주개띠 혹은 받개띠를 형성하여 에너지 갭 효과를 줄이고 전도성을 향상시키는 시도를 행한다. 이러한 반도체의 전도성 향상은 금속의 전도성에 이르게 하는 정도가 아니고 단지 원자가 전자대에 가해지는 일정한 전기적 충격에 일단의 전자 혹은 공공(hole)이 전도 전자대로 이동하는 정도이면 충분하다.

이러한 역할을 위하여 절연체의 에너지 갭 사이에 적절한 징검다리가 놓여지는 것이다. 징검다리 역할을 하는 불수물의 양은 10-9 정도로 이는 5톤의 설탕에 소금 한 알을 섞는 정도에 해당한다.

기본적인 절연체로 사용되는 원소는 4족의 Si와 Ge이며 여기에 5족인 P와 3족인 B가 도핑되어, 각각 주개띠와 받개띠를 형성하고 n형 혹은 p형 반도체가 된다.

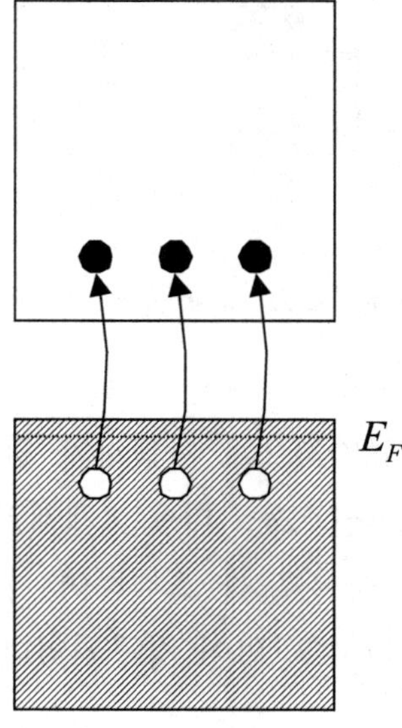

[그림 7-24] 열적활성화로 전도 전자대로 여기되는 전자들

• n형 반도체

절연체에 전자 운반체로써 4족과 공유결합중 1개의 전자가 남는 P, As, Sb 등의 5족을 사용한다. n형 반도체의 대표적인 예로써 Si-P를 들 수 있다.

14Si = 1s2, 2s2, 2p6, 3s2, 3p2, 15P = 1s2, 2s2, 2p6, 3s2, 3p3

Si 결정은 개개의 원자에서 전자 4개씩을 방출하여 최외각에 총 8개의 가전자를 형성하므로써 결정의 원자결합에 대한 원자가 전자대(valence band)를 꽉 채운다. 그런데 미량 첨가된 P는 Si와 공유결합을 이루고도 남게되는 1개의 가전자가 Si 결정의 원자가 전자대 상부의 에너지 갭에 새로운 Fermi 표면을 형성한다.

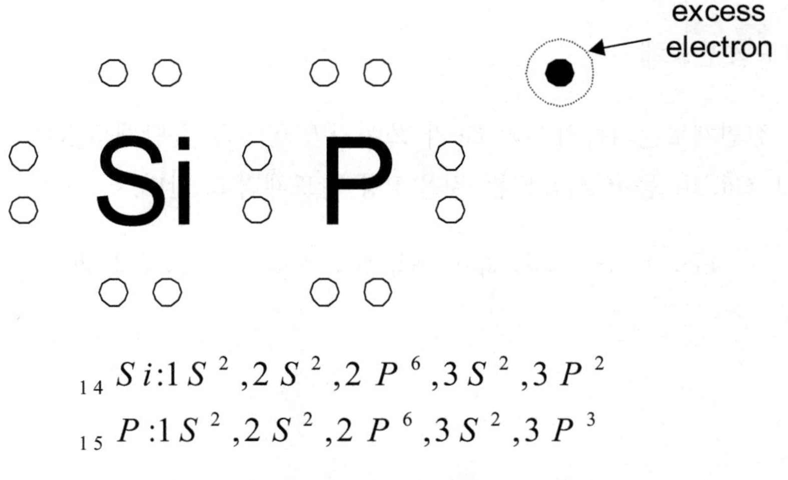

$$_{14}Si:1S^2,2S^2,2P^6,3S^2,3P^2$$
$$_{15}P:1S^2,2S^2,2P^6,3S^2,3P^3$$

[그림 7-25] n형 반도체 Si-P의 결합구조

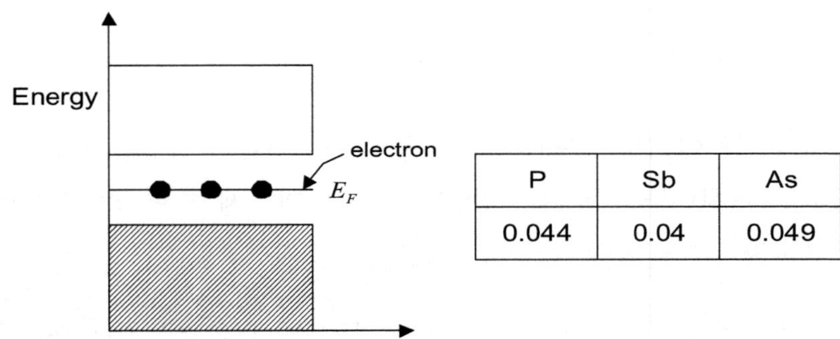

P	Sb	As
0.044	0.04	0.049

[그림 7-26] n형 반도체의 페르미 에너지와 레벨

이와 같이 P로부터 방출되어 새로운 Fermi 에너지 레벨에 올려 있는 자유로운 가전자는 작은 전기장에도 쉽게 전도 전자대(conduction band)로 여기하며 전기를 옮길 수 있는 전하로 작용한다. P 원자 1개를 이온화할 수 있는 에너지는 0.044 eV에 불과하다.

• **P형 반도체**

절연체로는 4족의 Si와 Ge가 쓰이지만 공공의 운반체로 3족의 B, Al, Ga, In 등이 사용되는 것을 P형 반도체라고 한다.

14Si = 1s2, 2s2, 2p6, 3s2, 3p2, 5B = 1s2, 2s2, 2p3

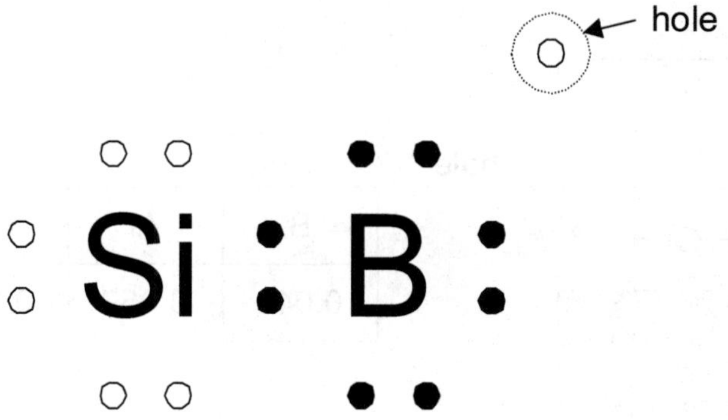

$_{14}Si:1S^2, 2S^2, 2P^6, 3S^2, 3P^2$

$_{5}B:1S^2, 2S^2, 2P^3$

[그림 7-27] P형 반도체 Si-B결합구조

Si 결정은 개개의 원자에서 전자 4개씩을 방출하여 최외각에 총 8개의 가전자를 형성하므로써 결정의 원자결합에 대한 원자가 전자대를 꽉 채운다. 그런데 미량 첨가된 B는 Si와 공유결합을 이루고도 모자라는 1개의 가전자로 인하여 1개의 공공이 남는다.

이러한 여분의 공공은 Si 결정의 원자가 전자대 상부의 에너지 갭 사이에 새로운 Fermi 표면을 형성하고 원자가 전자대에 채워진 전자들을 끌어 올려 전도 전자대로 여기시키는 역할을 한다.

이와 같이 B로부터 방출되어 새로운 Fermi 에너지 레벨에 내려 있는 공공은 원자가 전자대에 있는 가전자를 작은 전기장에도 쉽게 전도 전자대로 여기하며 전기를 옮길 수 있는 중간 매체로 작용한다. B 원자 1개를 이온화할 수 있는 에너지는 0.045 eV에 불과하다.

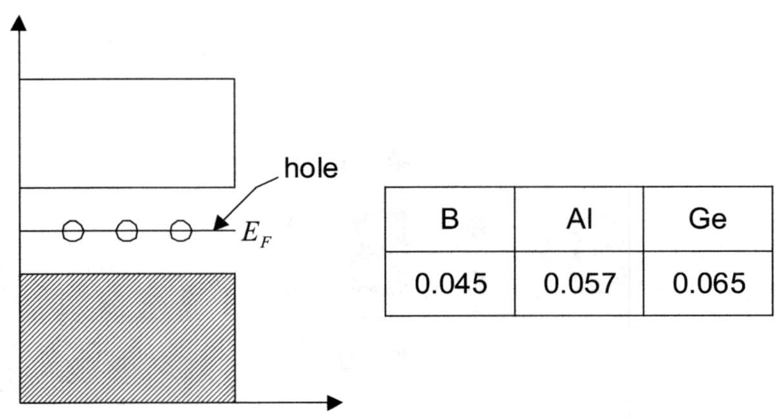

B	Al	Ge
0.045	0.057	0.065

[그림 7-28] P형 반도체의 페르미 에너지와 레벨

5. 금속의 결합

금속은 앞에서 살펴본 바와 같이 각 원소에 속하는 가전자가 1, 2, 3개에 해당하는 원자그룹 중에서, 그 원자들의 결합으로 형성되는 Fermi 에너지 레벨이 원자가 전자대(valence band) 중간에 위치하는 것을 일컫는다.

특히 주양자수가 n = 3, 4, 5, 6 주기에 해당하는 원자들이 금속결합의 특성을 보이는데, 원자가 전자대에 가전자가 덜 채워져 있어서 각 원자에 속한 가전자들이 원자결합 상태에서 쉽게 전도 전자대(conduction band)로 옮겨갈 수 있다.

이로 인하여 금속 원자들간에는 이들이 굳이 비금속 원자들과 이온결합이나 공유결합을 하지 않아도 자기들끼리 결합할 수 있는 특징을 보인다. 에너지 띠의 모양에서 금속원자의 결합은 원자가 전자대에 반쯤 채워진 가전자의 형태 (Na계)나, 최외각의 궤도함수 s, p가 서로 겹친 형태 (Mg, Al계)를 하고 있다.

에너지 띠 이론으로부터 금속결합의 전도성을 잘 파악할 수 있는데 결합의 모양은 핵 주위에 갇힌 core 전자와 원자가 전자대에 가전자를 구분함으로써 간단하게 제시할 수 있다. 예를 들어 철 원소 (26Fe = 1s2, 2s2, 2p6, 3s2, 3p6, 3d6, 4s2)는 1s2부터 3d6까지의 core 전자 24개와 4s2의 가전자 2개를 갖는데 아래의 결합구조를 갖는다.

그림에서 각 원자당 두 개씩 방출하는 가전자는 원자간 결합에서 원자가 전자대를 형성하는 에너지 띠를 공동으로 구성한다. 이것을 위 그림의 2차원 혹은 3차원 결정에 적용하면 각 원자가 방출한 가전자는 어느 한 원자에만 구속된 것이 아니고 전체 결정에 속하는 것으로 해석할 수 있다. 단지 한 원자가 가질 수 있는 가전자는 두 개 정도일 것이라는 확률분포에 따르는 것이다.

즉 금속원자의 결합에서 최외각 궤도함수에 공동으로 존재하는 전자들을 전자구름으로 간주하듯, 가전자들은 이동할 수 있는 고체의 모든 영역에서 공유되는 것처럼 존재한다. 이와 같이 결정이 공동으로 확보하는 가전자로 인하여 금속의 원자들은 전기적인 결합을 이루게 되며, 이에 따라 금속의 결합은 매우 단순하고 규칙적인 결정의 특성을 갖는다.

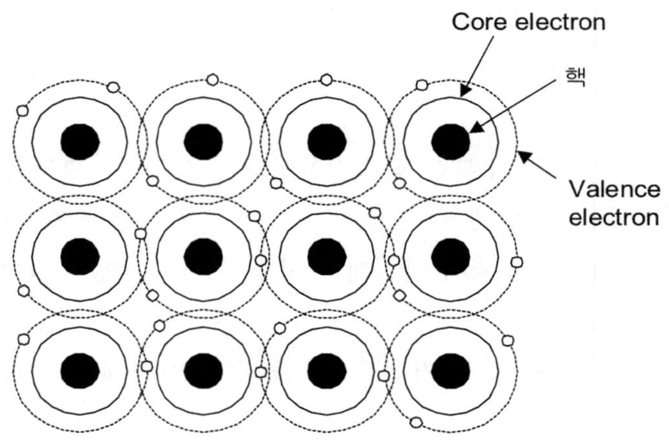

[그림 7-29] 금속원자의 결합

금속적인 특성은 자유전자라고 하는 가전자들의 원자간 공유성으로부터 비롯되는데, 이것이 금속원자들을 결합시키는 요인이며 자유전자들은 원자 사이에 전자구름 혹은 전자바다의 형태로써 존재하는 것으로 규정된다.

금속결정에서 최외각 전자인 가전자는 이온결정중의 금속원자와 마찬가지로 이온화되어 있다. 그러나 이온결정에서처럼 한 원자에 국부적으로 속한 것이 아니고 금속결합에서는 최외각의 가전자들이 결정 덩어리 전체를 자유롭게 돌아다닌다.

금속 원자들간의 결합력은 자유전자들의 주기적인 포텐샬로 설명된다. 핵 사이의 Pauli 압력에 의한 반발력과 가전자들 사이의 전기적 인력을 합한 원자핵과 전자들의 에너지 주기는 아래 그림과 같다.

가전자인 자유전자들은 원자핵 주위인 A에서 최소 에너지를 갖고 이것이 핵간의 결합을 주도한다. 에너지가 상대적으로 높은 핵 중간의 B에 전자들이 존재할 확률은 A에 비해 낮고 전자 존재밀도의 주기성이 금속결합에 영향을 미치는 것으로 보고 있다.

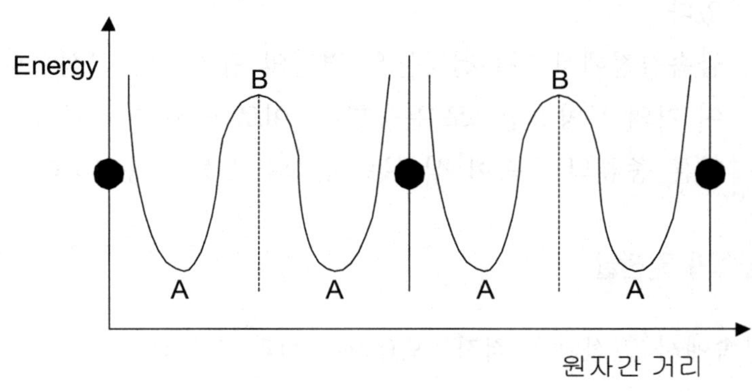

[그림 7-30] 금속결정에서 원자간 결합과 에너지 주기

이와 같은 자유전자에 의한 금속결합으로 금속결정은 다음과 같은 고유한 특성을 갖는다.

① 금속원자의 결합은 원자간 공유하는 자유전자로 인하여 매우 단순한 규칙성을 갖는다.

② 이온과 공유결합은 원자간 결합은 강하지만 분자간 결합이 약한데 비하여, 금속결합은 매우 단단한 형태의 고체 결정을 유지한다.

③ 이로 인하여 금속은 강하면서도 변형과 성형이 유리하고 쉽게 깨지지 않는 연성을 지닌다.

④ 금속 원자배열의 규칙성은 빛의 표면반사를 고르게 하여 금속 특유의 표면 양상을 보이며, 소리 또한 규칙적인 파동으로

전달되어 금속소리를 낸다.

⑤ 무엇보다도 금속이 가진 중요한 특성은, 자유전자들이 원자 사이를 거의 빛의 속도 (c/100)로 돌아다니며 큰 저항 없이 열 및 전기적 신호를 전달하는, 뛰어난 전도성을 갖은 것에 있다.

⑥ 금속결정에서 자유전자들은 결정의 규칙적인 구성으로 인하여 거의 무방향성으로 운동한다. 이로 인해 한 금속의 결정에 다른 종류의 금속이 섞이는 합금의 과정이 용이하다.

• 금속의 열전달

금속에서 열전달은 격자떨림(phonon)과 자유전자가 주도한다.

$$K = Kl + Ke$$

(K : 열전도도, Kl : phonon에 의한 효과, Ke : 자유전자에 의한 효과)

규칙적인 원자 혹은 격자배열을 갖는 금속결정은 열에너지에 의한 격자떨림을 에너지의 큰 손실 없이 쉽게 주위로 전달할 수 있다. 또한 자유전자는 열에너지를 일부 업어서 주위로 전달하는 역할을 담당하므로 금속은 다른 물질에 비하여 큰 열전도성을 보인다.

• 금속의 전기전도도

전기전도도는 전기저항에 영향을 주는 인자를 파악하고 이에 반대되는 효과를 고려함으로써 구해진다.

$$K \propto 1/\rho$$

전기저항은 온도, 불순물, 결정 내 변형 등의 인자에 의해 얻어진다.

$$\rho = \rho t + \rho i + \rho d$$

(ρt : 온도 인자, ρi : 불순물 인자, ρd : 소성변형 인자)

금속의 온도가 높아지면 원자나 격자의 열진동이 심해지고 자유전자의 이동에 어려움을 겪고 전기저항이 증가한다. 또한 금속결정에서 불순물의 양(합금원소)이 많으면 자유전자의 매끄러운 이동성이 억제되고, 소성변형에 의해 형성된 전위나 결함은 전자 이동을 방해하는 요소이다.

이러한 열진동, 불순물 및 소성변형의 효과로 금속의 전기저항성이 정해지는 것이다. 따라서 전기저항성이 극도로 낮은 초전도와 같은 재료를 얻으려면 사용 온도가 낮고, 재료내의 불순물 양이 적은 순수 물질이며 소성의 변형이나 성형이 가해지지 않은 상태가 적합하다.

• Hume–Rothery 법칙

금속은 금속원자를 결합하는 자유전자의 역할에 따라 원자배열이 규칙적인 형상을 갖는다. 또한 이러한 금속결정에 속한 자유전자들은 배열의 규칙성으로 인하여 무질서한 무방향성을 갖게 되어, 다른 금속의 원소가 혼합되는 합금의 과정은 비교적 용이하다.

이에 따라 금속은 서로 다른 종류의 금속이 섞여서 특성을 개선하는 형태로 개발된다. Hume-Rothery는 이러한 금속의 합금에서 두 금속이 서로 잘 섞이고 합금으로 고용될 수 있는 유리한 조건을 제시하였다.

① 두 원소의 원자반지름 차이가 15% 이내이면 합금의 조건에 적합하다.
② 서로 비슷한 결정구조를 가지며,
③ 주기율표 상에 존재한다면 가전자 상태나 결합의 여건이 유사할 가능성이 크므로 합금에 유리할 것이다.
④ 높은 가전자수의 원소는 낮은 가전자수의 원소에 쉽게 고용되지만 이와 반대의 현상은 쉽게 일어나지 않는다. 즉 Al3+는 Cu1+에서 Al은 Cu에 쉽게 고용되지만 Cu는 Al에 잘 고용되지 않는다.

- **금속의 결합**

양자물리는 입자의 에너지를 단위화한 것을 바탕으로 입자의 파동성을 Schrödinger의 파동방정식으로 파악하는 것에서 시작한다. II부의 큰 줄거리로써 이러한 에너지의 단위화와 파동방정식의 이해를 꾀한 것은 이들을 가지고 해석되는 원자모델, 원자간 결합 그리고 궁극적으로는 금속의 결합에 대한 원리를 제시하기 위한 것이다.

금속의 결합은 위에서 살펴본 바와 같이 금속 원자들의 원자가 전자대에 존재하는 가전자의 자유전자들이 금속결정 속에서 서로 공유되는 것으로부터 기인한다. 자유전자들에 의한 금속결합은 그 결합의 구조가 간단한 결정으로 구성되는 것으로 인하여 여러 가지 독특한 금속의 특성을 유발한다.

즉 다른 이온, 공유결합과는 달리 결정 덩어리 전체에서 가전자들을 공유하게 되는 금속결합의 속성은 원자 배열에 있어서 비교적 단순한 입방정, 육방정 정도의 구조를 구성하며, 복잡하다고 해야 orthorhombic 정도의 결정구조로 형성된다.

이러한 단순한 원자배열의 금속결합은 먼저 금속의 고유한 연, 전성 및 강성의 특징을 야기한다. 몇몇 원자간 결합만이 강하여 분자간 결합력이 약한 이온, 공유결합이 가질 수 없는 덩어리 전체의 결합력이 금속원자들을 결합하는 자유전자에 의해 발생되므로, 금속 결정덩어리는 원자배열을 달리하며 소성되는 변형을 자유로이 할 수 있다.

또한 규칙적인 원자배열로 유도되는 변형에 의한 전위(dislocation)는 금속결정 내부에서 생성되고 서로 반응하기 때문에 이로 인하여 상당한 강도증가 효과를 얻게 된다. 금속의 연, 전성 및 강성이 청동기시대와 철기시대 이래로 현대에 이르기까지 거의 모든 기계 설비와 부품에 금속이 사용되게 한 가장 중요한 요인이다.

금속이 그 결합과 관련하여 지닐 수 있는 또 하나의 가장 큰 특성은 위에서 Hume-Rothery가 제시한 합금(alloying)에 대한 것이다. 합금이란 한 금속의 순수한 성분에 다른 금속성분이 혼합되어 새로운 상 또는 화합물을 구성하고, 이에 합당한 기계적 특성을 나타내는 것을 의미한다. 순수한 금속이 발휘할 수 있는 연, 강성의 기계적 특성은 한계가 있다. 이에 비하여 합금으로 얻어지는 연, 강성 향상의 가능성은 상변화에 따르는 열처리에 의해 상당히 높일 수 있다.

지금까지 금속에 대한 많은 연구가 되어 왔고 앞으로도 무한한 발전의 가능성이 있는 것은, 금속이 이러한 연, 강성의 특성을 지니고 있어 현대의 거의 모든 설비 및 부품에 소재로 적용될 수 있다는 것과 합금화를 통하여 새로이 요구되는 기계적 특성에 적합한 금속으로 설계할 수 있다는 가능성에 기인한다.

또한 금속 자체의 원자배열과 상적인 구성 그리고 상변화에 이에 따르는 미세조직적인 구조 등에 대한 적지 않은 부분이 아직 물리적으로 규명되지 않은 것이기도 하여, 금속에 대한 연구는 실용의 측면에서뿐만 아니라 학문적인 측면에서도 큰 매력을 갖는다.

다음 장에서 언급된 금속결정의 분석도 금속의 결합특성과 관련한다. 즉 금속결정의 분석으로부터 제시되는 전자 회절 혹은 산란의 결과는, 분석 기기로부터 쏘아지는 X선 입자나 전자들이 금속결정의 가전자들과 반응함에 의해 얻어지는 것이다.

Review and Study Questions

1. Schrödinger 방정식을 스스로 가장 쉽게 설명할 수 있는 방법을 찾아보시오.

2. Schrödinger으로 유도되는 주양자수와 드브로이파의 관계를 설명하시오.

3. 두 원자의 결합에 대한 조화진동자 모델과 LCAO-MO 모델을 비교하시오.

4. 고체결정에서 구성되는 Fermi 에너지와 띠 이론의 관계를 설명하시오.

5. Fermi-Dirac 분포를 통해 반도체의 원리를 설명하시오.

6. 각설탕을 가지고 금속의 결정을 상상해보고 이로 인한 금속의 특성을 정리하시오.

chapter VIII 결정구조와 전자의 회절

금속이나 세라믹과 같이 규칙적인 원자배열을 하고 있다. 이러한 고체는 외부에서 전자나 X 선과 같은 단파장의 미세한 입자가 침투할 경우 특별한 현상을 보인다. 이것은 주로 단파장의 X 선이나 전자와 같이 높은 에너지를 담은 양자덩어리가 원자배열 속에서 일으키는 산란(scattering)에 관련한 것으로 고체의 결정구조를 파악하는데 쓸모가 크다.

X선 회절(X-Ray Diffraction, XRD)과 투과전자현미경(Transmission Electron Microscopy, TEM)의 회절분석이 X선과 전자의 결정내 산란을 이용한 해석기법이다. 본 장에서는 전자의 산란에 대한 기본 개념을 언급하고 이를 이용하는 XRD와 TEM의 분석방법을 다루었다.

1. 결정속 전자의 회절과 산란

• 회절이란(diffraction)

회절이란 파동에서 발생하는 현상으로 일정한 파장의 파동이 구멍이 있는 장벽에 부딪혔을 때, 파동의 움직임이 구멍을 통하여 장벽 뒤에까지 전달되는 현상을 일컫는다.

물통을 그림 8-1과 같이 장애물로 가로막고 납작한 막대기로 한

쪽에서 잔물결의 평면파를 만들어 줄 경우 파동은 장애물에 걸려 더 이상 진전하지 못한다. 그런데 이 장애물에 조그만 구멍을 만들어 주면 잔물결 평면파는 구멍을 통하여 다른 쪽으로 잔파되는 현상을 보인다. 이것이 대표적인 파동의 회절현상으로써 평면파가 구멍을 통하여 모든 방향으로 휘어져 퍼져 나가는 모습으로부터 "회절"(回折, diffraction)의 용어가 정의된다. 소리가 모퉁이를 돌아서도 들리는 현상이라든지 빛이 그늘진 곳으로 휘어져 들어갈 수 있는 현상을 소리와 빛의 파동특성에 의한 회절로 설명할 수 있다.

한 개의 구멍을 통과한 회절파는 그 자체만으로는 특별한 의미를 갖지 못한다. 이것은 회절이 이용되는 결정구조의 해석에 있어서 결정구조 자체가 수많은 구멍이 존재하는 경우이기 때문이다. 여러 구멍에서 동시에 발생하는 회절에는 파동의 간섭현상이 뒤따르며 이러한 파동의 간섭을 가지고 구조해석이 행해진다.

그림 8-2는 입사파동이 한 개의 S0 구멍을 통과하며 회절을 일으키고 이것이 다시 S1, S2의 구멍을 통과할 때 동시에 발생하는 회절의 간섭을 보여주는 Young의 실험을 보여주는 것이다.

그림에서 S1과 S2의 두 구멍에서 발생한 각 회절의 파장들은 서로 간섭을 일으키며 보강과 소멸의 조건을 갖게 된다. 즉 각 회절파들의 파고가 만나는 지점에서 두 파장은 보강조건을 갖으며 회절보강의 간섭무늬를 맺을 수 있는 것이다.

이러한 구멍이 2차원 혹은 3차원으로 구성된 것이 결정에 해당하는데 결정을 구성하는 원자 또는 원자면을 구멍으로 간주하면

이 사이를 통과하는 파동의 간섭효과는 결정구조에 따라 독특한 모양을 나타내는 것이다. 이러한 회절의 모양을 해석함으로써 결정의 구조와 격자상수를 알 수 있다.

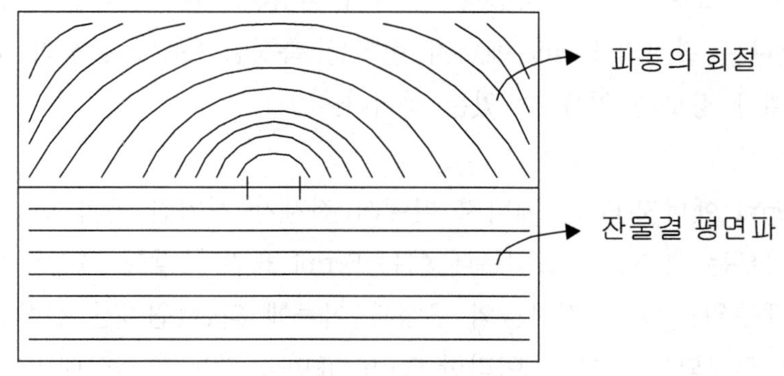

[그림 8-1] 물결파의 회절

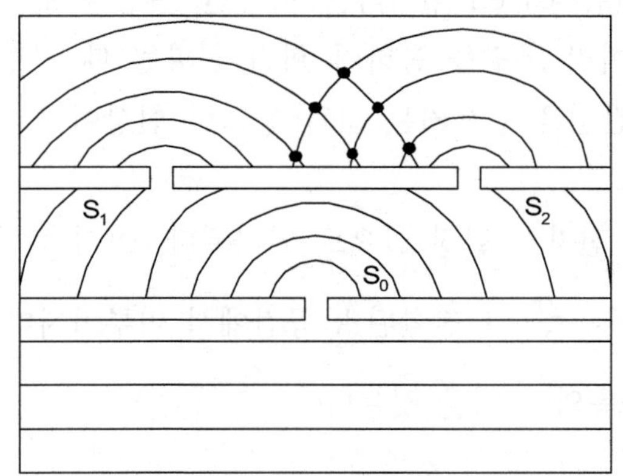

[그림 8-2] Young의 파동회절 간섭실험

- **전자의 산란(scattering)과 Fermi 표면**

입사된 전자는 결정 안에서 결정의 적층구조와 격자상수에 관련하여 특별한 현상을 야기한다. 입사 전자가 결정에 미치게 되는 가장 우선적인 특별한 일이란 결정이 갖는 Fermi 에너지에 영향을 주는 것이다. 이것은 Fermi 에너지가 k 공간($k = \frac{2\pi}{\lambda}$, λ 는 전자의 파장)으로 표현될 때 나타난다. 전자의 파장을 미리 안다면 산란이 일어나는 결정의 Fermi 에너지 변화를 측정함으로써 결정의 구조에 대한 정보를 얻을 수 있는 것이다.

Fermi 에너지(Ef)는 에너지 띠에서 전자가 채워진 곳과 빈 공간이 이루는 경계면을 일컫는데 이는 Fermi 표면과 같다. Fermi 표면은 핵주위를 도는 전자들의 구성과 이들에 의한 원자간 결합상태에서 결정되는 것이다. 이러한 Fermi 표면을 갖는 고체상태의 결정에 파동성을 갖는 전자가 입사되면 전자는 결정내의 행동 공간과 관련하여 산란(scattering)이라는 특별한 현상을 유발한다. 이것은 한 파동이 여러 구멍을 통하여 회절 전파될 때 구멍 뒤에 회절에 의한 파의 간섭을 일으키는 것과 동일한 현상이다.

λ 파장의 전자가 결정 안으로 입사된다. 이때 전자의 행동은 파동성을 띤 $k = \frac{2\pi}{\lambda}$ 로 전환된 k 공간에서 이루어지며 Fermi 에너지 Ef는 k와 다음의 관계를 갖는다.

$$Ef = \frac{P^2}{2m}, \quad P = \frac{h}{\lambda} = \frac{h}{2\pi} \cdot k \quad (k = \frac{2\pi}{\lambda} \text{ 이므로})$$

$$Ef = \frac{(h/2\pi)^2}{2m} \cdot k2 = \frac{h^2}{8\pi^2 m} \cdot k2$$

즉 원자가 전자대(valence band)에 전자가 채워지는 경계면인

Fermi 에너지 Ef는 k 공간에 대하여 포물선으로 그려진다.

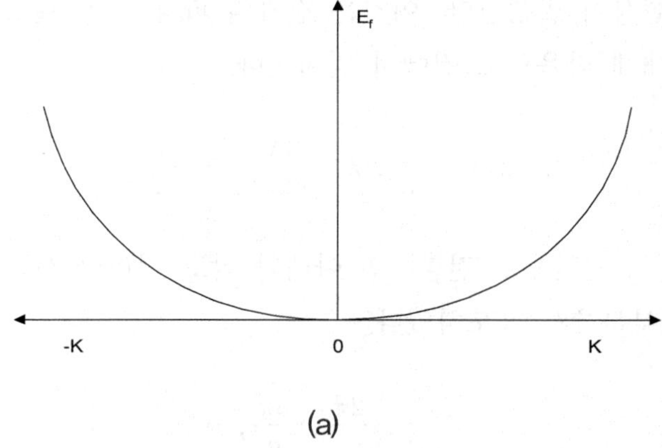

(a)

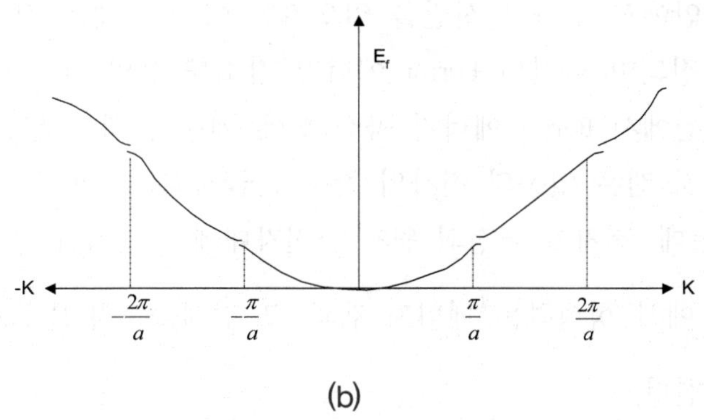

(b)

[그림 8-3] (a) K공간에서 Fermi 에너지 구성

(b) 전자의 산란이 일어날 때 Fermi 에너지 감소 현상

그런데 전자의 파동이 결정구조와 특별한 관계로 일치하면 전자의 산란현상이 발생한다. 이것은 전자의 파장 λ 이 결정의 격자상수 a에 대해 다음의 조건에서 얻어진다.

$$a = \frac{\lambda}{2}, \lambda, \frac{3\lambda}{2}, \cdots, \frac{n\lambda}{2}$$

이것을 k 공간으로 전환하면 아래와 같고 이러한 산란의 조건은 다음 2. 부분에서 유도하였다.

$$k = \frac{\pi}{a}, \frac{2\pi}{a}, \frac{3\pi}{a}, \cdots, \frac{n\pi}{a}$$

결정 안에서 전자가 산란을 일으키면 이 조건에서 전자의 에너지가 안정되며 약간의 Fermi 에너지 감소를 유발한다. 이에 따라 산란 조건에서 Fermi 에너지 곡선 상에 에너지 갭이 생긴다. 이러한 에너지 갭은 일종의 전자의 존재가 금지되는 forbidden band에 해당하는데, 전자가 결정의 원자가 전자대에 채워지며 산란에 의해 $k = \frac{\pi}{a}$에서 형성하는 에너지 갭과 그 경계를 1차 Brillouin Zone 이라고 한다.

- **Brillouin Zones**

외부에서 발사된 한 개의 전자가 주기적으로 배열된 포텐샬의 결정 속을 움직인다.

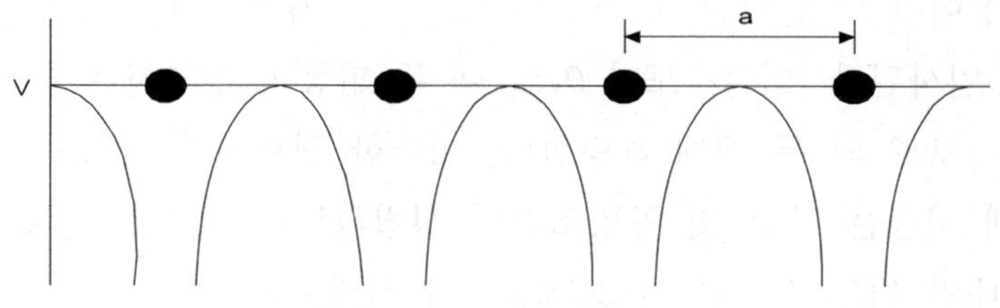

[그림 8-4] 결정의 포텐샬 주기

드브로이 물질파로 규정되는 전자의 운동량은 $P = \frac{h}{\lambda}$ 이며 이것은 Bragg의 회절과 관련하여 격자상수 a의 결정과 다음의 관계를 갖는다.

$$n\lambda = 2a\sin\theta, \quad n = 1, 2, 3, \cdots$$

Bragg 회절은 격자면으로 구성된 결정으로 입사되는 두 파동의 경로차가 그 파장의 정수배가 될 때 파동의 보강조건이 성립된다는 단순한 산란의 효과이다. 여기서 Bragg의 회절은 Laue 산란의 특수한 형태인데 Laue 산란에 대한 설명은 다음절에서 다루겠다.

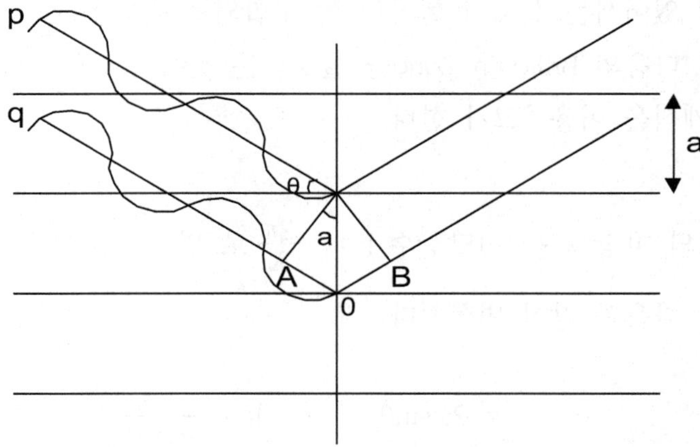

[그림 8-5] Bragg 회절

파장이 λ 로 동일한 p, q의 두 파동이 격자간격 a인 격자면에 나란히 입사된다. 입사각도가 θ 일 때 두 파동의 경로차는 AO + OB로써 a sinθ 의 두 배에 해당한다. 이러한 경로차가 파장의 정수배일 때 파동은 보강 및 공명조건이 성립하므로 이것을 관계식으로 나타내면 위의 식 "nλ = 2 a sinθ "과 같다.

그러나 Bragg 회절법칙은 실제 상황을 제대로 반영하지 못한다. 전자를 순수한 파동으로 간주한다고 해도 외부에서는 단 1개의 전자가 쏘아졌는데 Bragg는 두 개의 파동이 있어야한다.

또한 입사되는 전자는 실제적으로 3차원 상으로 구성된 a 간격의 원자 또는 격자점과 충돌하는 것에 대하여, Bragg는 a 간격의 격자면을 회절에 참여하는 슬리트로 간주한다.

이와 같이 Bragg 회절이 입사파와 결정구조를 가정함에 있어서 실제와 다른 측면을 가지고 있지만 거시적으로 얻어지는 회절의 결과에 있어서는 실제의 현상과 잘 부합되는 측면을 가지고 있다. 따라서 다음의 Brillouin Zone을 설명하는 것에 간단한 Bragg 회절의 관계식을 이용하고자 한다.

전자의 파장 λ 를 전달상수 $k = \frac{2\pi}{\lambda}$ 로 변환하면 Bragg 회절관계식은 다음과 같이 변환된다.

$$n\lambda = 2a\sin\theta \quad \rightarrow \quad k = \frac{n\pi}{a\sin\theta}$$

그림 8-6에서 원자의 배열을 수직으로 자른 A면으로 입사되는 전자 k는 입사각 θ 에 의해 Bragg 회절을 만족한다. k에서 x축 성분은 kx라고 할 때 이것은 아래와 같다.

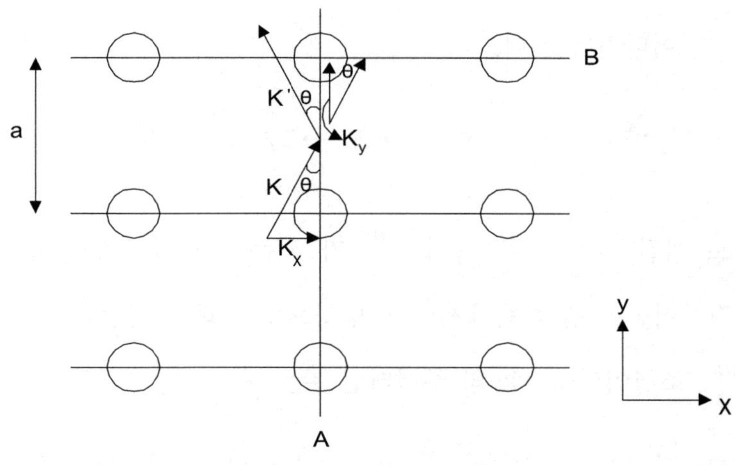

[그림 8-6] 결정으로 입사된 전자 K

$$kx = k\sin\theta = \frac{n\pi}{a\sin\theta} \cdot \sin\theta = \frac{n\pi}{a}$$

kx 성분은 θ 가 0 ~ 45° 범위에서 적합하고 θ 가 45° ~ 90° 범위에서는 수평면 B에 대한 회절을 고려한 것이다.

수평면과 작용하는 k에서 y축 성분은 ky이고 이것은 다음과 같이 구해진다.

$$kx = k\sin\theta' = \frac{n\pi}{a\sin\theta'} \cdot \sin\theta' = \frac{n\pi}{a}$$

전자의 k 값이 원자배열 인자 $\frac{\pi}{a}$ 보다 작으면, 즉 전자의 파장 λ 가 원자간격의 두 배보다 커지면 λ 는 $2a\sin\theta$ 보다 항상 크므로 Bragg 회절이 불가능하다. 따라서 $k = \frac{\pi}{a}$ 이하의 영역에서 회절 현상은 일어나지 않는다.

$$\frac{2\pi}{\lambda} < \frac{\pi}{a} \rightarrow \lambda > 2a \rightarrow \lambda > 2a \sin\theta$$

Bragg 회절은 kx 혹은 ky가 $\frac{n\pi}{a}$가 되는 조건에서 발생하는데 이때 전자이동은 결정 속에서 x, y 방향으로 방해를 받는다. kx, ky $= \frac{n\pi}{a}$ 조건이면 kx, ky의 주벡터인 k는 $\frac{n\pi}{a\sin\theta}$를 이루는 조건이며, $k = \frac{2\pi}{\lambda}$이므로 이것은 곧 "$n\lambda = 2a\sin\theta$"인 Bragg 회절조건을 나타내는 것이다.

n = 1에서 kx, ky 와 k 및 Bragg 회절은 아래와 같은데 이것은 격자의 a 간격면에서 발생하는 1차의 Bragg 회절이다.

$$kx,\ ky = \frac{\pi}{a}, \quad k = \frac{\pi}{a\sin\Theta}, \quad \lambda = 2a\sin\theta$$

1차로 Bragg 회절이 일어나는 kx, ky $= \pm\frac{\pi}{a}$ 조건을 k의 세기인 kx, ky 벡터축으로 나타내면 그림 8-7과 같다.

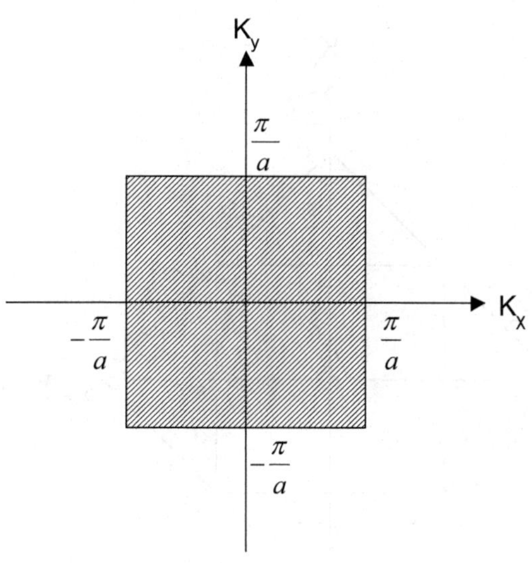

[그림 8-7] Bragg 회절과 1차 Brillouin Zone

$kx = \pm\frac{\pi}{a}$ 그리고 $ky = \pm\frac{\pi}{a}$에서 회절이 발생하며 경계를 이루는 사각형 내부지역을 1차 Brillouin Zone이라 한다.

n = 2일 때 kx, ky와 k 및 Bragg 회절은 아래와 같은데 이것은 격자의 a/2 간격면에서 발생하는 2차의 Bragg 회절이다.

$$kx,\ ky = \frac{2\pi}{a},\quad k = \frac{2\pi}{a\sin\theta},\quad \lambda = a\ \sin\theta$$

2차로 Bragg 회절이 일어나는 $kx,\ ky = \pm\frac{2\pi}{a}$ 조건에서 kx, ky 좌표축으로 그려지는 최소의 면적은 그림 8-8과 같다.

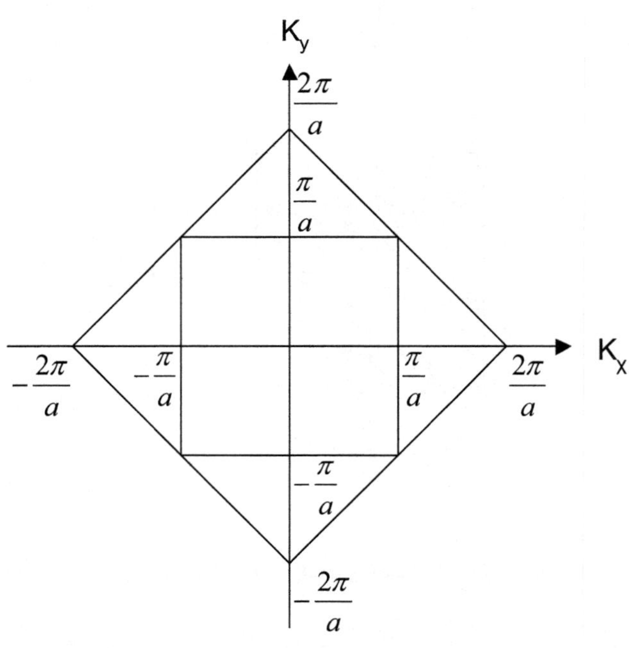

[그림 8-8] 1차, 2차 Brillouin Zone

$kx = \pm\frac{2\pi}{a}$ 혹은 $ky = \pm\frac{2\pi}{a}$ 에서 전자는 결정과 작용하여 회절을 유발하는데 1차 Brillouin Zone과 이 경계 사이의 지역을 2차 Brillouin Zone이라 한다.

즉 1차와 2차 Brillouin Zone 양의 지역은 k와 λ 에 대하여 일정한 범위로 주어지며 이것을 3차 Brillouin Zone으로 확장하여 정리하면 아래와 같다.

1차 Brillouin Zone : $0 < k < \frac{\pi}{a}$, $2a < \lambda$

2차 Brillouin Zone : $\frac{\pi}{a} < k < \frac{2\pi}{a}$, $a < \lambda < 2a$

3차 Brillouin Zone : $\frac{2\pi}{a} < k < \frac{3\pi}{a}$, $\frac{2a}{3} < \lambda < a$

- **회절과 에너지 갭(forbidden band)**

결정에 입사된 전자는 결정의 원자배열과 작용하여 산란을 일으킨다. 전자를 파동으로 간주하는 Bragg 회절로부터 전자의 파장 λ가 격자간격의 두 배인 2a보다 크면 전자의 파동은 결정격자와 아무런 반응을 일으키지 않는다.

전자가 결정 속에서 갖는 에너지는 전자의 k 증가(λ 감소)에 따라 포물선형으로 증가하는데, 이것은 앞의 Fermi 에너지와 k관계에서 언급하였다($E_f \propto k2$).

전자의 파장 λ 가 점점 감소하다가 2a와 같아지는 $k = \frac{\pi}{a}$($k = \frac{2\pi}{\lambda} = \frac{2\pi}{2a}$) 조건이 되면 전자는 결정격자에 의해 회절된다. 이때 결정의 원자핵에 속한 전자의 에너지는 자기파장 k에 의한 에너지 $E = \frac{\hbar^2 k^2}{2m}$보다 약간 감소하며 안정된 값을 갖는다. 이것이 전자의 회절위치에서 에너지 갭(forbidden band)을 형성하는 요인이다.

만약 입사되는 전자의 파장 λ 가 정해져 있다면 회절을 일으키는 전자의 k는 격자상수 a가 격자면간 거리 d로 환산되면서 증가될 수 있다. 이러한 k 증가에 따라 1, 2, 3차 등의 회절이 발생하며 Brillouin Zone과 에너지 갭이 형성되는 것이다.

• 원자가 전자들에 의한 Brillouin Zone, forbidden band 및 Fermi 에너지

외부에서 결정으로 입사된 전자가 결정의 원자배열과 작용하여 발생하는 회절이 Brillouin Zone과 forbidden band를 형성하는 것은 앞에서 보였다. 이러한 Brillouin Zone은 외부에서 입사되는 전자에 의해서 뿐만 아니라 결정내 원자가 전자에 의해서도 형성될 수 있다. 결정 내를 돌아다니는 가전자에 의해 전자와 결정의 산란효과가 발생하는 것이다.

원자가 전자대(valence band)에 존재하는 가전자들이 원자배열과 산란을 일으킬 때 원자가 전자들의 에너지 상태에 따라 Fermi 에너지와 Brillouin Zone에 채워지는 에너지준위가 정해진다. 가전자가 낮은 에너지 상태에 있을 때 전자들은 긴 파장의 낮은 진동수로 인하여 결정격자 속에서도 특별한 반응을 일으키지 못한다.

하지만 가전자의 에너지가 높아져 k가 증가하면 $k = \pm\frac{\pi}{a}$ 조건에서 가전자들은 원자배열 사이에서 회절을 발생한다. 이때 가전자가 갖는 Fermi 에너지값의 감소가 동반되며 이것에 의해 에너지 갭인 forbidden band가 형성된다.

회절에 의한 1차와 2차 Brillouin Zone의 경계($k = \frac{\pi}{a}$)가 마침

원자가 전자대와 전도 전자대의 에너지 갭(forbidden band)이 형성된다면 회절에 의한 forbidden band와 결정결합 자체의 에너지 띠의 forbidden band가 중복되어 절연체의 특성은 회절에 관계없이 그대로 유지된다(그림 8-9 (a)).

이에 비하여 회절에 의한 1차와 2차 Brillouin Zone의 경계($k = \frac{\pi}{a}$)가 원자가 전자대의 연속적인 에너지 띠 중간에 존재한다면 그림 8-9 (b)와 같이 회절에 의한 forbidden band 형성이 전자 이동을 억제하는 역할을 하지 못한다. 즉 가전자들이 결정구조와 일으키는 회절은 고체의 전도성에 영향을 미치지 못한다.

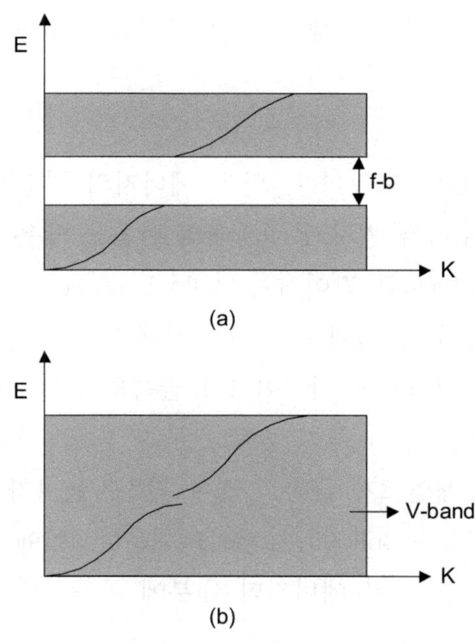

[그림 8-9] K 공간에서 패르미 에너지와 Brillouin Zone : (a) 절연체, (b) 전도체

원자가 전자들의 Fermi 에너지레벨과 Brillouin Zone의 관계는 가전자들을 kx, ky 좌표축 도형에 대입하므로써 쉽게 알 수 있다. 이 관계를 그림으로 나타내면 Brillouin Zone과 전자가 채워지는 에너지 준위(Fermi 에너지), 그리고 전자가 채워진 상태에 따라 도체나 부도체를 구분할 수 있다.

그림 8-10은 1차와 2차 Brillouin Zone에 가전자가 채워지는 과정을 보여준다. 낮은 에너지의 가전자는 낮은 값의 kx, ky 준위로부터 채워지며 1차 kx, ky까지 완전히 채워지면 이 곳에 회절에 의한 forbidden band 말고도 마침 에너지 띠에 의해 forbidden band가 형성되므로 에너지 갭 모양은 그대로 유지된다. 원자가 전자대에 채워진 전자들은 이러한 에너지 갭 때문에 전도대로 옮겨질 수가 없다.

이것이 절연체의 모형이다. 낮은 에너지의 가전자가 낮은 값의 kx, ky부터 채우다가 원자가 전자대의 반쯤을 채운 경우, Fermi 에너지는 그림 8-10(b)와 같이 1차 Brillouin Zone 경계에 못 미치며 그 내부에 존재한다. 이때 원자가 전자대 내에는 전자가 비어있는 전도 전자대가 이어지며 이것이 1가 금속의 모형이다.

가전자가 두 개인 2가 금속의 경우 가전자는 1차 Brillouin Zone 일부를 채우고 2차 Brillouin Zone을 채운다. 이에 따라 가전자의 Fermi 에너지는 구분된 에너지띠 내부에 존재하여 금속의 전도성이 유지된다.

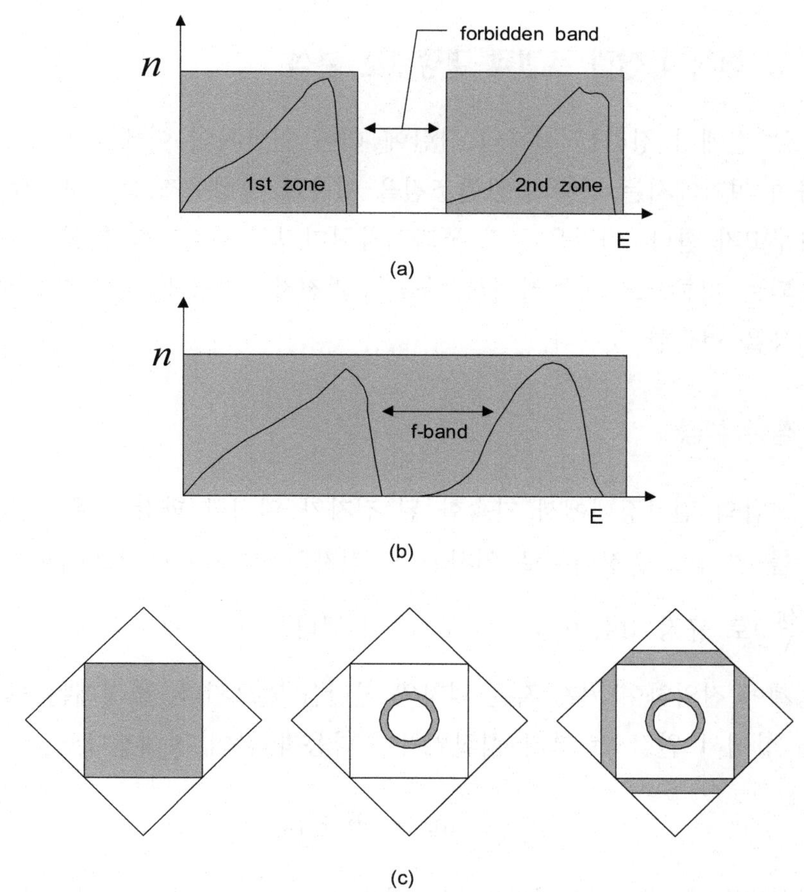

[그림 8-10] 절연체와 전도체에서 1차, 2차, 3차 Brillouin Zone에 전자가 채워지는 과정

2. 전자의 산란 조건과 결정구조 분석

앞 절에서 정리한 전자의 산란에 대한 일반적인 이해를 토대로 하여 여기에서는 전자의 산란조건을 이용한 결정구조 분석에 대해 다루고자 한다. 이것은 주로 투과전자현미경의 회절도형 분석에 이용되는 이론으로 다음절에서 다룰 투과전자현미경에 대한 이론적 내용을 언급한 것이다.

• 상황 설정

고압의 전가장내에서 가속화 된 전자가 일정한 파장 혹은 진동수를 가지고 결정내부로 입사된다. 전자의 행동은 벡터 k($|k| = \frac{2\pi}{\lambda}$)로 규정되며, 이것이 a, b, c 세 벡터를 기본 구조로 하는 결정계에 진입하여 원자 혹은 격자와 산란을 일으킨다. 결정계는 3차원 상에서 원점으로부터 회절위치가 다음과 같이 정해진다.

$$\rho = ma + nb + pc$$

산란전자 k'는 입사전자와 탄성적으로 작용하여 산란후 입사전자의 진동수는 유지하되 단지 진행 방향만 바뀌는 것을 가정한다. 산란전자 k'에 대한 위치벡터 γ 는 산란되는 격자의 위치를 원점으로 하여 회절점이 읽히는 카운터까지의 벡터이다. 이것을 그림으로 나타내면 다음과 같다.

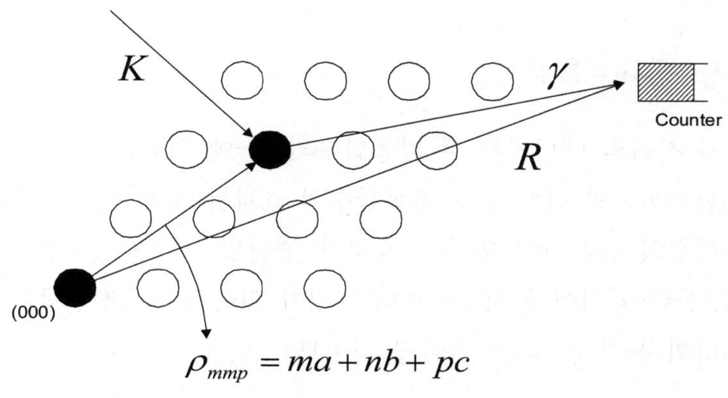

[그림 8-11] Laue 산란

그림에서 입사전자 k는 결정의 격자위치 ρ 에 대응하고 산란전자 k'은 산란위치 γ 에 대응한다. 이때 ρ 와 γ 는 각 격자점에 해당하는 회절위치에 대하며 변하는 임의의 벡터이다. 원점으로부터 카운터까지의 벡터는 R로 명시되는데 이것은 고정된 벡터이다.

결정내 임의의 (m n p) 격자위치에서 입사전자와 산란전자의 파동은 아래와 같다.

$$\Psi_k(\rho,t) \;=\; \mathrm{E0}e^{2\pi i(k\,\cdot\,\rho-\upsilon t)}$$

$$\Psi_{k'}(\gamma,t) \;=\; \mathrm{E0'}e^{2\pi i(k'\,\cdot\,\gamma-\upsilon t)}$$

위의 파동함수는 거리에 대한 k, k' 그리고 시간에 대한 진동수 ν 를 대입한 일반 파동함수의 꼴이다. k와 k'의 파장에는 ρ 와 γ 가 거리변수로 대입된다.

• 전자산란의 파동함수

전자 산란의 에너지는 두 파동함수의 곱에 의해 구해진다. 보통 파동함수끼리의 결합은 두 파동함수의 효과를 결합하는 것이다. 즉 파동함수의 곱은 파동함수의 효과가 결합된 에너지형태로 변환되는데, 산란이 일어난 위치로부터 거리가 멀어질수록 산란을 느끼는 카운터의 산란에너지는 작아질 것이므로 이에 따라 다음의 식에는 $\frac{C_0}{r}$ 이 부가된다.

$$\text{ESC} = \frac{C_0}{r}\ \Psi_k(\rho,t) \cdot \Psi_{k'}(\gamma,t)$$

$$= \frac{C_0}{r}\,\text{E0}e^{2\pi i(k\cdot\rho - vt)} \cdot \text{E0}'e^{2\pi i(k'\cdot\gamma - vt)}$$

$$= \frac{C_0}{r}\,\text{E0 E0}'e^{-2\pi ivt} \cdot e^{2\pi ik\cdot\rho} \cdot e^{2\pi ik'\cdot\gamma}$$

그런데 시간을 고정하면 $e^{-2\pi ivt}$ 항은 상수가 되며 γ = R$-\rho$로 대치한다.

$$\text{ESC} = \text{C} \cdot e^{2\pi ik\cdot\rho} \cdot e^{2\pi ik'\cdot(R-\rho)}$$

$$= \text{C} \cdot e^{2\pi ik'\cdot R} \cdot e^{-2\pi i(k'-k)\cdot\rho}$$

k와 k'도 정해진 상수벡터이므로 이것도 상수로 놓을 수 있다.

$$\text{ESC} = \text{C}'e^{-2\pi i\Delta k\cdot\rho},\quad \Delta\text{k} = \text{k}' - \text{k}$$

두 파동함수의 곱으로 구성된 전자산란의 에너지가 이것이 에너지라는 물리적인 의미를 갖기 위해서는 위의 관계식에서 허수항이 없어져야 한다. 이것은 파동함수 Ψ에 보함수 Ψ를 곱함으로써 허수항을 제거하고 이를 파동이 존재할 확률의 물리적 의미를 부여한 것과 유사한 상황이다.

$$\Psi \cdot \Psi = |\Psi^2|$$

윗식의 ESC는 오일러 공식에 의해 다음과 같이 전환되는데,

$$ESC = C' \{\cos 2\pi (\Delta k \cdot \rho) + i \sin 2\pi (\Delta k \cdot \rho)\}$$

이 식에서 허수항을 제거하기 위해 다음의 필수조건이 얻어진다.

$$\Delta k \cdot \rho = \text{정수}$$

• Bragg 회절과 전자의 산란

회절(diffraction)과 산란(scattering)은 동일한 의미로 혼용된다. 그러나 굳이 차이를 두자면 회절이란 광선이 얇은 슬릿을 통과하며 명암 혹은 색깔별로 분산되는 의미의 주로 파동성에 관련한 것이고, 산란이란 말 그대로 입자성을 갖는 전자입자가 원자 혹은 격자점에 부딪혀서 여기저기로 흩어지는 현상을 일컫는다.

Bragg의 회절은 입사되는 전자를 λ 파장의 파동($k = \frac{2\pi}{\lambda}$)으로 간주한 것으로 파동이 갖는 공명성질(경로차가 자기파장의 정수배에 해당함)을 근거로 입사전자와 주기적인 원자 배열과의 관련성을 보인 것이다. 그런데 여기에는 앞에서 밝힌 바와 같이 현실의 현상을 설명하기에 부족한 몇 가지 측면을 내포하고 있다.

점으로 이루어진 원자, 격자배열을 슬리트 격자면으로 간주하는 것과 전자를 순수한 파동으로만 간주한 것이 중요한 문제점인데 Bragg 회절은 거시적인 면에서 전자와 결정의 산란 특성을 쉽게 그리고 틀리지 않게 해석하는 유용성을 갖는다.

전자의 산란은 Bragg 회절조건을 포함하고 있다. 즉 Bragg 회절은 전자산란의 특수한 조건으로써 다음에 이를 입증하였다. 입사전자가 결정 내에서 산란을 일으키는 일반적인 현상을 고려하려면 앞에서 유도된 전자산란의 관계식을 적용해야 한다.

$$\Delta k \cdot \rho = \text{정수}$$

위의 식은 3차원 공간에서 파동함수인 전자가 원자점 혹은 격자점과 충돌하면서 구성하는 산란의 조건을 나타낸다. 이것은 그림 8-12와 같이 2차원의 주기적인 격자면 공간에서 유도되는 Bragg 회절조건을 포함한다.

앞에서 증명된 바와 같이 Bragg 회절은 입사전자파의 $|\boldsymbol{k}|$와 격자슬리트 간격 a의 관계가 아래와 같을 때 얻어진다.

$$|k| = \frac{n\pi}{a\sin\theta}, \quad k = \frac{2\pi}{\lambda} \rightarrow n\lambda = 2a\sin\theta$$

그림에서 $|\Delta k| = 2|k|\sin\Theta$이므로 위의 Bragg 회절조건으로부터 $|\Delta k|$는 다음과 같이 구해진다.

$$|\Delta k| = \frac{2n\pi}{a}$$

이것은 입사전자와 산란전자의 차이벡터 Δk가 슬리트면에 수직이고 그 절대값이 $\frac{2n\pi}{a}$에 해당할 때 Bragg 회절이 일어나는 것을 의미한다. 이러한 Bragg 회절조건은 슬리트 격자면에 수직한 벡터를 격자점 벡터 ρ 에 해당하는 것으로 가정할 때 위의 전자산란 조건과 일치한다. 회절이 발생하는 격자점 벡터의 절대값을 $\frac{a}{2\pi}$이라고 할 때 그림에서 나타나는 Bragg 회절은 "$\Delta k \cdot \rho$ = 정수"의 회절조건을 잘 만족한다.

$$\Delta k \cdot \rho = |\Delta k| \cdot |a| \cos 0^\circ = \frac{2n\pi}{a} \cdot \frac{a}{2\pi} = n$$

입사전자와 격자배열에서 얻어지는 "$\Delta k \cdot \rho = n$"의 산란조건을 Laue 산란이라고 한다. Bragg 회절은 Laue 산란의 특수한 경우에 속하는데 결정구조 분석에 있어서 2차원상의 해석에 쉽게 적용될 수 있는 회절조건이다. 다음절에서 다룰 X선 회절분석은 Bragg 회절조건 정도로 적용이 가능하지만, 3차원 상에서 얻어지는 투과전자현미경의 회절분석은 Laue 회절조건이 적용되어야 한다.

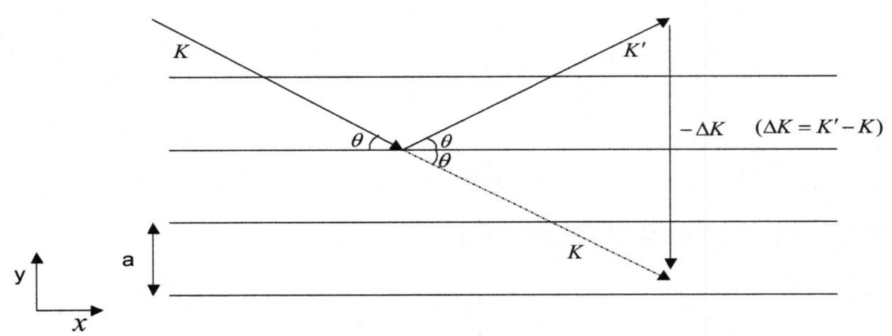

[그림 8-12] Bragg 회절조건을 포함하는 Laue 산란

- **전자산란과 역격자**

입사된 전자가 결정배열과 산란을 일으켜 물리적인 의미의 산란 에너지를 획득하는 조건은 입사전자 (k)와 산란전자 (k')의 차이벡터 (Δk)가 격자배열 벡터 ρ 에 평행하고 $|\Delta \boldsymbol{k}|$가 $\frac{n}{|\rho|}$을 만족하는 경우이다. 여기에서는 대표적인 산란의 조건으로 n = 1을 대입한다.

$$\Delta \mathrm{k} \cdot \rho = |\Delta \boldsymbol{k}| \cdot |\rho| \cos 0^\circ = \frac{1}{|\rho|} \cdot |\rho| = 1$$

(m n p) 격자점에 주어지는 격자배열 벡터 ρ 는 격자좌표 벡터 a, b, c에 대하여, "ρ = ma + nb + pc"이므로 이것이 "Δk · ρ = 정수" 조건을 만족하기 위해서는 다음의 관계식이 성립해야 한다.

$$\Delta \mathrm{k} \cdot \mathrm{a} = \mathrm{h}$$

$$\Delta \mathrm{k} \cdot \mathrm{b} = \mathrm{k}$$

$$\Delta \mathrm{k} \cdot \mathrm{c} = \mathrm{l}$$

즉 Δk는 3차원 원자배열의 기본 단위벡터인 a, b, c 모두에 대하여 수직이고 이 값이 정수가 되어야 한다. 이러한 조건을 종합하면 산란을 일으키는 Δk 벡터의 특별한 의미를 알 수 있다. 먼저 Δk는 실격자 방향 ρ 벡터와 평행하게 방향이 같아야 한다면 격자방향에 수직한 격자면과는 수직해야 한다.

또한 Δk의 크기는 $\frac{1}{|\rho|}$로써 격자간격의 역수에 해당한다. Δk의 a에 해당하는 정수는 h이고 b와 c에 해당하는 정수는 k, l이다. Δk가 마치 (hkl)면에 해당하는 벡터 값을 갖고 면간 거리에 반비례하는 크기의 모양을 갖는다. 이것은 바로 역격자의 도형과 일치한다.

역격자란 (hkl)면에 대한 정보를 일반 실격자에 도입할 때 불편함을 해소하고자 정립시킨 기하학적 개념이다. a, b, c 기본 단위벡터의 실격자에 면을 나타내면 (hkl)의 절대값이 커질수록 면간 거리가 작아지는 특징을 갖는다. 즉 면은 1/h, 1/k, 1/l에 해당하는 a, b, c의 절편을 연결한 것으로 실격자 상에 가장 큰 면을 그려봐야 (001)일 것이다. 이것보다 큰 지수의 (hkl)면은 모두 (001)보다 작은 공간에 구성되어야 하므로 보기에 불편함이 따른다.

이것을 해소하기 위해 (hkl) 지수 증가에 따라 오히려 공간이 확장되어 보기에 적절한 공간개념이 도입되었고 이것이 역격자이다. 역격자는 실격자의 단위벡터 a, b, c와 방향은 같지만 크기에 있어서 실격자 크기 $|\rho|$에 역수인 $\frac{1}{|\rho|}$을 설정하여 공간상에 확장한다.

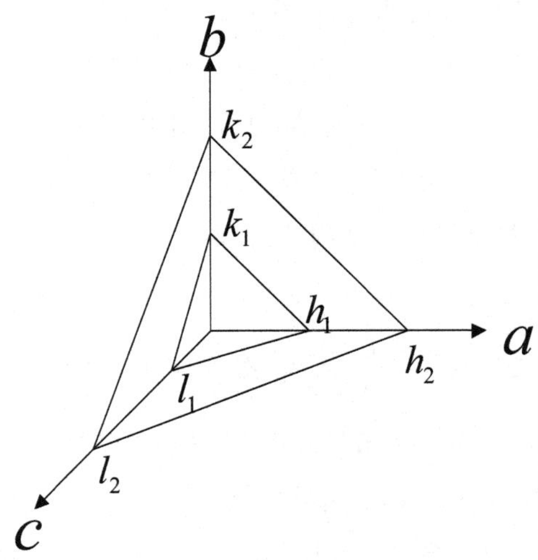

[그림 8-13] 결정격자 지수 (hkl)

2차원 상에 실격자와 역격자의 관계를 그려보면 다음 예와 같다. a, b, c 세 방향의 격자상수가 a로 동일하고 각 벡터가 서로 수직을 이루는 입방정을 가정한다.

실격자 공간에 그려지는 (hkl)면들은 (100)과 (010)면 공간 내부에 촘촘히 그려진다. 이것을 면방향의 수직방향을 위치벡터로 하고 크기는 면간 거리의 역수에 해당하는 역격자 공간에 나타낼 수 있다. (100) 면지수의 경우 역격자점에 대응하는 위치는 (100)에 수직한 〈100〉이며 크기가 1/a인 역격자 벡터가 대응한다. 또한 (010) 면지수는 역격자점에 대응하는 위치가 (010)에 수직한 〈010〉이며 크기가 1/a인 역격자 벡터가 대응한다. (001) 면지수의 역격자점 위치는 (001)에 수직한 〈001〉이며 크기가 1/a인 역격자 벡터가 대응한다.

(110) 면지수의 경우 역격자점에 대응하는 위치는 〈110〉인데, 크기가 (110)의 면간 거리 $\frac{a}{\sqrt{2}}$ 의 역수인 $\frac{\sqrt{2}}{a}$ 이고 방향은 〈110〉에 수직한 방향이므로 역격자 공간상에 〈110〉 점은 (110)으로 주어진다. (210) 면지수의 경우 역격자 공간상에 대응되는 방향은 〈210〉이며 크기가 (210)의 면간 거리 $\frac{a}{\sqrt{5}}$ 의 역수인 $\frac{\sqrt{5}}{a}$ 이므로, (210) 면은 역격자 공간상에서 〈210〉 위치로 주어진다.

다시 말해서 실격자의 면지수는 역격자 공간상에서 역격자점으로 쉽게 그려지며 이러한 역격자 점들은 바로 회절 혹은 전자의 산란 위치와 대응하므로 격자와 전자의 산란을 할 때 매우 유용하다.

역격자 공간은 실격자 공간에 대응하는 가상의 공간이지만 공간을 이루는 점들의 배열은 전자의 산란을 나타내는 기본적인 조건을 만족한다. 즉 다음의 Laue 산란조건에서 Δk는 격자배열 방향과 평행하며 그 크기는 면간 거리 역수에 해당하므로, Δk를 바로 역격자 벡터로 간주할 수 있는 것이다.

$$\Delta k \cdot \rho = |\Delta k| \cdot |\rho| \cos 0^{\circ} = \frac{1}{|\rho|} \cdot |\rho| = 1, \quad \Delta k \parallel \rho \text{ and } |\Delta k| = \frac{1}{|\rho|}$$

$$\Delta k = Ghkl$$

이 공간은 실격자와 마찬가지로 입방정, 정방정, 육방정 등 결정격자 구조에 따라 정해진 서로 다른 형태로 나타나며 여기에는 기본단위축의 격자상수, 사잇각이 결정변수로 작용한다. 실격자의 면을 역격자 공간으로 전환하면 실격자상의 모든 면지수가 역격자점에 대응하여 공간상에 펼쳐진다. 그러나 여기에는 격자구조에 따라 상쇄되는 산란조건이 적용되며 역격자점의 형상에 영향을 미친다. 이것을 구조인자라고 한다.

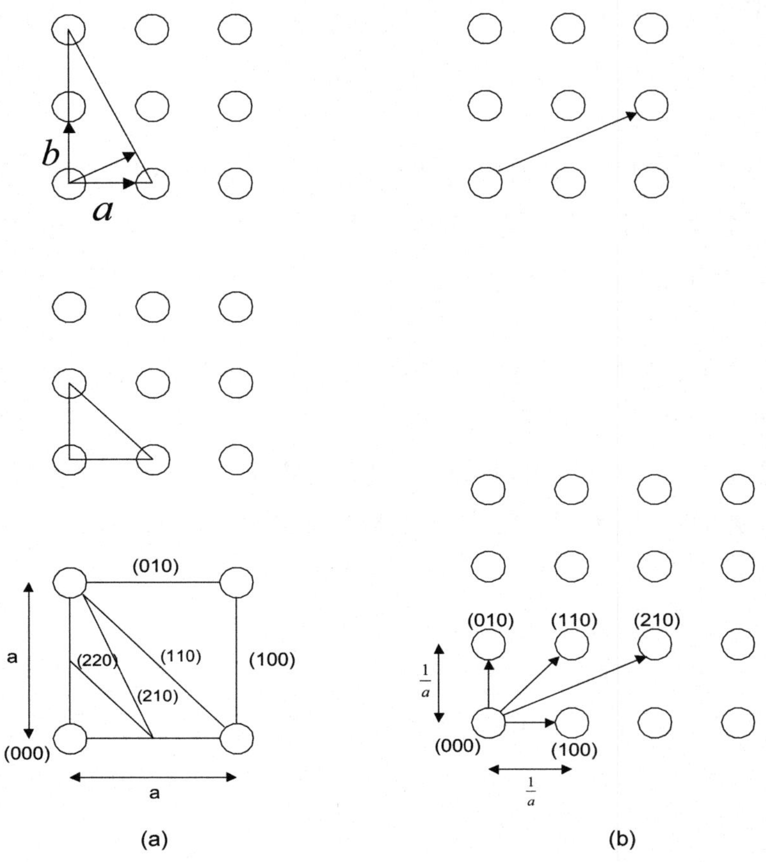

[그림 8-14] 실격자와 역격자 지수

3. 구조인자(structure factor)

구조인자는 결정구조에 의해 영향받는 전자산란의 조건을 명시한다. 전자가 원자의 주기적인 배열로 이루어진 결정 내로 입사되면, 전자는 원자 혹은 격자들과 충돌하여 산란을 일으킨다. 이 과정에서 얻어지는 산란에너지는 앞에 언급된 바와 같이 전자산란 벡터와 결정의 격자배열 벡터에 의존한다.

$$ESC = C' \ e^{-2\pi i \Delta k \cdot \rho} \ (\Delta k = k' - k, \ \rho = ma + nb + pc)$$

위에서 (m n p)는 원자 혹은 격자점 위치를 나타내는데 여기에서는 격자점의 위치를 가정한다. (m n p)위치의 격자점은 전체 결정덩어리로 확대 적용된다. 즉 결정에 속한 모든 격자점으로부터 산란에너지가 발생하여 이것을 모두 더한 양은 아래와 같다.

$$E_{SC}{}^{Total} = \sum_{mnp} C'e^{-2\pi i \Delta k \cdot \rho_{mnp}}$$

산란에너지 중에서 상수항을 제외하고 구조에 관련한 계수만을 고려하여 상인자(phase factor)라 한다.

$$a = \sum_{mnp} e^{-2\pi i \Delta k \cdot \rho_{mnp}}$$

격자배열 (m n p)을 격자점 (x y z)에 대한 배열로 표현하면 위의 phase factor는 다음과 같이 구해진다.

$$a = \sum_{mnp} e^{-2\pi i \Delta k \cdot \rho_{mnp}} = M3 \sum_{j} fje^{-2\pi i G_{hkl} \cdot \rho_j}$$

여기에서 M3은 덩어리 부피이고 이것이 j로 나열되는 격자배열에 대한 구조인자 fj의 총합과 곱해진다. Δk는 Laue 산란조건에 의해 역격자 G_{hkl}로 변환되는데 구조인자는 단위 부피에서 산란인자의 총합으로 구해진다.

$$\mathrm{F} = \sum_j f_j \, e^{-2\pi i G_{hkl} \cdot \rho_j}$$

역격자에 대한 단위벡터를 A, B, C라고 할 때 역격자 G_{hkl}와 실격자 ρ j 벡터는 다음과 같다.

Ghkl = hA + kB + lC, ρ j = xja + yjb + zjc

이것을 위의 구조인자 F에 대입하면 아래와 같다.

$$\mathrm{F} = \sum_j f_j \, e^{-2\pi i(hA + kB + lC) \cdot (x_j a + y_j b + z_j c)}$$

Laue 산란조건에서 역격자와 실격자의 단위벡터들은 서로 평행하고 입방정을 가정하면 다른 벡터와 수직관계에 있으므로 구조인자는 다음과 같이 정리된다.

$$\mathrm{F} = \sum_j f_j \, e^{-2\pi i(hx_j + ky_j + lz_j)}$$

구조인자에 따라 입방정은 격자위치와 그 개수에 의해 특수한 산란효과를 발휘한다.

(0 0 0) 위치에 1개의 격자를 갖는 단순 입방정과 (0 0 0), (1/2 1/2 1/2) 위치에 2개의 격자를 갖는 체심입방정, 그리고 (0 0 0)

(1/2 1/2 0) (1/2 0 1/2) (0 1/2 1/2) 위치에 4개의 격자를 갖는 면심입방정은 구조인자가 서로 다르게 구해지며 산란의 조건을 결정한다.

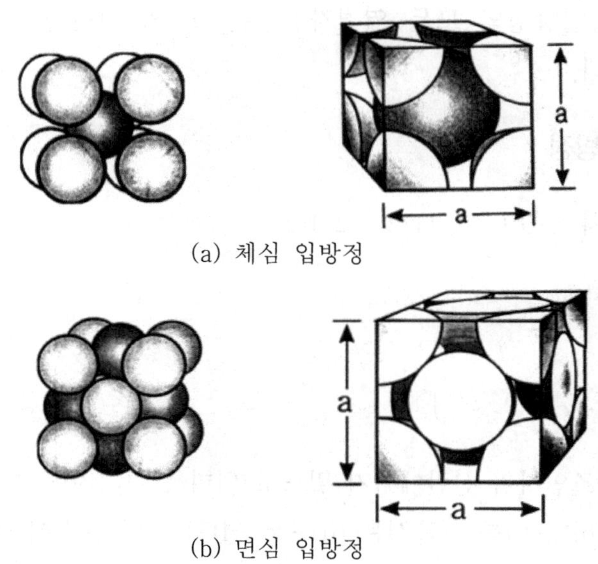

[그림 8-15] 체심, 면심 입방정의 격자 위치

즉 입방정에 대한 격자의 모든 역격자점들이 모두 회절산란점으로 작용하는 것은 아니다. 입방정을 구성하는 격자의 배열에 따라 구속인자 효과가 적용되며 역격자점들 중에서 산란에 참여되는 점들이 선택된다. 이것을 각 입방정별로 다음에서 구하였다.

① 단순입방정

격자위치 : (0 0 0)

$$F = f\,e^{-2\pi i(h\cdot 0+k\cdot 0+l\cdot 0)} = f$$

이때 산란 구조인자의 밀도는 $F^2 = f^2$ 이다. 단순입방정은 (h k l) 면지수의 모든 조건에서 산란 구조인자 밀도 f^2 이 적용된다. 즉 단순입방정의 모든 역격자점들은 f^2 의 산란밀도로 회절에 참가한다.

② 체심입방정

격자위치 : (0 0 0), (1/2 1/2 1/2)

$$F = f\,e^{-2\pi i(h\cdot 0 + k\cdot 0 + l\cdot 0)} + f\,e^{-2\pi i(h\cdot 1/2 + k\cdot 1/2 + l\cdot 1/2)}$$

$$= f\left\{1 + e^{\pi i(h+k+l)}\right\}$$

위의 구조인자가 산란에너지 밀도로 의미를 가지려면 반드시 실수값이어야 하며 이를 위해서는 (h + k + l)의 값이 짝수이어야 한다.

$$e^{\pi i(h+k+l)} = \cos(h+k+l)\pi + i\sin(h+k+l)\pi$$

(h + k + l)의 값이 짝수일 때 윗식의 허수항은 0이 되고 이 값은 1이다. 즉 역격자 공간상에서 체심입방의 격자로 쌓인 결정구조에 있어서 (h + k + l) 값이 짝수인 경우에만 산란의 조건이 허용되는 것을 알 수 있다. 이 때 구조인자와 밀도는 다음과 같다.

$$F = 2f, \quad F^2 = 4f^2$$

체심입방정에서 전자 산란이 가능한 면지수 $(h\,k\,l)$와 $(h^2 + k^2 + l^2)$ 값을 다음 표에 제시하였다.

[표 8-1] 체심입방정에서 전자 산란이 가능한 면지수

h2 + k2 + l2	h k l
2	110
4	200
6	112
8	220
10	130

③ 면심입방정

격자위치 : (0 0 0), (1/2 1/2 0), (1/2 0 1/2), (0 1/2 1/2)

$$F = f\,e^{-2\pi i(h\cdot 0+k\cdot 0+l\cdot 0)} + f\,e^{-2\pi i(h\cdot 1/2+k\cdot 1/2+l\cdot 0)}$$

$$+ f\,e^{-2\pi i(h\cdot 1/2+k\cdot 0+l\cdot 1/2)} + e^{-2\pi i(h\cdot 0+k\cdot 1/2+l\cdot 1/2)}$$

$$= f\ \{e^{-\pi i(h+k)} + e^{-\pi i(h+l)} + e^{-\pi i(l+k)}\ \}$$

이러한 구조인자가 실수값을 갖고 산란에너지 밀도로 의미를 갖게 하기 위해서는 허수항의 모든 계수가 0이어야 한다. 이를 위해서 면지수 (h k l)은 (h+k), (h+l) (k+l) 값이 모두 짝수이어야 하는 특수한 관계를 갖는다.

즉 (h k l)이 모두 홀수로 구성되었거나 모두 짝수로 이루어진 비혼합지수의 집단이어야 격자점과 전자산란의 조건이 성립하는 것

이다. 이 때 구조인자와 그 밀도는 다음과 같다.

$$F = 4f, \quad F^2 = 16\,f^2$$

면심입방정에서 산란조건이 되는 비혼합지수의 (h k l)과 (h2 + k2 + l2) 값을 다음 표에 제시하였다.

이에 대하여 (h k l)의 혼합지수 집단들은 구조인자 자체가 허수항이고 산란에너지의 값의 물리적으로 의미를 상실하는 것들이다. 위에서 (h2 + k2 + l2)의 값을 명시한 것은 다음절에 제시한 투과전자현미경의 회절도형 분석에서 이 값들이 유용하기 때문이다. 보다 구체적인 역격자도형과 회절 및 산란에 대한 결정의 적층구조 관계는 여기에서는 생략하였다.

[표 8-2] 면심입방정에서 전자 산란이 가능한 면지수

h2 + k2 + l2	h k l
3	111
4	200
8	220
11	113
16	400

4. X선 회절분석과 투과전자현미경의 회절도형 분석

앞에서 언급하였듯이 결정 속에서 전자가 일으키는 반응은 Bragg 회절 또는 큰 의미로써 Laue 산란으로 볼 수 있으며 이것은 재료의 결정구조를 밝히는데 매우 유용하다. 결정의 격자구조와 격자상수는 금속이나 세라믹과 같은 재료의 상을 추정하는 단서를 제공한다.

전자의 회절을 이용하여 격자구조와 상수를 분석함에 있어서 X선 회절과 투과전자현미경의 회절도형이 가장 일반적으로 사용되는 상해석 방법이다. 다음에는 "X선 회절분석과 투과전자현미경의 회절도형 분석"에 대하여 전자회절이론을 바탕으로 한 기기 설명과 분석법에 대하여 간략한 설명을 언급하였다. 각 기기의 분석체계는 방대하고 여러 해석법이 관련하므로 자세하고 체계적인 설명은 전문서에 언급된다 [Cullity, Goringe].

• X선 방출

X선 회절은 재료의 결정구조를 해석하는 방법 중에서 가장 보편적인 방법에 해당한다.

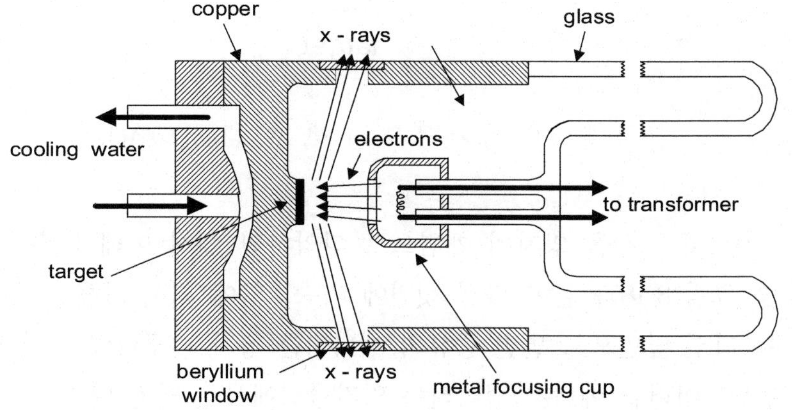

그림 8-16 X선 방출

회절분석에 사용되는 X선은 보통 단색광을 사용하는데, 단색 X선은 그림 8-16과 같이 텅스텐 필라멘트로부터 탈출되고 고전압 상태에서 가속화된 전자가 타겟을 두들길 때 그 타겟으로부터 방출된다.

금속결정의 분석에서 타켓으로 주로 Cu가 사용되는데 필라멘트의 가속전자가 Cu 타겟을 때릴 때 방출되는 X선은 그림 8-17과 같이 연속 X선과 특성 X선으로 구성된다. 연속 X선은 높은 에너지의 가속전자가 타겟을 때릴 때 타겟으로부터 유발되는 거의 모든 파장범위에서의 X선을 일컫는다.

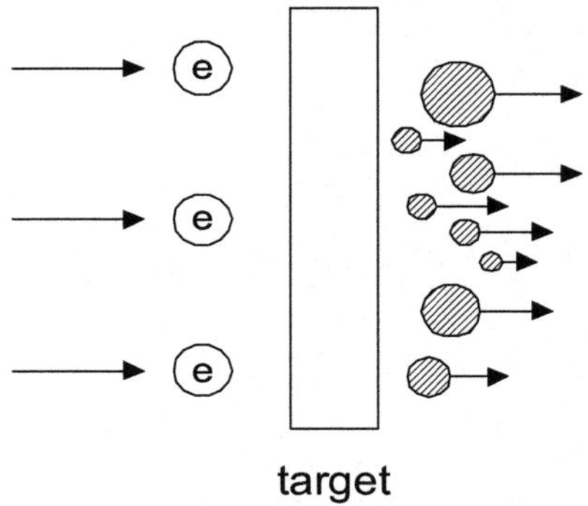

[그FLA 8-17] 가속전자와 타겟, X선 방출 [Cullity]

이것은 X선을 양자의 개념으로 파악하면 쉽게 이해할 수 있다. 즉 그림 8-18과 같이 타겟 뒷면에 가속전압에 의해 가해진 에너지는 타겟 앞면으로 별별 종류의 에너지를 광자 바구니에 담아 방출한다. 이러한 에너지 덩어리는 양자물리에서 설명된 바와 같이 개수로 셀 수 있는 에너지 단위이다.

이 에너지 바구니 개수를 감지기로 세면 그림 8-17과 같은 파장에 대한 에너지 강도를 얻는다. 타겟을 두들기는 가속전자의 에너지에는 한계가 있으므로 높은 에너지를 담는 큰 에너지 바구니는 그 크기가 제한되며 수도 많지 않다. 따라서 그림 8-18과 같은 X선 밀도에서 최단파장, λ min이 존재하는 것이며 그 밀도가 낮은 것이다. λ min보다 파장이 긴 낮은 에너지의 바구니들은 거의 연속으로 간주할 만큼 촘촘히 존재하며 그 개수를 나타내는 X선 강도는 그림과 같다. 이러한 연속 X선을 배경 X선이라 하며 결정구조의 분석에는 쓰이지 않는다.

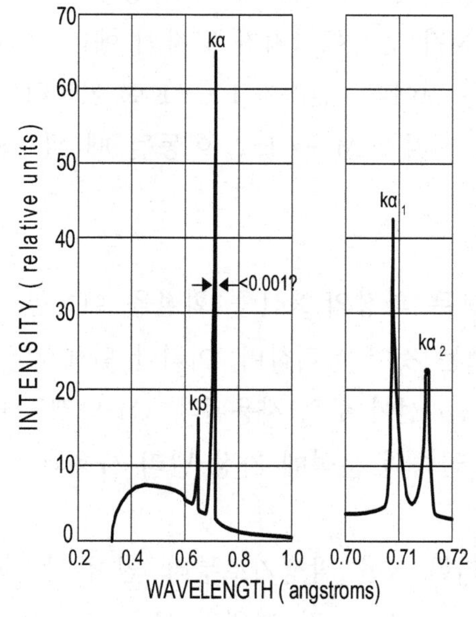

[그림 8-18] 방출되는 X선 파장과 강도

전자 혹은 파동의 회절을 이용한 결정구조 분석에는 단색광을 이용하는 것이 보편적이며 이를 위해서는 타겟으로부터 방출되는 X선 중에서 특성 X선을 사용한다. Cu 타겟의 특성 X선은 가속전자가 Cu 타겟을 때릴 때 하필이면 Cu 원자의 k각을 돌고 있는 전자를 정통으로 맞춘 경우에 발생한다.

그림 8-19와 같이 가속전자가 Cu의 K각 전자를 맞추면 k각 전자는 핵 밖으로 떨어져 나가고 k각의 빈 오비탈을 L각 혹은 M각 전자들 중 한 개가 채워져 내려온다. 이때 높은 에너지상태에 있던 전자는 에너지를 낮추게 되는데 이 과정에서 K각 전자에너지와 차이를 갖는 L, M각 전자에너지가 광자의 에너지 바구니에 담겨 X선으로 변환되는 것이다. 전자가 L → K로 이동하며 발생되는 X선을 kα 선 그리고 전자가 M → K로 이동될 때 발생되는 X선을 kβ 선이라고 한다.

방출되는 모든 파장의 X선중 회절을 이용한 결정구조분석에는 단색파장을 쓰는 것이 유리하며, 이러한 단색광인 특성 X선 중에서 회절분석에는 kα 선이 주로 사용된다. Cu 타겟의 kα 선은 1.542Å이며 이 파장은 금속의 분석에 가장 널리 사용되는 단색의 파장이다.

그런데 이러한 X선 발생기로부터 얻어지는 X선은 위의 그림 8.18과 같이 λ min보다 긴 범위의 모든 파장이 얻어진다. 따라서 타겟에서 방출되는 X선중 특정한 단색파장만을 얻으려면 그림 8-20과 같은 필터를 이용해야 한다.

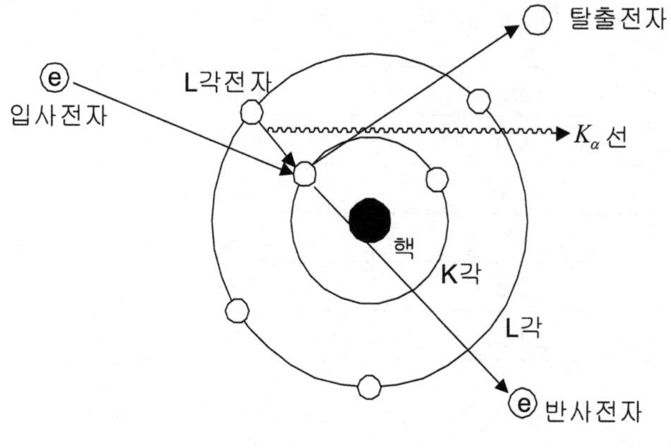

[그림 8-19] 특성 X선

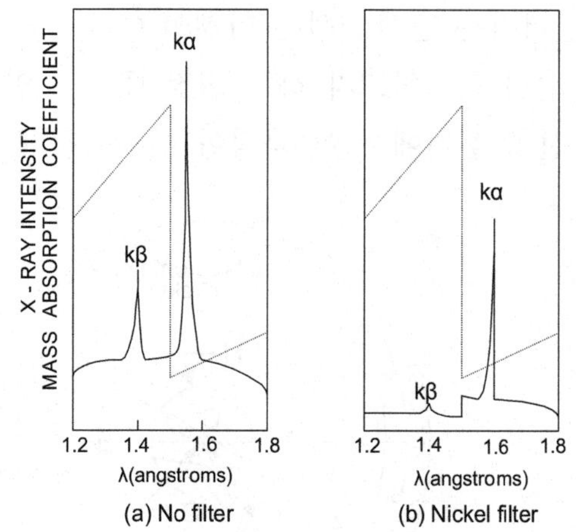

[그림 8-20] 필터의 역할 [Cullity]

그림에서 필터는 특정파장 외에 다른 범위의 파장을 상쇄시키는 작용을 하여 회절에 이용하고자 하는 특성 X선만 걸러주는 역할을 담당한다. 금속의 회절분석에 주로 이용되는 Cu 타겟의 필터는 Ni 이다. 타겟의 종류에 따라 필터는 달라지며 이것은 표에 나타냈다.

[표 8-3] 타겟과 필터의 종류

Target	Filter
Cu	Ni
Mo	Zr
Co	Fe
Fe	Mn
Cr	V

• X선 회절

위에서 언급한 바와 같이 필라멘트의 가속전자와 타겟 그리고 필터를 통해 얻어지는 단색 X선은 타겟이 Cu일 경우 1.542Å이다. 이러한 단색 X선이 분석하고자 하는 결정 내부로 입사되는데 그림 8-21과 같은 X선 회절기에서 이 과정이 이루어진다.

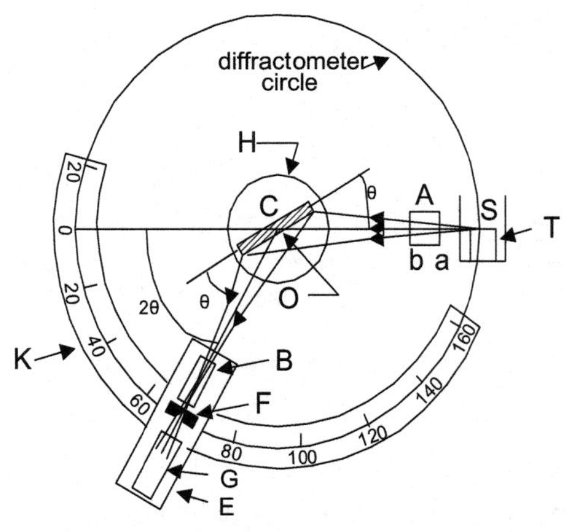

[그림 8-21] X선 회절기 [Cullity]

결정으로 입사된 단색 X선은 다음의 Bragg 회절을 만족하는 회절각 θ 의 격자면을 만날 때 회절을 일으키며 이것은 특별한 회절강도로 카운터 상에 감지된다. X선 회절기에서 X선 발생기와 재료는 고정되어 있고 카운터가 시험편 재료 주위를 180° 회전하면서 회절각을 감지한다. 그런데 카운터가 감지하는 각도는 그림에서와 같이 중심축으로부터 2θ 에 해당한다. 따라서 회절각과 회절강도를 나타내는 X선 차트 상에 그대로 2θ 가 명기된다.

$$n\lambda = 2d \sin\theta \rightarrow \lambda = 2d \sin\theta \quad (\text{편의상 } n = 1\text{을 대입})$$

고정되어 있는 결정재료에서 무수한 격자면을 구성할 수 있는데, 격자면 중에서 위의 Bragg 회절을 일으키는 격자면은 결정구조와 격자상수에 따라 차이를 보이므로 이를 통해서 상을 분석하는 것이다.

- **상분석의 예**

다음에는 금속간화합물인 Ti 베타상(bcc, a=306Å)과 Ti 알파상(hcp, a=2.95Å, c=4.683Å)이 혼합된 합금의 상을 X선 회절로 분석한 예를 들었다.

① 시험편 준비 : X선 회절에는 주로 분말시료가 사용되지만 편의에 따라 결정 덩어리를 그대로 시험할 수 있다. 덩어리는 부착하기 쉽도록 보통 1~2 mm로 얇게 절단하고 표면을 연마한다. 연마는 #1200 샌드페이퍼면 적당하다.

② 타겟, 필터 정하기 : 금속의 경우 대부분 Cu 타겟의 kα 선인 1.542Å의 단색파장을 이용하며, 여기에 맞는 필터로 Ni을 사용한다.

③ 카운터 회전각도 범위, 속도 정하기 : 2θ 를 측정하는 카운터는 작업효율상 보통 30°~90°로 회전하며, 회전속도는 시간당 15° 정도로 정한다. 보다 많고 세밀한 회절정보를 얻기 위해서는 더 넓은 회전각범위와 늦은 회전속도에서 작업할 수도 있다.

④ 예측되는 상의 회절각 구하기 : 처음부터 아예 성분조차 모르는 재료의 상구조 해석을 X선 회절로 하는 것은 불가능에 가깝다. 먼저 주어진 재료에 대하여 조성을 분석한 후 그 조성에서 만들어질 수 있는 상 또는 화합물을 예측하는 것이 순서이다. 가령 Ti 합금으로 그 조성이 분석된 경우 이 합금에서 형성될 수 있는 모든 상은 상태도상에 나타난 바와 같이 Ti 베타상(bcc, a=306Å)과 Ti 알파상(hcp, a=2.95Å, c=4.683Å) 두 종류이다. 이에 대한 회절각은 미리 계산될 수 있으며 최근에는 PDF 파일에서 미리 저장된 자료를 이용할 수 있다.

Ti 베타상의 2.8Å 격자상수, bcc에서 회절은 구조인자 F에 의해 (h + k + l)의 합이 짝수인 면지수 조건에서 얻어지므로, 이를 낮은 index 지수 (h2 + k2 + l2)부터 나열하면 아래 표와 같다. 또한 입방정에서 면간거리 d는 다음 관계에 있으므로 이를 Bragg 회절 조건에 대입하여 회절각을 구하면 표와 같다.

$$d = \frac{a}{\sqrt{(h^2+k^2+l^{2)}}},\ \lambda = 2d\ \sin\theta \quad \rightarrow$$

$$\theta = \sin\text{-}(\frac{\lambda}{2d}) = \sin\text{-}\{\frac{\lambda(h^2+k^2+l^2)}{2a}\} = \sin\text{-}\{\frac{1.542\text{Å}\,(h^2+k^2+l^2)}{2\times 2.8\text{Å}}\}$$

[표 8-4] Ti 베타상 (bcc, a=306Å)의 회절각

h2+k2+l2	h k l	dhkl	θ	2θ
2	110		38.48	
4	200		55.54	
6	112		69.61	
8	220		82.45	

Ti 알파상(a = 2.95Å, c = 4.682 격자상수)에 대하여 낮은 index 지수 (h2 + k2 + l2)부터 나열하면 아래 표와 같다. 또한 입방정에서 면간거리 d는 위의 관계에 있으므로 이를 Bragg 회절조건에 대입하여 회절각을 구하면 표와 같다.

[표 8-5] Ti 알파상 (hcp, a=2.95Å, c=4.683Å)의 회절각

h k l	dhkl	θ	2θ
100			35.093
002			38.421
101			40.170
102			53.004
110			62.949
103			70.661
200			74.157
112			76.218
201			77.368
004			82.290
202			86.756

⑤ 위에서 계산된 회절각 θ 에 2를 곱하여 2θ 값을 X선 회절시험으로 얻어진 그림 8-22의 2θ -X선 강도 차트와 비교하여 각 상과 면지수를 찾아낸다.

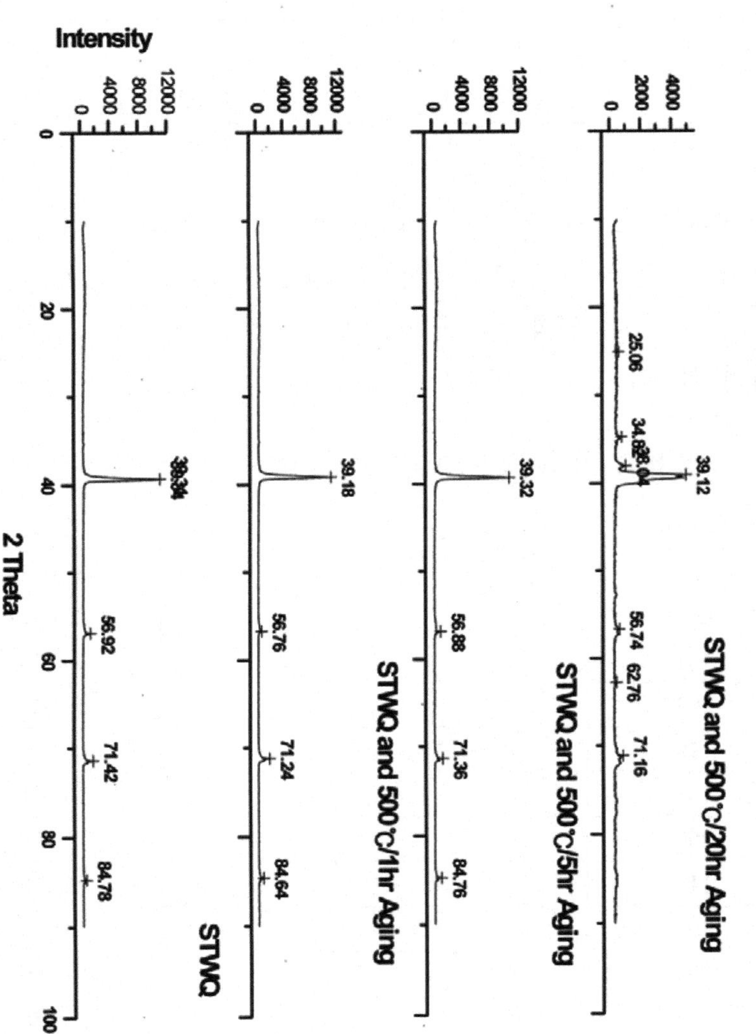

[그림 8-22] Ti 합금의 용체화 및 시효처리에 따르는 X선 회절 피크

여기에 적용된 분석에서 상을 대표하는 회절의 상대적 강도는 고려하지 않았다. 면지수에 따라 재료는 가장 높은 강도를 100으로 하여 (JCPDF 카드에 명시된 바와 같이) 상대적 강도값이 정해진다. 이러한 표준 회절강도는 결정립의 이방성이 완전히 제거된 경우에만 성립한다. 미세한 분말을 X선 회절분석에 이용하는 것이 등방성의 다결정립을 만들고자 하는 의도이다.

그러나 금속 덩어리 자체로 분석하는 경우에 합금조각을 시험편의상 그대로 X선 회절기에 세팅하는 일이 많다. 이때 시험편에는 이방성이 존재할 가능성이 크며 상대적 X선 강도는 잘 맞지 않게 된다. 금속의 합금에서 덩어리 상태 그대로 회절분석을 하여도 상대적 강도만 차이를 보일 뿐 회절피크의 회절각은 변화가 없고, 이에 따른 상분석결과는 비교적 정확하다.

최근 상품화된 X선 회절분석기는 대부분 상의 정보(결정구조, 격자상수, 회절 면지수와 상대적 회절강도)를 망라한 JCPDS 카드를 컴퓨터 하드에 내장하고 있다. 이에 따라 회절시험후 각 회절피크는 어떤 상의 어떤 면지수로부터 얻어졌는지에 대한 자료가 자동으로 해석된다. 그러나 이러한 해석자료가 시험편에 가해지는 외부응력이나 상끼리의 정합, 계면어긋남등 내부응력 발생으로 1/100° 까지 틀어지는 오차를 고려하지는 못한다. 즉 내장 프로그램으로 얻어지는 정보만을 가지고 상을 해석하는 것은 오히려 부정확한 측면을 내재한다.

따라서 X선 회절분석을 정확하고 효과적으로 하기 위해서는 내장 프로그램과 위와 같이 손으로 계산된 작업을 병행하는 것이 바람직하다. 일일이 계산기만으로 회절각을 계산하는 것이 번거로우면, 주어진 상이 나타내는 회절각과 상대적 강도를 계산해주고 그래프로 보여주는 개발된 소프트웨어를 이용하는 것이 편리하다.

아래 그림은 PCPDFWIN 프로그램으로부터 수행된 Ti 합금 알파상 및 베타상의 회절피크를 보여주는 것이다. 이것을 앞의 분석 피크와 비교하여 index하면 편하게 이용할 수 있다.

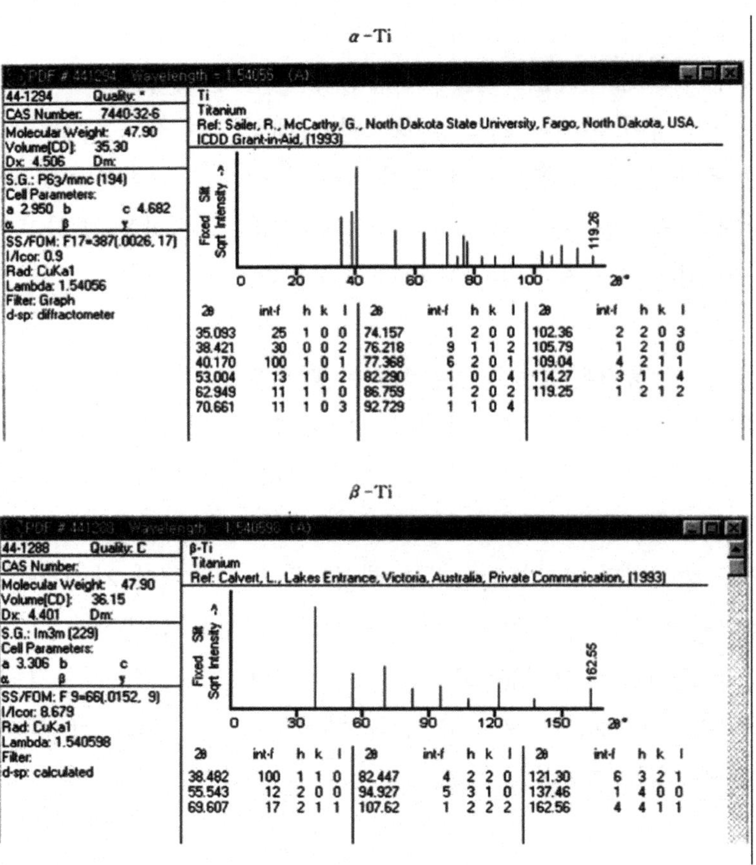

그림 8-23 Ti 합금의 PCPDFWIN 자료

5. 투과전자현미경의 회절도형 분석

투과전자현미경은 200kV 정도의 높은 전압에 의해 가속된 전자가 시험편을 투과하면서 발생시키는 현상을 영상의 확대와 결정구조의 해석에 응용한 기기이다. 광학현미경의 가시광선보다 훨씬 짧은 영역의 파장을 갖는 투과전자현미경은 이로 인해 상분해능이 높고 원자단위를 관찰할 수 있을 정도로 고배율의 상관찰이 가능하다. 아래 표는 광학현미경과 투과전자현미경의 주요 재원을 비교한 것이다 [Ref].

투과전자현미경의 회절분석은 X선 회절분석과 다음 몇 가지에서 차이를 갖는다. 먼저 투과전자현미경은 입사전자가 시험편을 완전히 투과하여 3차원적인 결정구조가 회절에 참여한다. 이에 따라 투과전자현미경에서 얻어지는 회절도형은 2차원 혹은 3차원적인 역격자 구조로 구성된다.

이에 비하여 X선 회절은 평면적인 시험편으로 단지 1차원상의 회절을 얻어내는 기능을 한다. 따라서 투과전자현미경은 X선 회절보다 자세하고 다양한 결정의 정보를 얻어낼 수 있는 장점이 있다. 또한 고배율의 현미경 기능으로 상을 직접 관찰하면서 원하는 상의 회절과 결정구조를 해석할 수 있는 특성을 갖는다.

그러나 시험편에 전자가 투과하게 하기 위하여 두께를 100Å 정도로 얇게 해야 하는 수고가 있고, 시험편의 평균적인 상분석에는 적합하지 않은 단점을 갖는다.

일반적으로 상을 분석함에 있어서 X선 회절을 이용하여 재료를 구성하는 대체적인 상분석을 시행하고, 다음에 투과전자현미경으로 미소부분의 상을 분석하는 것이 순서이다.

- **투과전자현미경의 구조**

투과전자현미경의 대략적인 구조는 그림 8-23과 같다. 필라멘트에서 방출된 전자는 양극(anode) 사이에서 고전압에 의해 가속화되고 두 개의 콘덴서렌즈에 의해 시험편으로 조사된다. 시험편을 통과한 전자는 1, 2차 대물렌즈에 의해 영상확대가 이루어지고 투영면에 영상 혹은 회절도형을 구성하는 절차를 갖는다.

투과전자현미경을 구성하는 각 기기의 자세한 사항은 다른 문헌[Ref]을 참고하는 것으로 하여 여기에는 생략한다. 단지 전자현미경 구조의 각종 렌즈들은 광학현미경과 같은 유리를 이용한 것이 아니고 원통의 드럼에 얇은 구리 코일을 수만 번씩 감은 것으로써 방출되는 전자를 코일의 전류흐름과 유도자장에 의해 일정한 각도로 굴절시키는 체계를 갖춘 것임을 간단히 언급한다.

투과전자현미경에서 영상이 확대되는 것은 광학현미경의 원리와 동일하다. 위의 그림에서 시험편을 통과한 전자의 파동은 1, 2차 대물렌즈에서 굴절되며 영상의 확대를 유발하고 이것이 투영면상에 맺히는 것이다. 그러나 전자현미경에서 이용되는 파동은 전자의 파동이고 이것이 매우 짧은 파장으로 이루어졌기 때문에 상분해능이 높아 고배율의 영상을 구성할 수 있는 것이다.

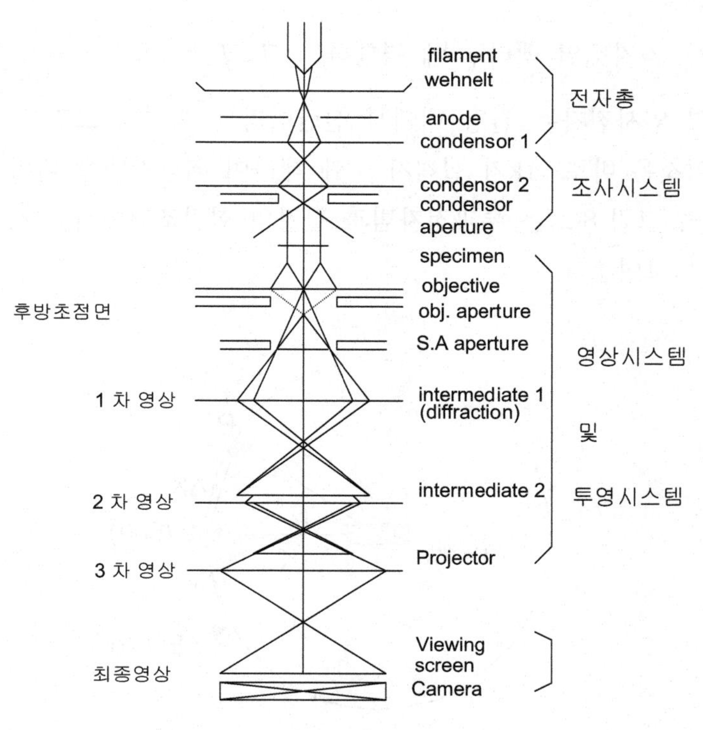

[그림 8-24] 투과전자현미경의 구조

• 회절도형의 형성

투과전자현미경에서 시험편을 통과한 입사전자의 회절은 그림 8-23에서 후방초점면에 구성된다. 후방초점면이란 투과 전자의 빔 방향과 수직한 결정격자면에 대한 전자의 산란 즉 역격자구조의 한 단면을 의미한다.

앞에서 밝힌 바와 같이 전자가 결정 안으로 입사되어 각 격자점과 충돌하여 파동방향이 바뀔 때 충돌전 후 파동의 차이벡터 (Δk)

가, 격자배열 벡터 ρ 에 평행하고 그 크기 $|\Delta k|$가 $\frac{1}{|\rho|}$ 에 해당되면 입사전자는 결정 내에서 산란이라는 회절의 조건을 만족한다. 이것은 바로 Δk가 실격자 ρ 에 대하여 역격자임을 나타내는 것이다. 그림 8-24는 투과전자빔과 결정의 회절조건에서 역격자 형성을 잘 보여준다.

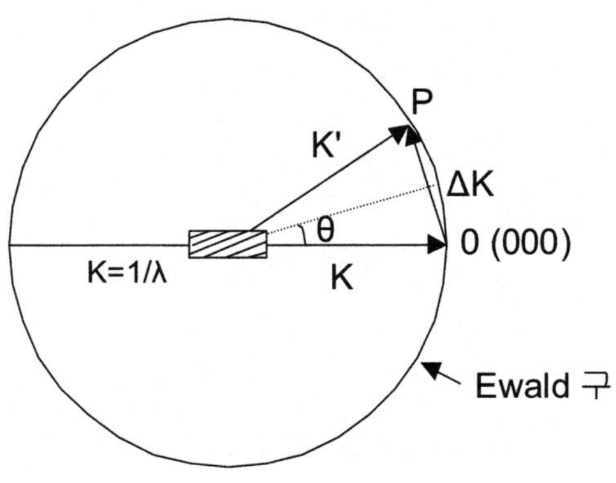

[그림 8-25] Ewald 구

가속전자를 시험편에 투과시키고 입사전자의 k 벡터와 투과후 산란전자의 k' 벡터 차이를 Δk라 한다. 시험편 중심을 원점으로 하여 입사전자 파장의 역수 $1/\lambda$ 에 해당하는 구를 공간상에 가상으로 그린다. 이것을 Ewald 구라고 하는데 구를 이루는 표면은 특별한 의미를 갖는다. 즉 그림에서 입사된 k 벡터를 원점을 시작점으로 하는 곳으로 이동시키면 Δk는 OP에 해당한다. 항상 Ewald 구 표면 위에 놓이게 되는 Δk, OP 벡터가 바로 전자의 산란 혹은 회절의 조건을 포함하는 부분이다.

그림에서 θ 의 회절각을 갖는 격자면이 이루는 OP를 고려하면, 먼저 OP의 방향은 격자면과 항상 수직을 이루는 것을 알 수 있다. 이것은 Δk인 OP 벡터가 격자면에 수직인 격자면지수를 의미하는 것으로 해석된다. 또한 OP의 절대값 크기는 Bragg 회절조건으로부터 다음과 같이 격자거리의 역수인 1/d로 구해진다.

$$\lambda = 2d \sin\theta \cong 2d\theta$$

(투과전자현미경에서 θ 는 전자의 입사방향과 평행에 가깝다.)

$$OP = 2 \times AO \times \sin\theta = 2 \times \frac{1}{\lambda} \times \sin\theta = \frac{1}{d}$$

즉 △k인 OP는 방향은 면지수와 같고 그 크기는 면간거리의 역수 1/d에 해당하는, 결국 실격자 면지수 (h k l)의 역격자인 것이다. 따라서 투과전자현미경에서 얻을 수 있는 회절도형은 아래 두 가지 조건을 필요 충분으로 만족하는 경우이다.

① Bragg 회절조건에 따라 산란전자의 k' 벡터 Ewald 구상에 존재한다.

② 투과전자현미경에서 θ 는 전자의 입사방향과 거의 평행에 가까운 것을 가정하여, 입사전자빔을 정대축으로 하는 역격자공간상의 역격자점을 투영면으로 볼 수 있는 O점을 중심으로 그린다. 이 때 역격자점은 전자의 산란조건에 부합된다.

다시 말해서 투과전자현미경의 회절도형이란 투영면의 중심인 O를 중심으로 결정에 대한 입사전자빔을 정대축으로 하여 역격자를 구성시키고, 각 역격자점 중에서 Ewald 가상 구표면에 놓인 것이 위의 ①, ② 조건을 만족시키는 회절인 것이다. 이를 그림 8-25에 나타냈다.

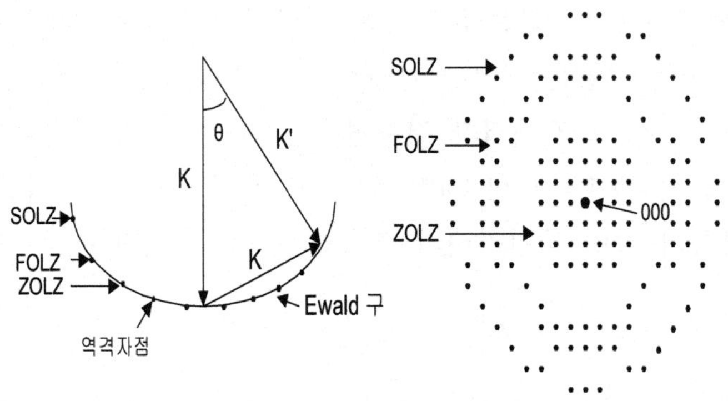

[그림 8-26] 회절도형의 구성, Ewald 구와 역격자점

이러한 회절도형은 O에 형성되는 것이 아니고 다음 그림 8-26과 같이 실제 투영면에 구성된다. 이 투영면이 존재하는 곳이 후방초점면이며 카메라 상수로 보정되어 격자상수 계산에 사용된다.

그림과 같이 카메라 상수는 카메라 거리 L과 입사전자의 파장 λ에 따라 값이 달라지며 이를 계산하여 표로 나타내었다. 카메라 상수는 회절도형 분석에서 우선적으로 알아야 할 작업상수이며 표와 같이 계산으로 구할 수도 있지만, 보통 투과전자현미경을 운용하는 곳에서 표준시료로부터 구한 카메라 상수값을 가지고 있으므로 이것을 이용하는 것이 편리하다.

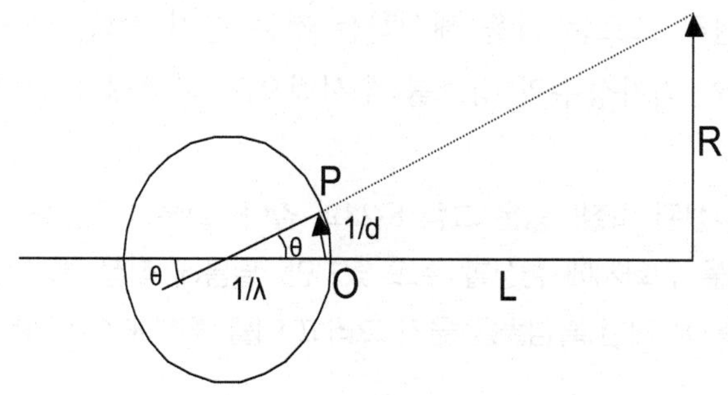

[그림 8-27] 카메라상수

[표 8-6] 카메라 Length가 100cm 일 때 카메라 상수, Lλ = Rd

Electron Voltage, kV	Electron Wave Length, Å	Camera Constant, Lλ , cmÅ
80	0.0418	4.18
100	0.037	3.7
120	0.0335	3.35
150	0.03	3.0
160	0.0285	2.85
180	0.0266	2.66
200	0.0251	2.51

• 회절도형 해석의 예

투과전자현미경의 회절은 2차원상의 투영면에 회절에 참여하는 역격자점들이 찍히는 형태로 얻어진다. 즉 회절도형은 앞에서 밝힌 바와 같이 입사전자빔을 정대축으로 하는 역격자점들이 Ewald 구상에 맺힌 것을 의미한다. 투과전자현미경의 회절분석도 X선 분석과 마찬가지로 전혀 모르는 상을 해석하는 것은 쉽지 않다. 예상되는 상들의 격자구조와 격자상수의 정보를 우선적으로 파악해야 한다.

① 후방초점면에 형성된 회절도형은 그림 8-28과 같다. 필름의 훼손을 방지하기 위하여 이것을 인화지에 현상할 수도 있지만, 필름에 직접 백지 아래에 놓고 여기에 필름에 찍힌 흑점들을 옮겨 그리고 이를 해석에 이용하는 것이 편리하다.

② 회절도형 상에서 먼저 파악해야 하는 것은 기본 도형이다. 이것은 가운데 가장 큰 흑점인 투과빔을 중심으로 형성된 도형인데 보통 사각형 또는 육각형의 형태를 이룬다. 그림의 기본 도형은 육각형으로 이것의 축길이와 사잇각을 측정한다. 육각형의 축길이는 투과빔을 중심으로 첫 번째 흑점사이의 길이를 나타내는데, 보통 중심을 통과하는 몇 개 흑점 사이 길이를 재고 평균적인 길이를 측정함으로써 측정오차를 줄인다. 또한 두 점은 그 사잇각이 보통 예각을 갖는 것으로 정하는 것이 편리하다.

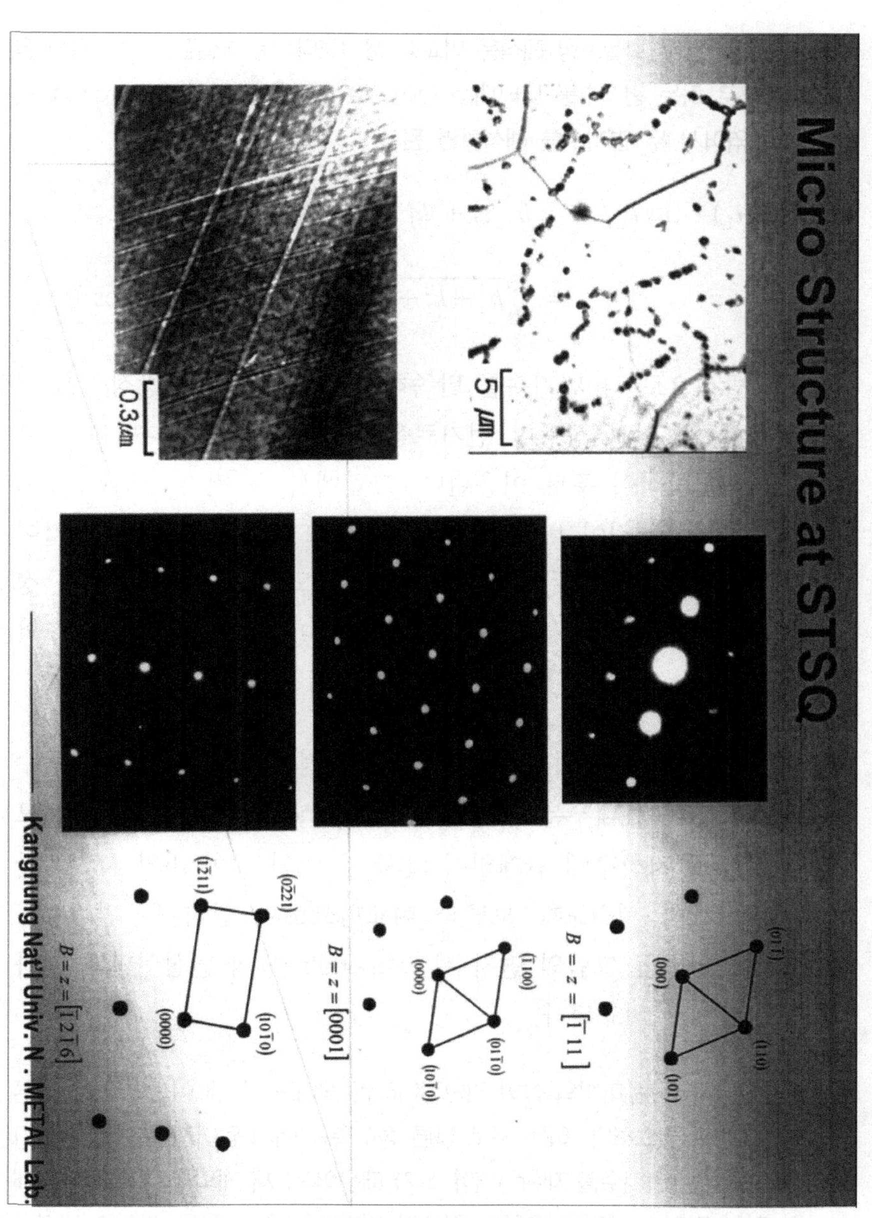

[그림 8-28] 투과전자현미경 회절도형 분석의 예

③ 입방정인 경우 회절도형 해석은 비교적 용이하다. 두 회절점은 투과빔을 정대축으로 하는 면지수를 나타내는 것이므로 이것을 벡터의 dot product 관계로 엮어서 두 면지수를 해석하면 된다.

$$(h_1 k_1 l_1) \cdot (h_2 k_2 l_2) = h_1 h_2 + k_1 k_2 + l_1 l_2$$

$$= \sqrt{h_1^2 + k_1^2 + l_1^2} \cdot \sqrt{h_2^2 + k_2^2 + l_2^2} \cdot \cos\theta$$

위의 방식으로 각 면지수를 만족하는 (h k l)을 연립방정식에 의해 구할 수 있지만 상당한 번거로움이 있다. 따라서 다음과 같은 간단한 해석방식이 주로 이용된다. 그림에서 두 면지수 (h1 k1 l1)과 (h2 k2 l2)의 길이 비를 나타내는 R1/R2 (긴축/짧은 축)의 길이 비를 계산한다. 또한 두 면지수 사이의 각도를 측정하면 이 두 정보를 가지고 입방정에서 형성될 수 있는 미리 작성된 회절도형과 비교해 볼 수 있다.

단순, 체심 및 면심입방정에 대하여 각 정대축 상에서 형성될 수 있는 회절도형이 대부분의 전문서적 appendix에 작성되어 있으므로, 재료의 격자상수에 관계없이 단지 두 축의 길이 비와 사잇각만을 appendix의 회절도형 모델과 비교함으로써 쉽게 두 면지수를 색인 할 수 있다. 그림의 면지수는 appendix 상의 면심입방정 (f)과 동일한 것으로 비교된다.

④ 분석하고자 하는 미지의 상이 입방정이라면 적어도 세 개 이상의 서로 다른 회절도형이 필요하다. 이는 서로 다른 정대축 상에서 얻어지는 회절점을 가지고 색인된 면지수를 재확인해야 하기 때문이다. 세 개의 정대축에서 행해진 결정 면지수 색인에 오류가 없으면 면지수 색인은 옳은 것으로 판단한다. 물론 미리 알고 있는 입방정의 상에 대해서는 한 두 개의 회절도형만을

가지고도 이것이 그 상인지 아닌지를 판단할 수 있다.

⑤ 확인된 입방정의 면지수로부터 결정의 격자상수를 구할 수 있다. 이를 위해서 (h1 k1 l1)에 해당하는 축길이 R1을 앞에서 구한 카메라 상수의 관계식에 대입한다.

$$R1 \cdot d = L\lambda = CC \rightarrow d = \frac{a}{\sqrt{h_1^2 + k_1^2 + l_1^2}} = \frac{CC}{R_1}$$

$$\rightarrow a = \frac{CC}{R_1} \cdot \sqrt{h_1^2 + k_1^2 + l_1^2}$$

정확한 격자상수를 얻기 위해서는 (h2 k2 l2)의 R2 길이와 다른 정대축에서 구한 면지수와 축길이를 이용하여 평균적인 격자상수를 구한다. 그러나 축길이를 재는 측정오차에 의해 격자상수는 소수 한 자리 내지는 두 자리 정도의 정확성밖에 가질 수 없다. 이보다 정확한 격자상수는 투과전자현미경의 수렴성 빔을 이용한 기법이나 X선 회절로 구한다.

⑥ 예로 제시된 회절도형의 면지수는 (???)이고 작업의 카메라상수 CC는 ??이므로 이 결정의 구조는 면심입방정으로 ??? Å의 격자상수를 갖는 ???상으로 분석된다.

⑦ 입방정 외에 hexagonal, orthorhombic, monoclinic 등의 결정은 위와 같이 직접 계산하거나 회절도형의 모델로 분석하는 것은 어렵다. hcp의 경우 축길이 c/a 비율이 1.633인 표준결정인 경우 appendix에 제시되어 있긴 하지만 축길이 비율이 이것과 차이를 갖는 결정에서 이를 통한 분석은 불가능하다. 따라서 이들을 분석하기 위한 여러 프로그램이 개발되어 있다. 많은 해석 프로그램 중에서 회절의 기본도형에서 두 축길이와 사잇각, 작업 카메라 상수 및 각도와 길이의 오차범위 그리고 원하는 최대 면지수를 입력하면 이것에 적합한 면지수들이 계산되는 프로그램이 유용하게 사용된다.

Review and Study Questions

1. 결정속으로 입사되는 전자, k가 Bragg 회절에 의해 구성하는 에너지 레벨 및 Brillouin zone의 형성을 설명하시오. 또한 이것에 따르는 결정의 Fermi 에너지 및 전기전도성의 관계를 설명하시오.

2. Laue 산란조건을 가능하면 쉽게 설명해보고, 이것이 Bragg 회절조건을 포함하는 것을 보이시오.

3. Laue 산란과 구조인자의 관계를 설명하시오.

4. X선 회절분석기에서 단색 X선이 방출되는 과정을 양자물리의 광자를 들어 해석하시오.

5. 투과전자현미경에서 회절도형이 형성되는 과정을 설명하시오.

6. X선 회절과 투과전자현미경의 회절도형 분석법을 다시 정리하고 분석을 시도해보시오.

1. P. W. Atkins, 안운선 역, “물리화학”, 청문각, 1991.

2. D. R. Gaskell, "Introduction to Metallurgical Thermodynamics", McGraw-Hill series in Materials Science and Engineering, 1973.

3. D. A. Porter and K. E. Easterling, "Phase Transformations in Metals and Alloys", Van Nostrand Reinhold Company, 1981.

4. 로버트 길모어, "양자역학 테마파크", 이충호 옮김, 사계절, 1995.

5. O. Oldenberg and N. C. Rasmussen, "Modern Physics for Engineers", McGraw-Hill, 1966.

6. B. D. Cullity, "Elements of X-Ray Diffraction, 2nd edition", Addison-Wesley Publishing Company, Inc., 1978.

7. Thomas Goringe, "Transmission Electron Microscopy of Materials", John Wiley & Sons, 1979.

▣ 저자소개

최병학

·1980년 ~ 1984년 : 서울대학교 금속공학과 학사

·1984년 ~ 1986년 : 서울대학교 금속공학과 석사
·1986년 ~ 1990년 : 서울대학교 금속공학과 박사
·1990년 ~ 1995년 : 한국기계연구원 선임연구원
·1995년 ~ 현 재 : 강릉대학교 금속공학과 부교수

▶ 관심분야

·상변태, 과고용으로 인하여 준안정 상태에 존재하는 상의 규명.
·항공기 터빈 엔진 재료, 니켈기 초내열합금의 제조공정과 분석.
·티타늄 합금, 상분석 및 기계적 특성평가.
·금속손상진단, 석유, 정유, 화학공정 등 생산 현장에서
발생되는 각종 손상의 원인 규명과 대책 진단.

▶ 저서

·금속손상진단, 진영사, 1997.

재료 · 금속공학을위한 물리화학

2008년 2월 22일 초판 인쇄
2015년 2월 28일 재판 발행

저 자	최 병 학 저
발행인	황 영 하 (김 종 진)
발행처	도서출판 명진
주 소	서울시 노원구 월계동 469-35
전 화	462-3257
팩 스	462-9428
등 록	2006년 11월 22일 제25100-2012-51호
E-mail	mjbooks1@naver.com
ISBN	978-89-6651-112-9

정가 20,000원

※ 파본은 교환해 드립니다.

※ 도서출판 명진은 구)진영사 · 포인트의 새 이름입니다.